内蒙古贺兰山
国家级自然保护区志

内蒙古贺兰山国家级自然保护区管理局　编纂

中国农业科学技术出版社

图书在版编目（CIP）数据

内蒙古贺兰山国家级自然保护区志 / 内蒙古贺兰山国家级自然保护区管理局编纂. --北京：中国农业科学技术出版社，2023.8

ISBN 978-7-5116-6142-5

Ⅰ.①内… Ⅱ.①内… Ⅲ.①贺兰山-自然保护区-概况 Ⅳ.①S759.992.26

中国版本图书馆 CIP 数据核字（2022）第 246710 号

责任编辑 李冠桥
责任校对 贾若妍 李向荣
责任印制 姜义伟 王思文

出 版 者 中国农业科学技术出版社
北京市中关村南大街 12 号 邮编：100081
电 话 （010）82106632（编辑室） （010）82109702（发行部）
（010）82109709（读者服务部）
网 址 https://castp.caas.cn
经 销 者 各地新华书店
印 刷 者 北京地大彩印有限公司
开 本 210 mm×297 mm 1/16
印 张 15.75 彩插 24 面
字 数 468 千字
版 次 2023 年 8 月第 1 版 2023 年 8 月第 1 次印刷
定 价 200.00 元

2019 年 12 月 13 日，内蒙古·宁夏贺兰山国家级自然保护区第三十次护林防火联防会议

2020 年 11 月 26 日，内蒙古·宁夏贺兰山国家级自然保护区第三十次护林防火互检互查工作座谈会

2020 年 9 月 17 日，内蒙古贺兰山国家级自然保护区森林防火协防工作会议

2017 年 12 月 29 日，贺兰山管理局、原山林场签订战略合作协议

2019 年 10 月 16 日，全国第一处“林业英雄林”在贺兰山保护区落成

2019 年 10 月 16 日，时任中国林学会理事长，原国家林业局局长赵树丛（左三）授牌

20 世纪 70 年代，贺兰山鹿场

20 世纪 70 年代，贺兰山夏季天然牧场

20 世纪 70 年代，贺兰山伐木场

20 世纪 70 年代，警民联防队在贺兰山深处野营拉练

◀ 高山草甸水土流失（2000 年以前）

高山草甸植被恢复 ▶

◀ 自然更新幼苗

护林员查山巡护

防火技能比赛

防火实战演练

防火监控设备安装

森林防火宣传

南寺管理站旧站房

南寺管理站新站房

门洞子管护站旧站房

门洞子管护站新站房

◀ 矿区环境治理飞播草籽

◀ 矿区环境治理撒播草籽

矿区植被恢复 ▶

◀ 救护受伤苍鹭

联合东北林业大学开展野生动物监测调查 ▶

◀ 联合中南林业科技大学进行烟翅腮扁蜂粘虫胶带防治监测调查

雪豹

马麝

大鸨

秃鹫

胡兀鹫

金雕

黑鹳

猎隼

国家一级保护动物

马鹿

岩羊

蓝马鸡

虎斑地鸫

雀鹰

贺兰山鼠兔

贺兰山岩鹨

贺兰山红尾鸲

国家二级保护动物

内蒙古棘豆

半日花

野大豆

四合木

大叶细裂槭

斑子麻黄

羽叶丁香

蒙古扁桃

革苞菊

贺兰山南芥

贺兰山女蒿

贺兰山岩黄芪

贺兰山玄参

贺兰山翠雀花

鄂尔多斯小檗

紫丁香

单瓣黄刺玫

鬼箭锦鸡儿

褐光盖伞

尖顶羊肚菌

林地伞菌

绿褐裸伞

柱状田头菇

紫红丝膜菌

变绿枝瑚菌

枞树菇

大秃马勃

植被多样性（一）

植被多样性（二）

青海云杉林

针阔混交林

贺兰山风光

贺兰山云天

油松林

山涧明流

贺兰山国家森林公园

全国森林防火工作先进单位
中国森林防火
CHINA FOREST FIRE MANAGEMENT
1998-2000年度
国家林业局
二○○二年三月

全国自然保护区
先进集体
国家林业局
二○○二年十二月

全国林业英雄林
教育基地
国家林业和草原局国有林场和种苗管理司
中国农林水利气象工会　中国林学会
中国林业职工思想政治工作研究会
二○二○年十月

全国自然保护区
National Demonstration Nature Reserve
State Forestry Administration，2006
示范单位
国家林业局颁
二○○六年

全国十佳林场
（2019年-2023年）
中国林场协会
二○二○年四月

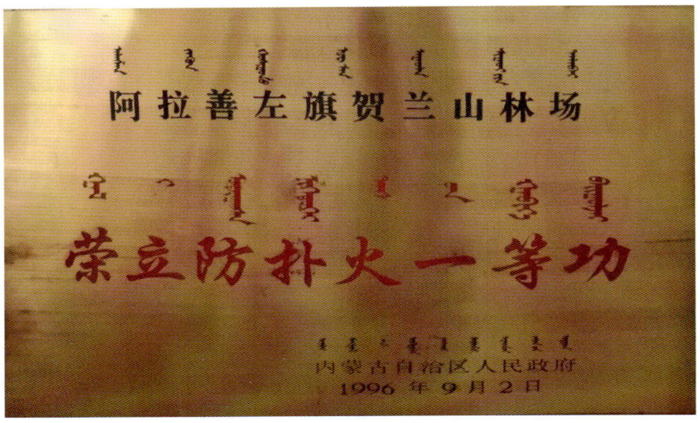
阿拉善左旗贺兰山林场
荣立防扑火一等功
内蒙古自治区人民政府
1996年9月2日

授予：阿拉善盟贺兰山天然林保护
特别奖
内蒙古自治区林业厅
2001.1

荣誉证书
授予：贺兰山自然保护区
全区造林绿化先进集体
内蒙古自治区人民政府

全区森林草原防扑火
先进集体
内蒙古自治区防火指挥部
二OO四年三月

贺兰山国家级自然保护区二OO五年度林业建设
野生动植物保护奖
内蒙古自治区林业厅
2006.2

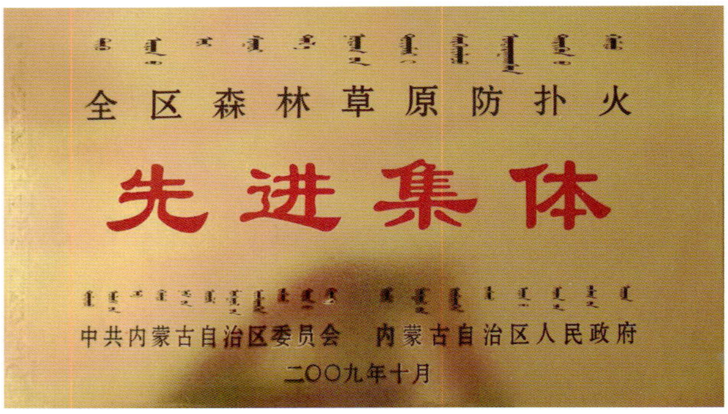
全区森林草原防扑火
先进集体
中共内蒙古自治区委员会 内蒙古自治区人民政府
二OO九年十月

内蒙古自治区科普教育基地
2011-2015年度
内蒙古自治区科学技术协会
二〇一二年十月

奖状
奖给：
贺兰山国家级自然保护管理局
一九九七年度野生
动植物保护工作成绩显
著。特发此状，以资鼓励。

《内蒙古贺兰山国家级自然保护区志》编纂委员会

主　任：范　俊　段志鸿

副主任：任　侠　张宝军　代　瑞　刘　东　照日格图
陶　君

委　员（按姓氏笔画排序）：
马金莲　任振强　多海英　孙　萍　苏　云
金廷文

编纂委员会下设办公室，办公室主任由代瑞兼任。

《内蒙古贺兰山国家级自然保护区志》
评审委员会

主 任 委 员： 范　俊（贺兰山管理局党组书记）
段志鸿（贺兰山管理局局长）
苏伊勒图（阿左旗档案史志馆馆长）

副主任委员： 王晓东（阿拉善盟林业和草原局副局长）
高立平（阿拉善盟林业和草原局四级调研员）
王延吉（阿拉善盟档案史志馆方志科科长）
任　侠（贺兰山管理局副局长）
张宝军（贺兰山管理局副局长）
代　瑞（贺兰山管理局副局长）
刘　东（贺兰山管理局副局长）
照日格图（贺兰山管理局防火办主任）
陶　君（贺兰山管理局综合办主任）

委　　　员： 张　晨（阿拉善盟林业和草原局办公室主任）
罗　炜（阿拉善盟林业和草原局野生动植物和自然保护地管理科负责人）
宋丹阳（阿左旗档案史志馆）
任振强（贺兰山管理局科研科科长）
苏　云（贺兰山管理局资源林政科科长）
马金莲（贺兰山管理局野保科科长）
多海英（贺兰山管理局规财科科长）
张文军（贺兰山管理局南寺管理站站长）
王景民（贺兰山管理局哈拉乌管理站站长）
顾苏和（贺兰山管理局北寺管理站站长）
曲红彬（贺兰山管理局古拉本管理站站长）

《内蒙古贺兰山国家级自然保护区志》
编纂人员

总　纂：段志鸿

副总纂：代　瑞　孙　萍　金廷文

编　纂（按姓氏笔画排序）：

马金莲　任振强　多海英　刘　东　苏　云

张馨月　郝淑香　袁丽丽　陶　君

供稿人（按姓氏笔画排序）：

王　亮　王晓勤　王继忠　孔芳毅　白　瑞

吕阔承　邬金爱　刘　玲　许　飞　许　娜

许　铎　李云霞　李军光　杨玉萍　时　光

张莹文　张雅丽　阿丽玛　孟　静　赵永文

娜荷芽　敖日格勒　夏　天　徐　皓　徐建国

梁金林　韩　枢　路　洋　魏　琦

序

贺兰山似一条长龙盘亘于我国西北广阔的草原与荒漠植被交界处，是我国西部一条重要的自然地理分界线。这里群山巍峨，石峭林立，森林繁茂，松涛阵阵，阻挡了腾格里沙漠的东移，也弱化了西伯利亚凛冽的北风。贺兰山森林植被茂密，具有完整的植被生态系统，为西北地区，特别是阿拉善地区的防风固沙、环境改善、水源涵养和水土保持，发挥着不可替代的作用，它是阿拉善人民的母亲山。

长期以来，党中央、国务院和地方党委、政府高度重视贺兰山生态环境保护工作，社会各界也十分关注和支持。1992 年，经国务院批准，贺兰山被列为森林和野生动物类型国家级自然保护区。保护区内野生动植物资源十分丰富，具有独特的种群，拥有天然次生林 58. 2 万亩，是内蒙古西部最大的天然次生林区。保护区有维管束植物 788 种，脊椎动物 352 种，苔藓植物 216 种，昆虫 1914 种，大型真菌 262 种，特有和近特有植物 61 种，药用植物 300 余种。这里的植物资源不仅种类丰富多样，而且具有显著的过渡性，既是我国草原带和荒漠带植被的分界处，也是我国西北干旱区的重要植物资源宝库和生物多样性演化中心，是青藏高原与蒙古高原间植物区系传播的桥梁。这里的森林植被与生物资源具有显著的科学研究价值，特别是珍稀和濒危植物的拯救与保护更具有非凡的意义。

近年来，我们始终坚持“生态优先、保护第一”的发展思路，深入贯彻习近平生态文明思想，践行“绿水青山就是金山银山”的发展理念，以不打胜仗不收兵的决心、毅力和勇气，顶格推进贺兰山资源管理、森林防火、生态修复、科研监测及野生动植物保护等重点工作，有效促进森林植被恢复，连续 73 年无较大森林火灾发生，整体生态状况得到显著改善。贺兰山的保护开发历史记载了一代又一代阿拉善守护者和建设者默默无闻而又生动感人的故事，他们把“生态优先、绿色发展”为导向的高质量发展这篇文章写在了这座母亲山，完成了从“林场”到“自然保护区”的转变，书写了筑牢我国北方重要生态安全屏障的精彩华章。

2020 年 6 月，习近平总书记指出，贺兰山是我国重要的自然地理分界线和西北重要的生态安全屏障，维系着西北至黄淮地区气候分布和生态格局，守护着西北、华北生态安全。

奋进新时代，坚定不移地走以生态优先、绿色发展为导向的高质量发展新路子，切实加强贺兰山森林资源保护，不断改善生态环境，仍是我们义不容辞的使命和责任。在各族人民齐心协力建设生态优美、产业兴旺、人民富足的和谐幸福阿拉善左旗过程中，贺兰山这座“金山银山”一定会更加苍翠巍峨、生机盎然，担负起我国北方重要生态安全屏障的神圣使命，造福我们的子孙后代！

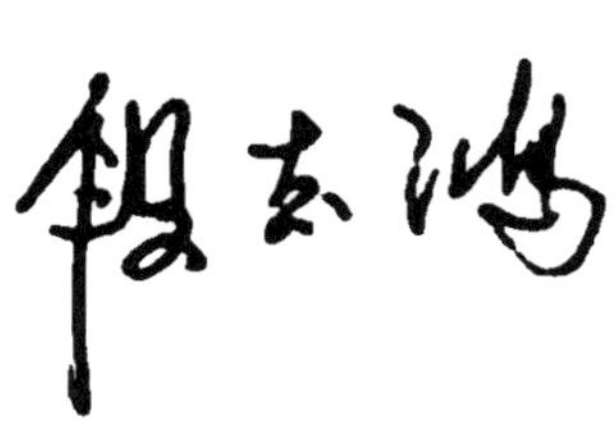

2022 年 5 月于巴彦浩特

凡　例

一、《内蒙古贺兰山国家级自然保护区志》（以下简称《志书》）以马克思列宁主义、毛泽东思想、邓小平理论、“三个代表”重要思想、科学发展观、习近平新时代中国特色社会主义思想为指导，坚持辩证唯物主义和历史唯物主义的立场、观点和方法，力求全面、客观、准确地记述1992年以来内蒙古贺兰山国家级自然保护区工作的历史与现状。

二、志文遵照详今略古的原则，《志书》作为贺兰山保护区首修志书，大事记上限力求追溯到历史发端，其他内容上起1992年，下至2022年。

三、按照事物基本属性分章、节进行记述。全书共设12章、50节，总字数控制在50万字以内。

四、本志由述、记、志、传、图、表、录等体裁组成，以志为主。

五、本志行文坚持横排竖写的体例，除引用原文和附录文献资料外，均使用现代语体文、记述体，各章节均述而不论，寓观点于记述之中。文字力求简洁、朴实、流畅、严谨、可读性强，统一使用国家公布的简化字体。

六、大事记以编年体为主，记事本末体为辅。日期不详者，排于月末，用“是月”表示。月份不详者，排至年末，用“是年”表示。重点记述工作中的大事、特事、重要工作及重要事件。

七、凡机构、法律法规、文件等专有名称第一次出现时使用全称，并括注简称，以后均简称，如阿拉善左旗简称阿左旗、内蒙古贺兰山国家级自然保护区简称贺兰山保护区、内蒙古贺兰山国家级自然保护区管理局简称贺兰山管理局。在特殊需要时使用全称。不同年份的机构、职务等名称，均用当时名称；人物称谓在第一次出现时，单位、职务或职称在前，姓名在后，第二次出现时直书其名，姓名之后不加“同志、女士、先生”等称呼。同一文件逐级转发，保留一套全名。特定名词、专用名词、带引号的简缩句，在章节中第一次出现，根据实际注明全意。行文一律使用第三人称，引文、附录例外。

八、本志所用数据均以统计部门或专业部门的权威数据为准。数据表示，从1位到多位用阿拉伯数字，不分节；带小数点数据，保留点后两位数。中华人民共和国建立后的年份记述，均用公元纪年4位数表示。

九、本志使用国家法定计量单位，按照1984年2月发布的《国务院关于在我国统一实行法定计量单位的命令》执行；数字书写以GB/T 15835—2011《出版物上数字用法》为准，标点符号使用以GB/T 15834—2011《标点符号用法》为准。时间表述，均采用公历年月日，年份一律使用全数，并用阿拉伯数字书写，如“2017年10月18—24日，中国共产党第十九次全国代表大会在北京召开。”

十、人物篇，坚持生不立传原则。设人物简介、人物名录表。人物简介收录了获得国家、自治区级奖项者；人物名录以表格反映，收录了获得正高级、副高级技术职称人员。排序以取得时间前后为序。

十一、《志书》资料来源于内蒙古贺兰山国家级自然保护区管理局、地方志及档案记载。

目　录

概　述

一

贺兰山这一名称由来已久。贺兰山在汉朝时期称“卑移山”。“贺兰”一词最早见于《晋书·北匈奴传》。公元284年至287年（西晋时期）由塞北入迁内地的匈奴部落中有一支叫“贺赖”部的曾驻牧于贺兰山地区，此山以后就改称贺兰山，贺兰山名即由匈奴“贺赖”部音转而来，“兰、赖转耳”（《资治通鉴》卷一〇八胡三省注）。贺兰山这一地名产生的时间，有学者考证认为，两汉书中提到匈奴中有阑氏贺氏姓，晋书中提到北狄匈奴中有贺兰种，魏书中提到鲜卑中有贺兰部，隋书中出现贺兰山名，认为贺兰山名称的由来可能是东晋末、北魏初的鲜卑贺兰部入居阿拉善地区后，将汉朝时的卑移山改称贺兰山，贺兰山名产生于北魏时期。发现“贺兰山”这一名称最早记载于《隋书·赵仲卿传》，距今有1400多年的历史。

贺兰山位于宁夏回族自治区与内蒙古自治区交界处，属于内蒙古、宁夏共管山脉，以分水岭为界，西坡属于内蒙古管辖。贺兰山地理坐标为北纬38°07′~39°30′，东经105°20′~106°40′。贺兰山东靠银川平原西侧，地形险要，呈南北走向。其东北端起于内蒙古自治区乌海市乌达区，与阴山山脉对峙，南至宁夏回族自治区中卫市中宁县沙蒿梁，与秦岭相望，绵延250公里，东西宽20~40公里，平均海拔2700米，相对高度700米，主峰达郎浩绕，屹立于山脉中段内蒙古境内，海拔3556.1米，是内蒙古、宁夏的最高峰。贺兰山属干旱山区，年降水量仅300毫米，受内外引力作用久经风化剥蚀，山体多由风化石和黑青石构成。北段海拔多在1600~2000米，山背曲折断续、山峰孤立、坦地宽谷相间分布；中段海拔多在2000~3000米，山体完整、沟壑纵横、巍然峻大、东陡西缓、阴坡林木茂密；南段海拔在1600米以下，属低山丘陵地带，山势平缓、沟谷平宽、植被稀疏。从山麓到山顶，沿着逐渐变化的环境梯度，植物种类、区系成分与植被类型呈现出明显的垂直分布现象。

贺兰山地形总体特点是山高坡陡，山峦重叠，多悬崖，起伏变化大。特别是中、北部山区，沟深谷狭、悬崖峭壁众多，南部地形相对较缓，沿山有40余条东西走向的沟谷，形似木梳。

二

内蒙古贺兰山自然保护区于1992年10月27日经国务院批准列为国家级自然保护区。为森林和野生动物类型自然保护区，主要保护对象为青海云杉等野生动植物资源。位于内蒙古阿拉善盟阿左旗境内，南北长125公里，东西宽8~20公里，保护区总面积67709.8公顷，其中，核心区20200公顷，缓冲区10762.5公顷，实验区36747.3公顷。坐标为北纬38°20′48.48″~39°08′08.88″，东经105°44′45.60″~106°05′01.68″。保护区四界范围为：南起头关，北至小松山，东以分水岭与宁夏贺兰山国家级自然保护区为界，西至贺兰山山麓，范围界线清晰。

由于贺兰山地理位置特殊，境内山峦重叠，沟谷纵横，自上而下水热条件变化各异，植物生长环境复杂多样。历经漫长岁月，造就了贺兰山西坡林区内丰富的植物种类、多样的区系成分且具有多种经济植物，是一个天然物种资源宝库，也是一个重要的模式标本产地。保护区内野生动植物资源丰富，拥有以青海云杉为主的天然次生林58.2万亩，是内蒙古西部最大的天然次生林区，森林覆盖率57.3%，林草植被盖度达到80%。据调查记载，有维管束植物788种，林区内具有独特的植物类属，以贺兰山命名的有7种3个变种，如贺兰山蝇子草、贺兰山丁香、贺兰山翠雀花等。其中，国家一级重点保护野生植物1种，国家二级重点保护野生植物12种；特有和近特有植物贺兰山荨麻、贺兰山孩儿参、贺兰山翠雀、贺兰山银莲花、贺兰山棘豆等61种，有经济、药用植物羽叶丁香、小叶红景天、龙胆、银柴胡、百合、黄芪等300余种。还有丰富的动物资源，陆生脊椎动物352种，属于国家重点保护的脊椎动物有75种，其中，国家一级重点保护野生动物13种，包括雪豹、黑鹳、金雕、白尾海雕、胡兀鹫、马麝、大鸨等；有国家二级重点保护野生动物62种，包括马鹿、岩羊等；有苔藓植物180种，大型真菌262种，昆虫1914种。

三

中华人民共和国成立后，各级党委、政府对贺兰山森林资源予以高度重视并加以保护。1950年，阿拉善和硕特旗自治区人民政府颁发《林牧管理新伐木规则》，同时决定对贺兰山实行封山育林。1952年8月，颁发了《贺兰山林木管理办法》。1953年4月，正式成立贺兰山后山林区管理所，所部设在樊家营子，同年，与宁夏林业勘测队联合对贺兰山西坡森林资源进行调查。1954年，开始对林区全部封育，森林面积得到恢复扩大。“文化大革命”期间，在森林管护上一度出现混乱。1979年，阿左旗划归内蒙古自治区后，成立贺兰山林场。1982年12月，林场由阿拉善盟移交阿左旗管辖。1980年，国务院“三北”防护林建设会议将贺兰山次生林定为水源涵养林，此后贺兰山西坡林区的管理步入正轨，封山育林步伐加快。1993年4月16日，阿拉善盟行政公署批准成立内蒙古贺兰山国家级自然保护区管理局，业务上接受阿拉善盟建设处和阿拉善盟林业处指导，机构规格为准处级事业单位，实行企业化经营，差额补贴。2013年10月，中共阿左旗委员会机构编制委员会办公室明确贺兰山管理局为阿左旗人民政府直属事业单位，主要承担森林和野生动植物资源保护等生态保护与建设任务。

四

贺兰山是我国西北一条重要的自然地理分界线，是我国温带草原和荒漠草原的分界线（东部为半农半牧区，西部基本是纯牧区）；是我国季风气候和非季风气候的分界线（贺兰山的存在一方面阻挡西北高寒气流东袭，另一方面阻止潮湿的东南季风西进）；是我国河流外流区和内流区的分水岭（贺兰山以西没有外流的水域）；是中国干旱与半干旱区年200毫米等降水量的分界线（以西广大区域基本降水量在200毫米以下，对西部地区自然气候变化具有重要影响）。贺兰山绵延长约250公里，东西宽20~40公里，海拔2000~3000米。贺兰山作为我国西北地区重要的天然生态屏障，有效阻挡了腾格里、乌兰布和沙漠的东倾前移，生态区位极为重要，保护了沿山十几万城乡居民生产生活环境，在保持水土、防风固沙、调节气候、涵养水源等方面发挥了无可替代的作用。

20世纪80—90年代，由于过度放牧，贺兰山生态环境遭受到破坏，林草植被明显退化，野生动物数量骤减。面对贺兰山生态急剧恶化的状况。1999—2001年，阿拉善左旗人民政府自筹资金，组织实施退牧还林工程，将长期依赖贺兰山放牧的1043户4300名牧民搬迁转移，退牧牲畜23万头（只），并在保护区外围拉设115公里网围栏，保护区实行全面禁牧。2001年5月，阿拉善左旗人民政府为了巩固贺兰山退牧还林成果，加大保护区管理力度，将保护区外围禁牧区20790公顷宜林荒山划归贺兰山保护区管理，从根本上解决了长期存在的林牧矛盾，贺兰山生态植被得以休养生息，环境开始逐年恢复，林草自然更新能力不断加强，野生动物群落逐渐扩大。特别是中共十八大以来，阿拉善盟委、行署和阿左旗党委、政府及保护区管理部门积极践行习近平生态文明思想和“绿水青山就是金山银山”发展理念，加大贺兰山生态保护力度，2017—2018年开展了内蒙古贺兰山地区生态环境隐患集中整治和精准治理攻坚战，2019年开展了防范化解重大风险生态环境、安全隐患、城乡人居环境整治，拆除了保护区内5家煤矿、2家石灰岩矿、1家水泥厂和6家洗煤厂全部生产生活设施设备，共拆除各类建筑物 4 万余平方米、采挖坑回填 300 余万立方米、治理渣台面积 719 万平方米，完成治理面积 10.89 平方千米。矿区播撒草籽植被恢复 1 万亩①，永久性封闭煤矿井硐 17 处。同时，建立长效监管机制，采取拉设网围栏封闭治理区进出口道路 9300 米，禁止人员车辆进入矿区，划定管护责任区，加强日常巡护巡查等，遏制偷挖盗采等破坏生态环境行为发生。2018 年，丰源三矿治理区被阿拉善盟委、行署确定为阿拉善盟环境整治示范基地和环境保护教育基地，保护区内环境综合整治取得了明显成效。银川、石嘴山、鄂尔多斯等周边地区及阿拉善盟内考察团多次组织观摩学习，并给予了高度评价。持续保护使贺兰山生态建设成效显著。

森林资源面积持续增加。保护区内森林面积由建保护区前的 32.1 万亩增加到 2011 年的 58.2 万亩，森林覆盖率由 31.6%提高到 2011 年的 57.3%，森林蓄积量达到 290 余万立方米，区内林草植被总盖度达到了 80%。

野生动物数量明显增多。主要野生动物马鹿由 2001 年的 2000 多头增加到 7000 头，岩羊由 1.6 万只增加到 5 万只。

林业重点工程成效显著。通过天然林资源保护工程、公益林生态效益补偿等野生动植物和保护区工程的实施，贺兰山保护区天然林得到休养生息和恢复发展。天然林采伐全面停止，森林资源长期过量消耗得到了有效控制，森林资源呈现逐年增长趋势，森林生态功能退化趋势得到有效扭转，区域生态明显改善，森林面积和森林蓄积量实现双增长。

森林防火明显加强。建立了宣传教育、联防协防、巡护巡查、火源管控、防火演练、值班值守等综合管理措施。2002—2022 年，保护区建有森林防火指挥中心 1 处、分控室 4 处、林火监控预警系统 31 套、安防监控系统 26 套、视频会议系统 27 套。通信基站 1 处、瞭望塔 8 座、无人机 36 台；购置防火指挥车 3 辆、巡护车 8 辆、运兵车 1 辆、装载机 1 台、灭火水车 6 辆、消防摩托车 2 辆、摩托车 55 辆、单兵装备 300 套、野外生存装备 40 套、组合工具 200 套等各类设施设备。

推广使用“防火码”和“互联网+森林草原防火督查”系统，在贺兰山重点防火区域得到应用。航空巡护、无人机巡护逐步投入日常防火巡护中，最大限度保障巡护巡查不留死角、不留隐患。将卫星遥感、卫星通信、航空消防、信息网络、3S（地理信息系统、遥感、全球定位系统）等现代技术广泛应用于火灾预防和扑救过程中，逐步实现森林防火人防+技防有机结合，有效扩大巡护巡查监测覆盖面。取得了贺兰山林区连续 73 年无较大森林火灾的好成绩，确保了贺兰山北方重要生态安全稳定屏障。

基础设施条件有效改善。贺兰山国家级自然保护区自 1992 年成立以来，先后实施了保护区一期、二期、三期工程，管理机构、保护体系、执法队伍、科研监测和宣传教育体系基本形成，特别是 2011 年以来，贺兰山管理局将工作重心向基层一线转移，实施了基层管护站新建、改扩建工程及附属设施建设，先后投入资金 1860.4 万元，新建管护站房 5556.74 平方米，维修改建（扩建）管护站房 3318 平方米，配齐各类办公设施、生活设备，从根本上改变了管护人员工作生活环境，基层工作和生活环境焕然一新，水、电、暖、路、讯等基础设施不断完善，使基层人员能够安心守山，放心护林，有力地促进了贺兰山自然保护事业的发展。

林业改革取得明显成效。贺兰山管理局前身为阿左旗贺兰山林场。建场初期按照“以林为主，多种经营”工作思路全面发展。由于受自然条件和林业行业自身特点制约，加之国家投资逐年减少等因素影响，林场经济出现危困，生产发展举步维艰。1992 年林场转变发展观念，开始走上深化改革、保护发展之路。经阿左旗逐级争取，贺兰山林场被国家林业局列为贺兰山保护区，1993 年成立贺兰山管理局，事业单位差额化补贴管理，保留国有林场建制。2002 年，为了全面推进天然林资源保护工程的实施，进一步深化林业治沙场（站）改革，结合天保工程职工一次性安置政策和阿左旗

① 1 亩约为 667 平方米，全书同。

实际，根据阿左旗国有林场（站）改革实施方案，并结合贺兰山保护区的特殊性，按照“保留机构，转变职能，分流安置富余人员”的原则，贺兰山林场转移安置富余职工 44 名。贺兰山林场由差额拨款事业单位管理变为全额拨款事业单位，实行管理局、国有林场两个牌子，一套人马管理体制，实现了由“砍树人”向“看树人”巨大转变。2017 年，贺兰山管理局作为全旗林业改革试点单位。精简合并机构、缩减机关人员，基层管护一线人员达到了全局在岗人员的近 80%，着力增强了一线管护力量。

总结历史，承前启后，展望未来，任重道远。在新的历史起点上，贺兰山管理局深入践行习近平生态文明思想，牢固树立“绿水青山就是金山银山”的发展理念，坚持走生态优先、绿色发展为导向的高质量发展新路子，为谱写美丽阿拉善、人与自然和谐共生新篇章作出新的贡献。

大事记

隋文帝开皇三年（公元583年）

隋将赵仲卿率兵攻打突厥，出贺兰山西，入今阿拉善盟境内。

宋仁宗宝元元年（公元1038年）

西夏设12监军司，在贺兰山防区驻军5万人，大量砍伐树木建造营房，灌木也被砍伐制作弓箭。西夏以贺兰山为皇家林园，大量砍伐木材建皇家建筑。在居延置“黑山威福军司”“威福军城”（今额济纳旗东南黑城）。

清高宗乾隆十一年（公元1746年）

据记载，63岁的六世达赖洛桑仁钦仓央嘉措在阿拉善沙漠中的承庆寺附近圆寂。按照仓央嘉措生前遗愿，其徒弟阿旺多尔济于乾隆二十一年（公元1756年）在贺兰山中建立广宗寺（今南寺）。

清德宗光绪九年（公元1883年）

12月 宁夏兵备道长白耆彬记《贺兰山碑记》，文中写道：“自贺兰山口内暗门起至六十里外，为蒙汉交界处所。”

清德宗光绪十年（公元1884年）

4月11日 贺兰山胡来套海地两处起火，烧毁15万平方米林木。

民国19年（1930年）

秋季，贺兰山西坡镇木关沟发生火灾，过火面积7000亩。

民国24年（1935年）

中央研究所派员到阿拉善旗，设立“定远营气象站”，记载贺兰山后山及内蒙古草原区气候。

民国32年（1943年）

地质学家边兆祥、古生物学家李星学赴贺兰山进行地质踏勘，确定贺兰山有煤、铁，并初步估算乌达煤田煤炭储量约为13亿吨。

民国34年（1945年）

地质学家黄绍兴赴贺兰山做地质调查，在小松山发现中国第一处铬铁矿。

解放初（1949年）

11月 贺兰山西坡归阿拉善林木燃料所和阿拉善旗林牧管理所共同管辖。

1950 年

7 月 31 日　凌晨，中共阿拉善旗工委书记曹动之与警卫员杨万山、张永祥由银川乘马返回阿拉善旗途中，在贺兰山樊家营子防卡附近，遭到郭永胜（郭栓子）匪徒预谋伏击，壮烈牺牲。

10 月 6 日　在贺兰山一带占山为匪近 20 年的郭永胜（郭栓子），被中国人民解放军剿匪部队生擒。

是年　阿拉善和硕特旗人民政府颁发《林牧管理新伐木规则》，同时对贺兰山实行封山育林。

1951 年

5 月 22 日　在宁夏建设厅召开会议，成立了贺兰山林区管理委员会，统管西坡燃料所、林牧管理所和东坡林管站。

11 月 16 日　为了调节采煤、樵柴、放牧之间的矛盾，将林木燃料所与林牧管理所合并为阿拉善木料营业所。

1952 年

8 月　阿拉善旗自治区开展司法改革运动，建立新的司法机构和司法工作程序。阿拉善旗自治区人民政府颁布《贺兰山林木管理办法》。

是年　西北地质局 621 队到阿拉善旗自治区贺兰山小松山铬铁矿进行普查勘探。

1953 年

4 月 14 日　成立阿拉善旗贺兰山后山林区森林管理所，所部设在樊家营子。

5 月　阿拉善旗自治区与宁夏林业勘测队联合对贺兰山西坡森林资源进行调查。

1954 年

3 月 20 日　甘肃省下发《甘肃省护林方案》。

3 月 22 日　阿拉善旗贺兰山后山林区森林管理所更名为蒙古自治州贺兰山后山林区森林管理所，下设 3 个林管站，组建护林防火组织，负责贺兰山林区的护林防火、封山育林工作。在塔尔岭、水磨沟、南寺、青石嘴子等处设立 4 个专管站。贺兰山森林抚育间伐工作开始。

6 月 25 日　贺兰山后山林管所抚育大队在固定作业区附近的火石咀子大岭上，发现一只野豹正在吃岩羊，当时第二中队徐声浩队长开枪射击，野豹连中两弹，立即毙命。

7 月 7 日　宁夏省蒙古自治区人民政府对后山林管所抚育大队击毙野豹一事进行批复，要求沿山各巴格和有关单位提高警惕，对所耗子弹两粒准予核销。

8 月 11 日　后山林管所上报政府，贺兰山狼群为害甚烈，经调查林管所附近及强岗岭一带共吃 15 匹马驹子、11 只羊、2 匹驴驹，在云山发现野豹踪迹。为维护牲畜安全、牧民生计，向宁夏省蒙古自治区人民政府申请开展联防打狼行动。

8 月 26 日　阿拉善旗人民政府发出《依照规定贯彻执行联防打狼办法的通知》，提出三点要求，一是沿山巴格打狼队兼护林队业务，一面打狼，一面护林，由阿拉善旗政府通知第一苏木及沿山巴格，由林管所通知各林管站，进行联防围剿；二是在打狼时禁用火铳，以免引起火灾；三是与前山贺兰、平罗、惠农等县取得联系，约定日期，共同行动。

8 月 28 日　阿拉善旗人民政府下发《勿再介绍入山拾蘑菇群众的通知》。

9 月 29 日　宁夏省蒙古自治区人民政府发文，要求在条件允许情况下新修银川至巴彦浩特市驼马大道。

10月16—18日 甘肃省蒙古自治州贺兰山后山林区管理所第一届护林防火会议召开，第一苏木公署、前山林管所、古拉本煤矿等代表及护林员共计80人参加会议。

10月 正式成立林警队。

1955年

6月28日 甘肃省蒙古自治州人民委员会发布《关于入山放牧的指示》，对夏季牲畜入山放牧应遵守事项进行说明，要求入山牲畜进行登记。

8月17日 甘肃省蒙古自治州贺兰山后山林区管理所向蒙古自治州公安处申请制发五五年度人民经济警察胸章10枚。

10月6日 根据1955年8月31日周恩来总理签发的《国务院关于国家机关工作人员全部实行工资制和发行货币工资制的命令》，对管理所在职职工工资进行核算定级。

10月21日 巴镇居民傅某某1955年6—7月在贺兰山门洞子石灰窑附近先后两次偷砍榆树38株，灌木5处，妨害公共利益，破坏国有森林，阿拉善旗人民法院判处其劳役6个月，缓刑6个月，赔偿人民币19元2角，并处罚金19元2角。

12月22日 贺兰山林管所由樊家营子迁往哈拉乌。

是年 在《蒙古自治区贺兰山后山林区管理所1955年工作计划初步意见》中提到，两年内林区未发生火灾；在封山育林政策宣传方面还需加强；根据实际需要设置人员编制共36人，其中干部16名、林警12名、通信员1名、车夫1名、运输兼饲养1名、炊事员1名、技工4名；拟分设5个站点，每站配干部2名、林警2名、正副队长2名、保健员1名、总务股长兼会计1名、管护股长兼文书1名、森林警察队长1人。

1956年

6月 蒙古自治州贺兰山后山林区管理所改名为巴彦淖尔盟贺兰山后山森林经营所，所部由樊家营子迁至哈拉乌。

11月27—29日 在贺兰山苏峪口林营所召开贺兰山林区护林会议。

12月30日 地方国营古拉本敖包煤矿成立护林小组。

1957年

5月16日 内蒙古自治区贺兰山林区《1957年第一次森林经济会议决议草案》发布。

7月6日 地质部测绘局进入哈拉乌沟内敖包疙瘩测绘。

7月 经勘探，贺兰山煤田乌达煤矿可以露天开采，可供露天开采的煤共4层，总面积5.2平方千米。

9月14日 苏联气象专家阿沃郎柯夫进入林区哈拉乌沟了解情况。

10月29—31日 巴彦淖尔盟贺兰山森林经营所在哈拉乌召开第四届护林防火大会，主要研究讨论本所第一个五年计划期间的工作总结、整顿护林机构问题、开展森林火灾竞赛运动。

是年 进行了森林更新试验；内蒙古森林经理调查大队进行了贺兰山林区森林资源三级经理调查，首次查清了贺兰山森林资源基本情况。贺兰山管辖面积69039公顷，东西平均宽8公里，南北长86公里，森林面积19469公顷，森林总蓄积量902080立方米；架设巴彦浩特至哈拉乌、哈拉乌至南寺、哈拉乌至塔尔岭电话线路；巴彦淖尔盟行政公署颁布了《贺兰山林区山林管理暂行办法》。

1958年

8月 巴彦淖尔盟贺兰山后山森林经营所改名为阿拉善旗贺兰山森林经营所。

是年 提出“防火就是防人”的森林防火理念并一直延续和传承。

1959 年

12 月 19 日 贺兰山森林经营所下设水磨沟、哈拉乌、南寺 3 个营林区。

1960 年

阿拉善旗贺兰山森林经营所更名为巴彦淖尔盟贺兰山森林经营所。

1961 年

12 月 巴彦淖尔盟贺兰山森林经营所归属阿左旗，更名为阿左旗贺兰山林场。

1962 年

阿左旗全旗大旱，贺兰山地区的 11 万多头（只）牲畜入山，贺兰山林木损失严重。

1964 年

2 月 5 日 阿左旗贺兰山林场向旗人民委员会上报《为请介决定鹿场场址的报告》，阿左旗贺兰山林场在南寺设立养鹿养獐场以来，截至 1963 年底存栏数达到 9 只，因发展需要建议在 1964 年底或 1965 年初将鹿场迁址至哈拉乌，以便解决饲料、水源、驯养场地等问题，配备专职负责人，鹿场经营单独核算。

1965 年

10 月 16 日 贺兰山前后山护林联防委员会筹备会议在贺兰山军马场召开。参加会议的人员有内蒙古贺兰山林场、宁夏贺兰山森林经营管理所、军马场、巴伦别立人民公社等单位的同志。会议着重就联防委员会的组织、任务、工作制度交换意见，形成了会议纪要。

1966 年

6 月 14 日 绘制鹿场 1：2500 平面示意图。

1969 年

9 月 阿左旗归属宁夏回族自治区，贺兰山前后山合并，成立临时工作组。

1970 年

1 月 16 日 宁夏回族自治区革命委员会生产指挥部领导小组批准成立贺兰山森林经营管理所党支部。

5 月 20 日 宁夏回族自治区农林局革命领导小组发出《关于贺兰金山公社六队乱砍滥伐破坏贺兰山林区森林资源的通报》，对乱砍滥伐的活树一律没收，罚栽 1000 棵，保证成活。

11 月 15—20 日 贺兰山森林经营管理所分别在崇岗公社等沿山社队举办护林防火学习班，80 人参加学习。

1971 年

10 月 内蒙古、宁夏调整行政区划，后山林场与宁夏回族自治区贺兰山森林经营管理所合并为宁夏回族自治区贺兰山森林经营管理所，所址设在阿左旗哈拉乌，设立党总支和革委会，下设政工组、生产组、后勤组，基层设大水沟、苏峪口、水磨沟、哈拉乌4个营林区和腰坝农场及鹿场。

1972年

6月 宁夏回族自治区农林局发出《关于清山问题的意见》，组织沿山社队参加次生林抚育活动，逐年解决部分木材需要，可以在完成抚育任务后，安排一定数量的清山活动。

10月12日 贺兰山林管所党总支和革委会根据宁夏回族自治区农林局核心领导小组《关于机构编制的批复》，职能机构下设政办室、生产室、计划财务室（科级），基层设营林区、加工厂和鹿场。

11月24日 兰州军区生产建设兵团五师向宁夏回族自治区生产指挥部报告：原贺兰山林管所移交五师三十三团鹿场，因长期圈舍缺乏，饲料不足，种质退化，发展缓慢，要求将现有的107头马鹿全部交给贺兰山林管所统一管理。

12月4—8日 宁夏回族自治区农林局在阿左旗巴彦浩特召开贺兰山护林防火会议。参加会议的有银川等市（县）、旗以及沿山社队、厂矿、部队单位的代表118人。这是全区第一次召开的规模较大的护林防火会议。

1973年

1月21—28日 贺兰山林管所革委会召开经营管理工作会议，讨论修改并通过：财务管理体制及财务人员职责；采购员制度；财产物资管理；产品管理；基层单位（营林区）财务人员职责及年限；车辆管理；医疗制度；招待室管理制度；坚持民主理财，加强财务监督。

2月18—24日 在银川召开全区林业工作会议，相关单位共120人参加。

2月24日 贺兰山林管所护林防火指挥部成立，办公室设在大水沟营林区。

2月 贺兰山林管所制定《贺兰山林区次生林抚育改造技术操作实施细则》。

4月3日 贺兰山林管所编制《建立野生鹿场设计说明书》，地点选在苏峪口营林区插旗口沟。

6月27日 召开贺兰山林区义务护林员会议。

10月4日 宁夏回族自治区农林局向区革委会报告，根据国务院1963年发布的《森林保护条例》第十一条和1972年国务院、中央军委国发（72）92号文件精神，要求军马场将贺兰山前山中段林区交归贺兰山林管所统一管理。

11月10日 贺兰山林区发布《森林抚育改造技术操作实施细则》。

1974年

1月12—16日 宁夏回族自治区农林局委托贺兰山林管所在哈拉乌举办全区松类良种选育学习班，区农科所、区林业站及六盘山、贺兰山、罗山林区派人参加。

1月30日 贺兰山林管所派13人赴甘肃、山西等地参观学习经营管理、更新造林等先进技术。

是年 中国科学院内蒙古、宁夏考察队对阿拉善地区的植被资源和植物品种资源进行系统调查。

1975年

4月29日 贺兰山林管所在哈拉乌北沟进行666.7公顷抚育更新大会战。

4月 林管所出台《森林抚育间伐规程》。

9月2日 宁夏回族自治区革命委员会发布《关于保护天然林区野生动物资源的布告》。

12月29日 宁夏回族自治区公安局、农林局联合发文通知在六盘山、贺兰山、罗山林区设立公安派出所，其中贺兰山林区公安派出所编制8名（森林警察5名）。

1976年

5月31日 宁夏回族自治区农林局、农垦局双方议定，贺兰山农牧场北线由拜寺口沟沿至分水岭、南线由牙齿沟至分水岭，总面积2.4万公顷的林区，移交贺兰山林管所，并将原军马场历年经营山林的有关资源、档案一并移交。

11月16日 全区护林防火会议上发布《宁夏回族自治区林区管护试行办法》。

1977年

2月1日 《宁夏日报》报道贺兰山林区28年无森林火灾的事迹。

2月12日 鉴于贺兰山林区马麝的天敌——狐狸繁殖过快，宁夏回族自治区农林局要求贺兰山在冬季开展试验性灭狐活动。

4月10日 贺兰山林管所党总支批准：哈拉乌营林区成立革命领导小组，由5人组成。

7月1日 贺兰山哈拉乌北沟截潜水工程竣工，截潜深度24米，投资45.6万元。

12月31日 根据宁夏回族自治区〔计委宁计（77）26号〕文件，经自治区农林局批准，安置61名待业青年和回场知识青年在林区各部门工作。

1978年

2月 在贺兰山樊家营子海拔2600多米处建起阿左旗第一座电视差转台。

2月 贺兰山林管所出台《抚育间伐技术细则》。

是年 贺兰山林管所主要开展《森林抚育采伐效果试验分析》《云杉、油松的良种选优》《贺兰山干旱、石质山地造林技术的研究和引种试验》《采运、营林机械化的引进推广使用》《马鹿、梅花鹿的饲养管理杂交试验，主要病态的防治措施研究》科研项目。

1979年

8月15日 贺兰山林管所被评为二等护林防火先进单位，受到国家林业部通报表彰和奖励。

9月27日 阿左旗划归内蒙古自治区管辖，内蒙古阿左旗代表张全与宁夏回族自治区林业局代表马文达签订《关于贺兰山林区划分议定书》。贺兰山前后山分家，更名为阿左旗贺兰山林场。前后山林区地界维持1969年合并前区界。

1980年

5月 贺兰山林场归属阿拉善盟领导，名称变更为阿拉善盟贺兰山林场。

11月7—11日 阿拉善盟贺兰山林区护林防火会议召开。宁夏林业局应邀光临指导，与会者讨论修改《贺兰山林区护林防火奖惩办法》，总结护林防火工作。

12月11—13日 阿拉善盟林业治沙局和贺兰山林场应邀参加在宁夏银川召开的贺兰山护林防火工作会议。会议要求做好交界林区联防工作，加强防火设施，严禁牲畜进入林区，并达成联防协议，成立联防委员会。

是年 国务院“三北”防护林建设会议将阿左旗贺兰山次生林定为水源涵养林。

1981年

6月30日 阿拉善盟行政公署、宁夏回族自治区林业局在苏峪口联合召开贺兰山林区前后山第二次护林防火联防会议，会议协商双方有关联防内容形式，草拟《贺兰山前后山林区护林防火协议》。

1982年

9月15—19日 贺兰山林区前后山第三次护林防火联防会议在阿左旗召开，修改完善《贺兰山前后山护林防火协议》，公布实施。

11 月 21—25 日　阿拉善盟行署对贺兰山林场等 23 个安全生产、文明生产先进集体和 189 名先进工作者给予表彰。

1983 年

1 月　贺兰山归阿左旗领导，更名为阿左旗贺兰山林场，进行机构改革，场部迁至巴彦浩特镇。

1 月 18 日　贺兰山林场委员会要求腰坝农场实行包干制。

11 月 10 日　内蒙古阿左旗人民政府、宁夏回族自治区林业厅联合印发《贺兰山前后山第四次联防会议纪要》。

1987 年

4 月 14 日　阿左旗与宁夏回族自治区有关部门在巴彦浩特召开贺兰山第八次联防会议。

8 月 5—7 日　参加兰州市土地沙漠化综合整治国际学术讨论会的埃及、丹麦、苏联、美国、卡塔尔、苏丹、加拿大、马里、瑞典、日本、科威特、挪威、巴基斯坦、以色列等国家和地区的 19 名沙漠研究人员和国内 14 名学者专家，到阿左旗朝格图呼热苏木治沙站、头道湖国营治沙站、腰坝饲草料基地防护林、飞播区和贺兰山林区以及吉兰泰盐场固沙造林进行野外实地考察。

是年　开展贺兰山森林资源二类调查。

1988 年

1 月 25 日　阿左旗人民政府委托国家城乡建设环境保护部开展《贺兰山前倾斜平原地带区域地质和腰坝井灌区地下水资源科学管理研究》工作。

1989 年

5 月 22 日　贺兰山林区发生 34 年以来第一起火情，林场职工与森警战士奋勇扑灭。

8 月 3 日　贺兰山峡子沟、大水沟等地突降暴雨，暴发近 50 年未遇的特大山洪，造成 2 人死亡。

1990 年

5 月 30 日　《阿拉善左旗贺兰山林场 1990 年网栏封育设计报告》获批实施。

1991 年

6 月　贺兰山油松松梢小卷蛾生物学特性预测预报防治研究（1985—1989 年），获得阿拉善盟行政公署科技奖二等奖。

9 月　贺兰山西坡森林植被类型及其涵养水源功能综合评价的研究获得内蒙古自治区林业厅三等奖。

1990—1991 年　贺兰山蜘蛛调查，填补保护区空白。

1992 年

4 月 2—3 日　阿左旗贺兰山和额济纳旗胡杨林自然保护区论证评审会在呼和浩特市举行。国家自然保护区评审委员会及甘肃、宁夏、内蒙古等地有关专家、学者 14 人参加论证评审。

5 月　内蒙古自治区人民政府批准内蒙古贺兰山列为自治区级自然保护区。

10 月 27 日　国务院《关于同意天津古海岸与湿地等十六处自然保护区为国家级自然保护区的批复》，批准内蒙古贺兰山列为国家级自然保护区。

12 月 在宁夏银川市召开了前后山第十三次护林防火联防会议。

1993 年

4 月 16 日 阿拉善盟行政公署盟长办公会议议定事项通知，批准成立贺兰山管理局，机构规格为准处级事业单位，实行企业化经营，差额补贴。行政上由阿左旗人民政府领导，业务上接受阿拉善盟建设处和阿拉善盟林业处指导。

5 月 11 日 内蒙古自治区林业厅《关于贺兰山自然保护区开设旅游小区的批复》，同意建设贺兰山北寺旅游区。

是年 在哈拉乌北沟进行森林病虫害防治 18000 亩；在巴彦浩特召开了前后山第十四次护林防火联防会议；管理局被阿左旗人民政府评为全旗护林防火先进单位。

1994 年

4 月 贺兰山管理局设置办公室、业务科、派出所、多种经营科 4 个内设科室。

12 月 23 日 贺兰山林区派出所破获一起特大猎捕岩羊案，案犯火炬嘎查牧民魏布音那生供认自 11 月 15 日—12 月 22 日在贺兰山国家级自然保护区猎捕国家二级保护野生动物岩羊 12 只，被判处有期徒刑 1 年 6 个月。

是年 内蒙古自治区林业厅下达专项贴息贷款 50 万元用于北寺旅游区建设，工程于当年启动建设。

1995 年

5 月 1 日 贺兰山北寺旅游区建设完成投入使用。

5 月 19 日 阿左旗党委、人民政府制定《阿拉善左旗沿山经济发展战略》，涉及沿贺兰山地区 15 个苏木（镇）。

6 月 内蒙古自治区第二林业勘察设计院编制《内蒙古贺兰山国家级自然保护区总体规划》。

7 月 3 日 阿左旗机构编制委员会《关于核定贺兰山国家级自然保护区管理局事业编制的批复》，核定贺兰山管理局事业编制 313 人。

9 月 14 日 贺兰山保护区加入中国人与生物圈保护区网络。

12 月 贺兰山养鹿场交由宁夏大通公司承包经营。

是年 与阿拉善盟林研所开展《自然保护区云杉天然更新与人工促进生长更新对比研究》科研课题的调查研究，与内蒙古师范大学、华东师范大学等院校合作开展贺兰山生物资源调查等科研活动；内蒙古自治区林业厅公安处授予贺兰山林区派出所集体三等功嘉奖；内蒙古、宁夏贺兰山国家级自然保护区第十六次联防会议在阿左旗巴彦浩特召开。

1996 年

1 月 23 日 国家林业部《关于对内蒙古贺兰山国家级自然保护区建设项目的批复》，同意建设贺兰山保护区一期工程，总投资 424.2 万元。

4 月 22 日、29 日 阿拉善盟行署盟长任英超主持召开行署第六次、第七次常务会议。会议研究决定：贺兰山自然保护区是阿拉善盟赖以生存发展的基础，盟、旗要高度重视保护区的保护和建设。盟、旗财政共同重新核定管理局的编制和财政补贴基数。财政补贴数在扣除原有的 19 万元后，由盟、旗各负担 50%。财政补贴要保证现有离退休人员的工资。历史欠账可通过创收逐步解决。

4 月 28 日 贺兰山保护区北寺旅游区正式开业，阿拉善盟委书记、行署盟长任英超出席开业剪彩仪式。

10 月 16 日 在贺兰山峡子沟抓获非法猎捕岩羊犯罪嫌疑人 6 人，当场收缴岩羊 1 只，自制半自动步枪 1 支，子弹 76 发。犯罪嫌疑人供认自 1994 年以来共猎杀岩羊 5 只，私藏小口径步枪 1 支。

10 月 29—31 日 内蒙古、宁夏贺兰山国家级自然保护区第十七次联防会议在银川召开。

10 月 5 日—12 月 30 日 阿拉善盟林业公安科、阿左旗林业公安分局、贺兰山林区派出所联合在贺兰山保护区开展武装清山清沟活动。共捣毁偷猎分子窝棚 26 处，清理搂发菜人员 1000 余人，收缴搂发菜钢丝耙子 150 个、匕首 23 把、猎枪 1 支。

是年 对核心区哈拉乌 4 万亩青海云杉病虫害进行观测和防治；与内蒙古师范大学、华东师范大学、内蒙古自治区林勘院、阿拉善盟林研所等单位合作开展贺兰山野生动物普查、野生动植物资源调查与综合利用等科研项目；颁布贺兰山管理局经济实体经营管理暂行规定；在孪井滩开垦农田 640 亩；北寺旅游区建设被列为阿拉善盟庆祝内蒙古自治区成立 50 周年的献礼项目；贺兰山林区派出所受到自治区林业厅嘉奖。

1997 年

7 月 26 日 北京朝阳区援资 90 万元，用于修建贺兰山北寺旅游区朝阳路。

9 月 北寺旅游区油路开通。

是年 贺兰山管理局与内蒙古师范大学合作组织实施《贺兰山生物资源综合调查利用项目》调查研究活动；在乱柴沟、甘树湾、铁道渠进行了近 3 万亩云杉异色卷蛾等虫害的生物防治；在孪井滩开垦农田 350 亩；内蒙古、宁夏贺兰山国家级自然保护区第十八次联防会议在阿左旗巴彦浩特召开；贺兰山管理局被内蒙古自治区林业厅评为“野生动植物保护先进单位”。

1998 年

5 月 14 日 内蒙古自治区林业厅《关于贺兰山自然保护区开设南寺旅游小区的批复》，同意建设贺兰山南寺旅游区。

10 月 19 日 在火炬嘎查附近当场抓获非法猎捕国家重点保护野生动物猎隼犯罪嫌疑人马某某等 7 人，根据线索在巴音塔拉草场又抓获猎捕猎隼 30 余人，两次共解除网具 69 个，放飞猎隼 3 只。

是年 完成贺兰山保护区划界工作；在乱柴沟、甘树湾、铁道渠、老树槐进行 3 万亩青海云杉异色卷蛾、云杉尺蠖等虫害的生物防治；委托内蒙古自治区林勘院编制完成《北寺旅游区总体规划》。

1999 年

1 月 贺兰山管理局被内蒙古自治区林业厅授予“1998 年度林业生产建设爱林杯”荣誉称号。

5 月 20 日 国家濒危物种进出口管理办公室驻呼和浩特市办事处副主任张全儒一行 4 人到阿拉善盟及贺兰山沿山地带，对发菜的分布及存量情况进行实地考察调研。

9 月 23 日 阿左旗人民政府《关于印发阿拉善左旗 1999 年移民扶贫开发实施方案的通知》、10 月 6 日阿左旗人民政府《关于贺兰山自然保护区退牧还林的决定》和 12 月 23 日阿左旗人民代表大会《关于贺兰山自然保护区实施退牧还林的决议》，决定在贺兰山保护区全面实施退牧还林移民搬迁工程，按照旗政府的统一安排，进行贺兰山保护区定界立碑工作。

9 月 25 日 阿拉善盟行署决定对贺兰山保护区实行退牧还林。

10 月 9 日 内蒙古、宁夏贺兰山国家级自然保护区第二十次护林防火联防会议在阿左旗巴彦浩特召开，决定今后每两年召开一次联防会议。

10 月 19 日 南寺-毡帽山-雪岭子旅游简易公路贯通，全长 7.2 公里。

10 月 20 日 阿左旗党委、人民政府作出决定，实行退牧还林、清山禁牧工程，搬迁转移贺兰山保护区内 300 户牧民，牲畜 10 万头（只）。实行围栏封育、种草种树措施，恢复植被，改善生态环境，切实保护阿拉善人民赖以生存的水源涵养地。

12月 内蒙古、宁夏贺兰山国家级自然保护区第一次开展前后山护林防火互检互查工作。

2000年

1月5日 阿左旗政府下达“清山令”，从即日起任何单位和个人均不得进入贺兰山保护区放牧。两个月时间，贺兰山保护区内80%的牧民和90%的畜群顺利迁出。

1月16日 中央人民广播电台《早间新闻》、2月17日《内蒙古日报》（汉文版）头条刊载《15万只山羊不再啃刨贺兰山》、2月29日，中央电视台《新闻联播》《现在播报》播发阿左旗党委、政府组织实施的禁牧封闭贺兰山保护区、退牧还林、人畜搬迁一期工程的相关消息。天然林保护工程全面启动实施，贺兰山保护区停止天然林抚育间伐及采伐。

2月 贺兰山管理局被阿左旗人民政府评为“护林防火先进集体”。

3月18日 阿拉善盟委、行署将建设贺兰山生态保护区、开发建设南寺旅游区列入2000年10个为民办实事项目。增设科研宣传科，业务科更名为管护科；制定《贺兰山管理局管理制度》《贺兰山管理局工作人员岗位目标管理责任制》。

5月22日 《阿拉善左旗贺兰山自然保护区围栏工程实施方案》颁布，贺兰山保护区围栏封育工程启动，划定禁牧区20790公顷，架设网围栏115公里。

5月 《内蒙古贺兰山国家级自然保护区总体规划》编制完成。

6月5—7日 全国政协副主席孙孚凌、张克辉率领中央各民主党派、全国工商联、无党派人士组成“西部大开发”考察团到阿左旗贺兰山保护区、沙漠飞播区和孪井滩农业开发区进行实地考察。

9月28日 阿左旗人民政府《关于印发阿拉善左旗贺兰山保护区退牧还林二期工程及一水源补水工程移民方案的通知》，贺兰山保护区退牧还林移民搬迁二期工程开始实施，基础设施建设一期工程全部竣工，顺利通过国家林业局委托内蒙古自治区林业厅组织验收。

9月 南寺旅游区建设一期工程按计划完成。

10月5日 贺兰山广宗寺（南寺）旅游区举行开业庆典仪式。阿拉善盟党政四大班子及各旗主要领导、社会各界人士2000人参加庆典。

2001年

1月 贺兰山管理局被内蒙古自治区林业厅授予“天然林保护特别奖”。

5月12日 古拉本5名学生在甘树湾游玩时点燃杂草和零星灌木，过火面积2000平方米。

5月21日 雪岭子沟发生森林火警，过火面积6平方米，烧死、烧伤云杉9棵、山杨1棵。

5月24日 阿左旗人民政府《关于将贺兰山自然保护区外围禁牧区划归自然保护区管理的批复》，同意将保护区外围禁牧区20790公顷宜林荒山荒地划归贺兰山保护区管理。

6月10日 国家八部委执法检查组到阿拉善盟考察指导，现场查看贺兰山封山围栏及因滥搂发菜而破坏草场情况。

6月18日 国家林业局《关于内蒙古贺兰山国家级自然保护区基本建设二期工程可行性研究报告的批复》，同意建设贺兰山保护区二期基本建设工程项目，总投资为699万元。

8月11日 “贺兰山紫蘑开发利用研究”项目通过内蒙古自治区有关部门鉴定验收。

8—10月 贺兰山管理局协助内蒙古自治区林勘院进行贺兰山保护区森林资源二类清查。清查结果显示：保护区管辖面积88500公顷，以青海云杉为主的天然次生林面积35846.2公顷（有林地面积28875.2公顷、灌木林地面积6971公顷），疏林地面积4140公顷，森林总蓄积量2803721.7立方米。

8月29日—9月3日 国家林业局天然林保护中心主任张志达率领国家林业局天然林保护工程调研组到阿拉善盟进行调研，重点考察天然林保护工程进展情况。内蒙古自治区林业厅副厅长曹文仲陪同。

10 月 10—11 日 宁夏·内蒙古贺兰山保护区第二十一次联防会议在宁夏银川召开。

10 月 17 日 内蒙古自治区党委书记储波，自治区党委常委、秘书长任亚平，自治区副主席牛玉儒到阿左旗考察贺兰山退牧还林还草、南寺旅游区开发建设及腾格里沙漠飞播林草等工作。

10 月 28—30 日 内蒙古自治区党委副书记、副主席岳福洪一行，先后深入贺兰山保护区、吉兰泰工业区、乌斯太示范区及巴彦浩特等地区，对阿拉善盟生态工程、城镇基础设施建设、工业等进行考察。

11 月 27 日 国家林业局《关于山东黄河三角洲等 29 个国家级自然保护区总体规划的批复》，批准《内蒙古贺兰山国家级自然保护区总体规划》实施。核定贺兰山保护区主要保护对象为青海云杉等野生动植物，保护区类型为森林和野生动物类型，规划期限 10 年，保护区面积 67709. 8 公顷，其中，核心区 20200 公顷、缓冲区 10762. 5 公顷、实验区 36747. 3 公顷。

是年 贺兰山林场八仙沟煤矿以 31 万元转让康林喜个人经营，每年无偿供给贺兰山管理局取暖用煤 50 吨，其他用煤要优先供应；内蒙古贺兰山自然保护区退牧还林移民搬迁一期、二期工程完成，共移民 1043 户，4300 人，转移处理牲畜 23 万头（只）。

2002 年

8 月 16 日 中央组织部及内蒙古、宁夏、重庆等 10 个省（区、市）组织部门 17 名领导组成“博士服务团”到阿拉善盟考察，对阿拉善盟封山育林、城市建设成绩给予充分肯定。

9 月 27 日 内蒙古自治区林业厅《关于建立内蒙古贺兰山国家狩猎场的批复》，批准内蒙古贺兰山国家狩猎场项目立项。

10 月 22 日 国家环保总局局长解振华到贺兰山保护区实地调研生态保护情况。

12 月 2 日 国家林业局《关于同意建立白草洼等 59 处国家森林公园的批复》，批准内蒙古贺兰山国家森林公园项目立项。

12 月 阿左旗国有林场站改革领导小组《阿左旗国有林场站改革实施方案》，阿左旗国有林场站改革工作开始，涉及贺兰山管理局 44 名女职工的一次性安置，安置办法是工龄补助费（1000 元/年）、生产资料（农田 15 亩）。核定编制 126 人，其中，行政管理 14 人，专业技术人员 11 人，森林公安 25 人，护林员 76 人。

是年 澳援项目“贺兰山西坡植被恢复示范项目”立项；贺兰山管理局被阿拉善盟林业局授予“护林防火先进单位”；贺兰山管理局南寺国家森林公园被国家旅游局评为 4A 级景区。

2003 年

2 月 24 日 内蒙古自治区防火办主任阿勇嘎到贺兰山保护区检查。

3 月 3 日 开展贺兰山保护区坟墓搬迁工作。

3 月 27 日 贺兰山管理局增设财务科。

5 月 10 日 古拉本矿区民工高利、王德全进入铁道渠游玩引发火警，过火面积 1032 平方米，烧毁零星爬地柏及小叶忍冬 25 株。

5 月 贺兰山自然博物馆投入使用。

6 月 18 日 内蒙古自治区党委副书记、纪委书记巴特尔一行深入贺兰山国家级自然保护区考察。

6 月 贺兰山林区派出所被公安部评为 2001—2002 年度全国公安优秀基层单位和全国一级达标派出所。

7 月 8 日 阿左旗广宗寺（南寺）旅游区举行国家 4A 级景区挂牌仪式，获内蒙古自治区文明景区示范点、自治区十大重点景区称号。

7 月 13 日 阿拉善九汉天成旅游开发公司与贺兰山管理局签署合作协议，投资建设内蒙古贺兰山国家狩猎场。

7 月 31 日 阿左旗机构编制委员会批准成立阿左旗公安局贺兰山森林公安分局，为贺兰山管理局内设机构，核定编制 32 人。

9 月 22—24 日 内蒙古自治区党委副书记、自治区代主席杨晶到乌斯太工业园区、贺兰山国家级自然保护区、月亮湖旅游区、孪井滩农业综合开发区、吉兰泰工业园区等地进行考察调研。

10 月 15—17 日 内蒙古、宁夏贺兰山国家级自然保护区第二十二次护林防火联防会议在巴彦浩特召开。

10 月 内蒙古自治区发展改革委、林业厅专家组审核通过“内蒙古贺兰山国有重点林区防火基础设施建设项目”，呈报国家发展改革委立项；澳援项目“贺兰山西坡植被恢复示范项目”子项目“南寺植物园工程总体规划设计”编制完成，启动建设；配合内蒙古自治区林业勘察设计二院完成贺兰山森林资源一类清查工作。

是年 贺兰山林区被列入内蒙古西部防火特殊管理区域；防火合同化管理和抵押金制度在贺兰山保护区实行；建立护林防火协作机制，盟、旗共有 33 家单位被列为防火协作单位；配合阿左旗政府实施北寺旅游区一期工程建设。

2004 年

3—4 月 共发生森林火警 6 起，其中 3 月 23 日哈拉乌南沟沟口发生森林火警，过火面积 13300 平方米，烧伤、烧毁乔灌木 187 棵。

4 月 22 日 中国“SEE 生态奖”颁奖仪式在北京举行，“内蒙古贺兰山退牧还林工程”项目获滋根奖。

5 月 20—22 日 贺兰山广宗寺旅游区举办首届丁香旅游节，来自毗邻省（区、市）的千人参加活动。

8 月 保护区二期工程建设项目全部完成。

10 月 30 日 内蒙古贺兰山国家狩猎场投入使用。

12 月 3 日 国家林业局《关于同意内蒙古贺兰山国家级自然保护区申请加入世界人与生物圈保护区网络的通知》，同意贺兰山保护区加入世界人与生物圈保护区网络。

2005 年

1 月 18 日 阿左旗机构编制委员会下发《关于核定下达全旗事业单位人员编制的通知》，核定阿左旗贺兰山管理局人员编制 126 名，其中专技人员 23 名，行政后勤 103 名。

5 月 9 日 国家林业局副局长马福一行到贺兰山调研。

6 月 2 日 荣获内蒙古自治区档案局“机关档案工作目标管理自治区一级先进单位”。

7 月 25 日 阿左旗机构编制委员会《关于核定贺兰山管理局内设科室和领导职数的批复》，确定单位内设办公室、森林公安分局、森林管护科（挂森林公园管理科牌子）、科研宣传科 4 个内设机构，核定副科级领导职数 6 名，其中办公室主任 1 名，森林公安分局局长 1 名，副局长 1 名，森林管护科科长 1 名，副科长 1 名，科研宣传科科长 1 名。

10 月 21 日 宁夏·内蒙古贺兰山保护区第二十三次护林防火会议在银川召开。

11 月 贺兰山北寺和古拉本警务区办公楼建设工程竣工投入使用。

是年 中国台湾著名诗人席慕蓉到贺兰山、月亮湖、曼德拉山岩画等地采风。

2006 年

1 月 16 日 召开职工代表大会，职工代表大会代表名额 33 名，进行下一届工会委员会换届选举工作。

3 月 内蒙古阿拉善盟森林重点火险区综合治理项目（贺兰山项目区）启动。

7 月 3 日 根据阿拉善盟林业治沙局《关于清理整顿贺兰山自然保护区境内非法采矿点的通知》，对贺兰山保护区内的非法采矿点进行集中清理整顿。

7 月 6 日 内蒙古自治区政府副主席雷·额尔德尼在自治区林业厅厅长高锡林、副厅长田选民等陪同下视察贺兰山森林防火工作。

7 月 贺兰山森林公安在贺兰山溶洞抓获 3 名盗采钟乳石人员。

9 月 26 日 贺兰山管理局获“内蒙古自治区第六届少数民族传统体育运动会先进集体”称号。

9 月 内蒙古贺兰山国家森林公园获得中国国家森林公园专用标志使用授权（授权书编号：00027）。

10 月 25 日 内蒙古贺兰山保护区被国家林业局列为全国 51 个示范自然保护区建设单位之一。

11 月 14 日 在贺兰山哈拉乌南沟抓获 6 名盗猎分子，同时缴获 4 支自制小口径步枪和 25 发子弹。

2007 年

2 月 13 日 巴彦浩特城镇规划建设管理小组办公室会议审查并通过贺兰山管理局综合办公楼建设项目申请，规划用地 7800 平方米，建设地位于巴彦浩特东城区。

3 月 6 日 召开贺兰山管理局十一届二次职工代表大会，共 34 名代表参加。

6 月 29 日 全国人大常委会副委员长布赫到贺兰山视察工作。

7 月 17 日 贺兰山保护区三期工程建设项目批准实施，总投资 1240 万元，其中，国家投资 990 万元、地方配套 250 万元。

7 月 第二届全国网络媒体内蒙古行记者团参观贺兰山保护区。

10 月 16 日 成立内蒙古贺兰山国家狩猎场森林公安警务区，设在大西沟护林防火检查站。

10 月 19—21 日 贺兰山国家级自然保护区前后山（宁夏和内蒙古）第二十四次森林防火联防会议在阿左旗召开。

10 月 内设科室调整为办公室、林政资源管理科、科研宣传科、森林公园管理科、贺兰山森林公安分局 5 个科室。

11 月 15—18 日 开展贺兰山国家级自然保护区征占用林地清理清查整顿工作。

12 月 19 日 内蒙古自治区党委书记、人大常委会主任储波到贺兰山国家森林公园视察工作。

是年 53 万亩森林被纳入国家公益林补偿基金范围。

2008 年

3 月 贺兰山管理局获“2007 年度机关党建目标考核”先进党支部。

4 月 1 日 阿拉善盟森林防火指挥部在贺兰山西麓苏海图嘎查境内戈壁草滩上进行扑火实战训练。贺兰山管理局护林员、盟军分区、武警支队、边防支队、消防支队、森警大队官兵，以及森林公安扑火队和草原扑火队共 400 人参加。

4 月 4 日 阿拉善盟行署副盟长、盟防火指挥部总指挥龚家栋深入贺兰山重点林区检查指导森林草原防火工作。

6 月 11 日 贺兰山哈拉乌南沟马莲沟山顶因雷击引发火情。经现场勘查，火场过火面积近 20 平方米，为贺兰山林区首次发生的雷击火。

6月27日 凌晨2: 50左右，北寺黄庙大殿因电路短路引发火灾，于4: 30左右将明火全部扑灭，未造成人员伤亡。

7月 内蒙古自治区人民政府副主席、党组成员布小林深入贺兰山保护区视察工作。

9月1日 阿左旗编制委员会印发《内蒙古贺兰山国家级自然保护区管理局“五定”方案的通知》，确定贺兰山管理局行政上受阿左旗人民政府领导，业务上接受阿左旗林业局指导，为全额拨款事业单位，内设办公室、森林公安分局、林政资源管理科、科研科、森林公园科、项目办、防火办7个科室，核定编制126名（含森林公安民警32名），其中，正科级领导职数3名，副科级领导职数7名，专业技术人23名，行政后勤71名。

9月 完成《走进贺兰山》《贺兰山风光》专题片制作。

10月1日 贺兰山管理局综合办公大楼竣工并投入使用，建筑面积4962平方米。

10月28日 贺兰山保护区前后山联防互查。

10月 国家林业局办公厅副主任李世东一行三人在自治区林业厅副巡视员杨俊平陪同下到贺兰山调研。

是年 开展“贺兰山西坡退牧还林对野生动植物种群及水源涵养功能影响的研究”“贺兰山濒危植物保护与研究”“贺兰山西坡野生动物岩羊、马鹿种群数量监测”课题研究；对贺兰山地下水和山涧明流进行定点测量，掌握贺兰山水文动态变化情况；完成贺兰山珍稀濒危野生植物标本采集及生存环境拍摄工作。

2009年

5月 阿左旗编制委员会印发《阿左旗公安局贺兰山森林公安局“三定”方案的通知》，将阿左旗公安局贺兰山森林公安分局更名为“阿左旗贺兰山国家级自然保护区森林公安局”，原隶属关系不变，机构规格为副科级，核定政法编制32名，其中，局机关政法编制12名，含科级领导职数3名，各森林公安派出所20名。

8月5日 国家环保部、农业部、林业部、中国科学院、内蒙古自治区林业厅、环保厅有关专家组成国家级自然保护区管理工作评估组，到贺兰山国家级自然保护区进行管理工作评估。

8月8日 国家林业局副局长李育材到内蒙古贺兰山考察调研。

10月23日 宁夏·内蒙古贺兰山保护区第二十五次护林防火会议在银川召开。

是年 贺兰山国家级自然保护区被列入中央财政森林生态效益补偿基金补偿范围，享受补偿面积为46.35万亩，其中林地34.91万亩，疏林地6.21万亩，灌木林5.23万亩；完成“内蒙古野丁香育苗技术与园艺特性的研究”；与中国科学院动物研究所、东北林业大学、内蒙古大学及内蒙古师范大学等全国20多所高等院校和科研单位进行合作，启动内蒙古贺兰山第一次综合科学考察本底调查项目；刊发《走进贺兰山》画册、《内蒙古贺兰山昆虫》《贺兰山野生动物》专业书籍，翔实记述和刊载贺兰山资源分布、数量、类别等信息；被内蒙古自治区林业厅授予“2009年度全区森林草原防扑火先进集体”。

2010年

6月 贺兰山森林公安局分设，隶属于阿左旗林业局领导。

7月 内蒙古贺兰山管理局、宁夏贺兰山管理局制定《宁、蒙贺兰山国家级自然保护区处置重特大森林火灾应急预案》。

2011 年

3 月 编制《内蒙古贺兰山管理局处置一般森林火灾应急预案》。

10 月 15 日 内蒙古·宁夏贺兰山国家级自然保护区第二十六次护林防火联防会议在阿左旗巴彦浩特举行。

是年 完成贺兰山保护区森林资源二类调查，保护区有林地面积 29830.1 公顷，灌木林面积 8988.2 公顷。

2012 年

12 月 15 日 启动实施“三北”防护林封山育林项目。

是年 贺兰山被列入自治区级“科普教育基地”；贺兰山 14.27 万亩公益林被列入天保二期森林管护补偿范围。

2013 年

3 月 11 日 阿拉善盟阿左旗吉兰泰镇发现一只国家一级保护动物雪豹，送至内蒙古贺兰山救护，护养后放归哈日根希勒草原。

4 月 《内蒙古贺兰山地区昆虫》出版。

6 月 5 日 国家沙化土地封禁区调研组深入贺兰山调研。

10 月 中共阿左旗委员会机构编制委员会办公室明确贺兰山管理局为旗人民政府直属事业单位。

11 月 20 日 宁夏·内蒙古贺兰山保护区第二十七次护林防火联防会议在宁夏银川举行。

是年 申报“内蒙古自治区主要林木品种审定”项目，将贺兰山优势树种青海云杉作为优良林木品种进行申报，完成区域栽培试验。

2014 年

3 月 15 日 增设北寺中心管理站。

9 月 18—19 日 召开宁夏·内蒙古自然保护区管理局护林防火互检互查工作会议。

12 月 旗委组织部批准成立贺兰山管理局党组。《贺兰山野生动物图谱》《内蒙古贺兰山国家级自然保护区真菌图志》《贺兰山苔藓植物彩图志》出版。

是年 贺兰山保护区被国家林业局列为“全国首批林业信息化示范建设基地”。

2015 年

5 月 8 日 根据国家环保部等十部委文件要求、国家林业局“绿剑行动”整改要求以及盟旗政府关于自然保护区违规项目整改方案，对贺兰山保护区内的工矿企业进行清理整顿。

7 月 14 日 国家发展改革委农经司副司长方言一行到贺兰山调研。

9 月 《内蒙古贺兰山国家级自然保护区综合科学考察报告》出版。

10 月 22 日 国家林业局局长张建龙率调研组在贺兰山自然保护区调研，内蒙古自治区副主席王玉明陪同。

12 月 30 日 内蒙古·宁夏贺兰山国家级自然保护区第二十八次护林防火联防会议在阿左旗巴彦浩特举行。

是年 阿左旗委员会机构编制委员会核定贺兰山管理局编制 95 名，其中，副处级领导职数 1 名，正科级领导职数 4 名，副科级领导职数 6 名，专业技术人员 24 名，工勤人员 60 名；确定每年农历六月初三、六月初六为“保护绿水青山、保护绿色家园”贺兰山生态环境保护宣传日。

2016 年

10 月 17 日　开通“走进贺兰山”微信公众平台。

10 月 20—21 日　召开内蒙古·宁夏自然保护区管理局护林防火互检互查工作会议。

10 月　完成保护区林木种质资源普查工作。

12 月 12 日　贺兰山管理局联合相关部门在贺兰山保护区开展安全生产暨打击偷挖盗采百日专项整治行动。

12 月　《内蒙古贺兰山》内部刊物、《内蒙古贺兰山植物多样性》出版。

2017 年

2 月 4 日　阿拉善盟委委员、阿左旗委书记王旺盛调研贺兰山保护区森林资源保护工作。

3 月 6—9 日　贺兰山管理局举办综合业务知识与专业技能培训班，150 名干部职工参加。

3 月 20 日　贺兰山管理局举办森林防火机具操作维修专题讲座，邀请阿拉善盟森林警察大队专业教官主讲，15 名管护人员参加。

3 月 28 日　贺兰山保护区在距离南寺 8 公里处举办 2017 年春季森林防扑火实战演练。

3 月 30 日　内蒙古自治区党委常委、组织部部长曾一春深入贺兰山调研生态环保工作。

4 月 7—12 日　贺兰山管理局南、北寺管理站联合伊克奈尔旅游公司、森林公安派出所完成 7.2 公里计划烧除。

5 月 4 日　阿拉善盟委书记包钢深入贺兰山保护区实地调研森林防火工作，将贺兰山管理局作为全旗林业事业单位改革试点单位，限期完成改革试点工作任务。

5 月 8—22 日　内蒙古林勘院在贺兰山保护区进行陆生野生动物资源野外调查工作。

5 月 26 日　贺兰山管理局完成机构改革试点工作目标任务。精简合并机构、缩减机关人员，将原有 6 个内设科室精简合并为 4 个，人员由 42 人缩减为 22 人；撤销原有 6 个中心管理站，设立 4 个工作站；增设基层管护站 2 个，缩减人员充实到基层管护站，增强基层一线管护力量。

6 月 2 日　阿左旗机构编制委员会办公室关于印发《内蒙古自治区贺兰山国家级自然保护区“五定”方案》的通知，贺兰山管理局完成机构改革，内设党政办公室、资源林政科（森林公园管理科）、科教科（野生动植物保护中心）、防火办 4 个科室，下设哈拉乌、北寺、古拉本、南寺 4 个工作站。核定人员编制 94 名（专业技术人员 24 名、行政后勤人员 70 名），其中，局机关 22 名，工作站、管护站 72 名；领导职数 11 名，其中，局长 1 名（副处级），副局长 2 名（正科级），科长 4 名（内设科室副科级），工作站站长 4 名（副科级）。

6 月 10—11 日　贺兰山管理局在保护区古拉本辖区首次利用直升机喷洒药物防治烟翅腮扁蜂虫害。

6 月 12 日　阿拉善盟林业局、阿左旗林业局、贺兰山管理局在阿左旗第九中学开展了“依法保护候鸟　守护绿色家园”“森林防火　人人有责”宣传进校园活动，1500 名师生参加并在倡议横幅上签名。

6 月 13 日　阿拉善盟委书记包钢率阿拉善盟生态环境保护第一督查组到贺兰山督查。

6 月 14 日　启动实施内蒙古贺兰山地区生态环境隐患集中整治攻坚战，开展贺兰山国家级自然保护区环境综合整治。

8 月 31 日　贺兰山管理局工会召开第十三届职工代表大会，进行工会换届选举，27 名职工代表和 4 名列席代表出席会议。

8 月　在沿贺兰山明长城沿线发现国家二级保护植物半日花群落。

9 月 4 日　央视“老故事”频道《生态中国》栏目大型改革专题纪录片《生态树》摄制组到贺

兰山保护区进行深度采访。

9月6日 国家林业局驻内蒙古森林资源监督专员办专员李国臣带领内蒙古自治区林业科学院院长郭中、专员办综合处处长夏宗林、植物中心主任刘平生一行深入贺兰山保护区开展调研。

9月24日 内蒙古自治区林业、环保、国土三部门联合检查组到贺兰山保护区开展执法专项检查。

9月 在保护区哈拉乌北沟清树湾林区内发现猴头菌，属贺兰山新记录。

10月11日 内蒙古自治区林业厅灾害应急办副主任李树森深入贺兰山保护区开展秋冬季防火检查工作。

10月22—24日 内蒙古自治区人民政府副主席常军政率领环保厅、林业厅有关负责同志，到贺兰山国家级自然保护区调研指导生态环境整治。

11月14日 贺兰山管理局开展鸟类资源冬季调查工作。

11月18日 贺兰山管理局联合贺兰山森林公安局开展拉网式冬季反盗猎排查。

11月27日 内蒙古、宁夏贺兰山第二十九次护林防火联防会议在宁夏贺兰山保护区召开。内蒙古阿拉善盟行署副盟长、森林防火指挥部总指挥徐景春，宁夏回族自治区林业厅副厅长、防火办主任陈建华出席会议，阿拉善盟、阿左旗森林防火指挥部、森警大队及宁夏、内蒙古贺兰山管理局、森林公安分局70人参加。

12月11日 阿拉善盟首支森林专业消防队在内蒙古贺兰山保护区成立，进行为期半个月的封闭式军事化培训。

12月26日 森林防火专业扑火队赴山东淄博原山林场参加森林防火专业扑火实战培训。

12月29日 贺兰山管理局、山东淄博市原山林场在原山林场签订战略合作协议。原山林场党委书记孙建博和贺兰山管理局党组书记段志鸿见证双方战略合作签约。

12月30日 阿左旗环保局、国土局、贺兰山管理局、农牧区综合执法局、安监局、工信局、林业局等9部门验收组，对贺兰山保护区环境综合整治进行阶段性验收。

是年 贺兰山管理局荣获阿左旗2017年度“生态环境整治工作先进集体”。

2018年

3月9日 贺兰山管理局为4个工作站、27个基层管护站购置配发55辆巡护摩托车。

3月20日 阿拉善盟委书记包钢，盟委副书记、政法委书记李钢深入贺兰山保护区看望一线管护人员，检查指导春季森林防火工作。

3月29日 贺兰山管理局联合阿拉善盟森林警察大队、阿左旗林业局、贺兰山森林公安局在保护区大西沟开展2018年春季防扑火实战演练。

3月31日 内蒙古自治区林业厅纪检组长董虎胜、计划处处长罗洪文深入贺兰山保护区检查指导春季防火工作。阿拉善盟林业局局长陈君来、贺兰山管理局局长段志鸿、阿左旗林业局局长周永明陪同检查。

4月20日 阿拉善盟政协副主席、阿左旗旗委副书记、旗长戈明深入贺兰山保护区实地检查环境综合整治。

4月28日 阿拉善盟林业局、贺兰山管理局、阿左旗林业局在阿拉善盟博物馆联合举办“保护鸟类资源、守护绿水青山”为主题的“爱鸟周”宣传启动仪式。

5月4日 推进一区一法工作进程，完成上报《内蒙古贺兰山自然保护区条例》立法工作建议报告。

5月7日 人大阿拉善盟工委副主任陈文斌、环资处处长马德荣、环资处副处长格日勒图，阿拉善盟林业局副局长乔永祥，阿左旗人大副主任胡布仁那生等组成的调研组深入贺兰山保护区就保护区监督保护管理、保护区开发建设活动及管理、生态环境保护管理及保护区面临的问题和困难情况进行实地调研。

5 月 18 日 阿拉善盟委书记包钢带领盟国土、环保、安监、经信、交通等部门和阿左旗相关部门负责人深入贺兰山保护区实地检查环境综合整治情况，阿拉善盟委委员、阿左旗旗委书记王旺盛陪同。

5 月 22 日 阿拉善盟委委员、阿左旗委书记王旺盛深入贺兰草原、贺兰山保护区进行实地调研。

5 月 丰源三矿治理区被阿拉善盟委、行署确定为阿拉善盟环境整治示范基地和环境保护教育基地。

6 月 1 日 阿拉善盟委、行署、人大、政协四大班子领导和三旗三区党政主要负责人及盟直相关部门负责人组成的现场观摩团实地查看贺兰山保护区环境综合整治情况。

6 月 10 日 阿左旗贺兰山地区环境整治生态植被恢复飞播造林启动仪式在贺兰山保护区丰源五矿举行。阿拉善盟政协副主席、阿左旗旗委副书记、政府旗长戈明，阿拉善盟林业局、环保局主要负责人及阿左旗四大班子领导，阿左旗林业局、国土局、环保局、工信局、安监局、贺兰山管理局、宗别立镇等部门负责人以及工作人员和陕西美都公司、新闻媒体记者共 60 人参加。贺兰山管理局局长段志鸿主持仪式，阿左旗政府副旗长李锦秀致辞，阿拉善盟政协副主席、阿左旗旗委副书记、政府旗长戈明宣布飞播作业正式开始。

7 月 11—14 日 内蒙古 G3F 项目北京大学城市与环境学院沈泽昊专家组对贺兰山保护区进行实地考察。

7 月 20 日 宁夏・内蒙古贺兰山保护区森林公安跨区域警务协作会议在银川宁夏贺兰山保护区召开。

7 月 24 日 阿拉善盟政协主席魏国权带领政协班子及委员 50 人实地视察贺兰山保护区环境综合整治情况。

9 月 4 日 国家林业局批准贺兰山保护区加挂内蒙古贺兰山国家级野生动物疫源疫病监测站牌子，一套人马、两块牌子。

9 月 25—26 日 内蒙古贺兰山管理局、宁夏贺兰山管理局开展森林防火互检互查活动。

10 月 10 日 自治区人大常委会党组副书记、副主任呼尔查一行深入贺兰山保护区就森林资源保护管理等情况进行实地调研。阿拉善盟人大工委主任查斯太、贺兰山管理局局长段志鸿陪同。

10 月 27 日 内蒙古自治区国家重点林业工程和森林保险专项工作检查组王建成一行到贺兰山保护区检查森林保险赔付资金使用和扁叶蜂防治情况。

10 月 开展《内蒙古贺兰山国家级自然保护区总体规划（2019—2028 年）》《内蒙古贺兰山国家森林公园总体规划（2019—2028 年）》编制前期工作。

11 月 14 日 国家林业和草原局规划设计院副处长刘增力、内蒙古自治区野生动物保护中心主任张宏到贺兰山保护区调研。

11 月 28 日 内蒙古自治区林业和草原局非洲猪瘟等野生动物疫源疫病监测防控工作专项督查第六组张俊华组长一行 4 人对贺兰山保护区非洲猪瘟等野生动物疫源疫病监测防控工作进行专项督查。

12 月 4 日 新华社内蒙古分社主要领导带领调研组深入贺兰山保护区进行实地调研采访。

12 月 18 日 “走进贺兰山”微信公众平台开设“贺兰山科普”专栏。

12 月 20 日 内蒙古自治区党委常委、政府常务副主席马学军一行深入贺兰山保护区视察调研生态环境保护工作。阿拉善盟委副书记、盟长代钦，副盟长王维东，盟政协副主席、旗委副书记、旗长戈明及阿左旗有关领导陪同调研。

2019 年

1 月 28 日 内蒙古、宁夏贺兰山保护区联合开展冬季森林火险隐患、禁牧、反盗猎及野生动物疫源疫病拉网式大排查集中整治专项行动。

2 月 1 日 阿拉善盟行署副盟长徐景春深入贺兰山保护区一线看望慰问基层管护人员，阿拉善盟行署副秘书长姜庆继、盟林业和草原局局长陈君来，阿左旗委常委、副旗长陈立杰陪同。

2 月 13 日 阿拉善盟委书记杨博深入贺兰山调研。

2 月 20 日 根据国家、内蒙古自治区有关自然保护区确界立标工作具体要求，贺兰山管理局开始实施确界立标工作。

2 月 26 日 贺兰山管理局党组书记、局长段志鸿主持召开了《内蒙古贺兰山国家级自然保护区总体规划（2018—2028 年）》《内蒙古贺兰山国家森林公园总体规划（2018—2028 年）》编制工作座谈会。

3 月 4 日 贺兰山管理局举办综合业务培训班。保护区全体干部职工及森林公安干警 180 人参加。

3 月 12 日 贺兰山管理局在保护区大西沟开展防扑火实战演练。

3 月 17 日 国家林业和草原局组织河北大学、河北师范学院、内蒙古自治区林业和草原局相关专家对内蒙古自治区林业监测规划院实施的全国第二次陆生野生动物资源调查 2015—2017 年度调查项目进行验收。

3 月 23 日 内蒙古自治区林业和草原局党组成员王才旺带领自治区森林草原防火督导组到贺兰山保护区督导检查森林防火工作。阿拉善盟林业和草原局党组书记、局长陈君来，党组成员郝俊，盟应急管理局副局长莫日根陪同检查。

3 月 25 日 全国人大代表、阿拉善盟政协副主席、旗委副书记、政府旗长戈明深入贺兰山保护区看望慰问坚守一线的基层管护员，进行全国“两会”精神宣讲。

4 月 1 日 阿拉善盟森林草原防火专项督查组长莫日根一行深入贺兰山保护区开展清明节前森林防火专项督查。

4 月 2 日 阿拉善盟委副书记、盟长代钦深入贺兰山国家级自然保护区检查指导春季森林防火工作。

4 月 5 日 自治区防火督查组白锦贤一行深入贺兰山保护区实地检查督导春季森林防火工作。阿拉善盟林业和草原局局长陈君来，贺兰山管理局局长段志鸿陪同。

4 月 25 日 自治区政协副主席刘新乐一行深入贺兰山保护区调研生态环境治理修复工作。

5 月 20—22 日 额济纳胡杨林保护区管理局局长赵红军带领班子成员、科室及管理站负责人 18 人到内蒙古贺兰山保护区进行考察学习。

5 月 27 日 内蒙古自治区人民政府森林草原防火第六检查组对内蒙古贺兰山保护区进行森林防火安全大检查。

6 月 9 日 内蒙古贺兰山保护区 2019 年飞机防治虫害工作启动。

6 月 19 日 增设规划财务科（副科级）。

6—7 月 贺兰山管理局组织开展迎接中国共产党建党 98 周年和庆祝中华人民共和国成立 70 周年“森林卫士尖兵”岗位练兵大比武、“林声石音”诗歌散文征文比赛、“超越自我攀登贺兰山最高峰”登山比赛、“美丽贺兰山”职工摄影大赛等系列文化活动。

7 月 10 日 北京大学生态学研究中心科研团队到贺兰山保护区对森林死亡与火灾风险开展监测与定量评估专项研究。

7 月 15 日 按照“中国森林氧吧”申报要求，贺兰山管理局委托安徽省合肥市包河区环境监测站技术人员对内蒙古贺兰山国家森林公园负氧离子、空气细颗粒物（PM2.5）污染指标和空气细菌含量进行实地检测和取样。

7月22日 阿左旗委第一巡察组对贺兰山管理局开展为期两个月的常规巡察。

7月25日 贺兰山保护区开展2019年矿区环境治理飞播种草作业。

7月27日 阿拉善盟林业和草原局、贺兰山管理局及项目施工单位组成验收组对内蒙古贺兰山国家森林公园林相改造项目进行实地查验。

8月1—3日 内蒙古自治区林业和草原局、生态环境厅、自然资源厅、工业和信息化厅等4厅局组成的“绿盾2019”联合检查组对贺兰山保护区就“绿盾2019”暨自然保护区执法工作情况进行检查。

8月2—3日 内蒙古自治区林业和草原局局长牧远一行5人到阿左旗、腾格里经济技术开发区开展“不忘初心、牢记使命”主题教育调研。盟委委员、副盟长孙明泉，盟政协副主席、阿左旗旗长戈明等人陪同。调研组先后来到阿左旗飞播区、万亩梭梭林基地、贺兰山林区、退牧还草禁牧区，腾格里经济技术开发区马莲湖人工造林治沙区进行实地考察。

8月4—7日 内蒙古自治区党委书记、人大常委会主任李纪恒深入贺兰山保护区调研环境综合整治工作。

8月5日 贺兰山管理局公开招聘护林管护员30人。

8月11日 生态环境部南京环境研究所、中国环境科学研究院专家组成的“绿盾2019”自然保护地强化监督工作前期检查组对贺兰山保护区“绿盾”聚集问题进行检查。

是日 内蒙古贺兰山管理局、宁夏贺兰山管理局、阿左旗贺兰山森林公安局、宁夏森林公安局贺兰山分局联合发布《关于禁止在贺兰山从事非法穿越、采蘑菇、抓蝎子等活动的通告》。

8月16日 贺兰山管理局组织“超越自我攀登贺兰山最高峰”登山比赛，保护区干部职工和森林公安干警组成的6支队伍参赛，最终62名参赛队员登上贺兰山最高峰“达郎浩绕”峰顶，第一名仅用时2小时25分钟，突破登顶用时纪录。

9月29日 贺兰山管理局组织召开贺兰山展览馆提升改造方案征求意见讨论会，邀请阿拉善盟林业和草原局专家到会指导。

10月12—16日 内蒙古自治区林业和草原局森林生态效益补偿基金核查组对贺兰山保护区2018年度森林生态效益补偿基金管理工作进行全面核查。

10月16日 中国林学会、国家林业和草原局林场种苗司、中国林业职工思想政治工作研究会共同发起的“林业英雄林”建设活动启动仪式暨全国第一处“林业英雄林”贺兰山落成仪式在贺兰山保护区雪岭子林区举行。全国各省区林业英雄建设单位代表、内蒙古自治区林业和草原局、阿拉善盟行政公署、阿左旗人民政府、阿拉善盟林业和草原局等单位领导，中国绿色时报等相关媒体及林业英雄出席落成仪式。中国林学会理事长赵树丛为“贺兰山林业英雄林”授牌，林业英雄马永顺的女儿马春华、林业英雄余锦柱、林业英雄孙建博三名同志共同为“林业英雄林”揭幕。

10月30日 内蒙古自治区林业和草原局刘凯一行对贺兰山保护区进行秋冬季森林草原防灭火专项大检查。

11月21日 阿拉善盟检察院党组书记、检察长郭文秀，副检察长骆文达一行4人到岭湾管护站开展协防慰问。

12月3日 内蒙古自治区党委书记、内蒙古自治区人大常委会主任石泰峰到贺兰山调研。

12月13日 内蒙古、宁夏贺兰山保护区第三十次护林防火联防工作会议在巴彦浩特举行。

是年 联合东北林业大学对“贺兰山马麝种群数量调查监测与救护”项目野外调查进行红外线相机布设；完成《四季贺兰》风光片制作；保护区森林生态效益补偿面积增至60.62万亩；内蒙古贺兰山国家森林公园入榜第五届“中国森林氧吧”；贺兰山林场被中国林场协会授予2019年度“全

国十佳林场”称号。

2020 年

1 月 17 日 贺兰山管理局举行防火装备发放仪式。

1 月 20 日 贺兰山管理局召开“不忘初心、牢记使命”主题教育总结会议。

3 月 3 日 阿拉善盟委书记万超岐深入贺兰山地区，就矿山生态环境治理修复、煤矿企业安全生产等情况进行调研。阿拉善盟委委员、秘书长黄巴特尔，盟政协副主席、阿左旗委副书记、旗长戈明陪同调研。

是日 阿拉善盟行署副盟长秦艳一行深入贺兰山保护区实地检查指导春季森林防火工作。

3 月 22 日 内蒙古自治区党委副书记、政法委书记，自治区煤炭资源领域违规违法问题专项整治工作领导小组副组长林少春深入阿拉善盟调研督导专项整治工作，先后来到贺兰山地区宏力大岭（蒙宁界）治理区、丰源三矿治理区实地调研专项整治进展情况。

3 月 27 日 阿拉善盟委委员、常务副盟长崔景英调研贺兰山防火工作。

3 月 28 日 贺兰山保护区组织人员协助搜救从宁夏苏峪口松涛山庄景区进入林区走失游客。搜救行动历经 8 个小时，找到 2 名走失游客。

4 月 23 日 自治区应急管理厅火灾防治管理处处长何庆军一行到贺兰山督导检查森林防火工作。

4 月 26 日 阿拉善盟林业和草原局、贺兰山管理局组织开展爱鸟周活动启动仪式。

4 月 按照自治区统一安排，开展保护地优化整合工作，保留贺兰山保护区，森林公园归并至保护区。

5 月 11 日 贺兰山管理局党组书记、局长段志鸿主持召开了中共贺兰山管理局支部委员会党员大会，选举产生新一届支部委员会。

5 月 12 日 贺兰山管理局联合阿左旗疾控中心在贺兰山香池子举行鼠疫防控工作实操大练兵活动。

5 月 21 日 阿拉善盟检察分院检察长郭文秀、副检察长骆文达一行 4 人到保护区哈拉乌岭湾管护站开展森林防火协防慰问。

6 月 1—3 日 自治区副主席、公安厅厅长衡晓帆到阿拉善盟督导调研煤炭资源领域违规违法问题专项整治工作，深入丰源三矿等地查看矿山地质环境、灭火工程和贺兰山地区生态环境综合治理情况。

6 月 12 日 阿拉善盟中级人民法院党组书记、院长王丽英，党组成员、副院长潘学敏一行 3 人到保护区门洞子管护站开展森林防火协防慰问。

6 月 18 日 内蒙古自治区人大常委会副主任和彦苓一行深入贺兰山保护区就保护区野生动物资源保护情况进行实地检查，内蒙古自治区人大常委会阿拉善盟工作委员会党组书记、主任查斯太陪同。

6 月 22 日 阿拉善盟 2020 年森林草原防灭火实战演练在贺兰山保护区大西沟举行。阿拉善盟行署副盟长秦艳到场观摩并讲话。

6 月 24—28 日 内蒙古自治区“绿盾 2017、2018 聚焦问题”核查整改检查验收工作组到贺兰山保护区开展实地检查验收工作。

7 月 3—5 日 国家林业和草原局驻内蒙古专员办夏宗林处长一行就“绿剑行动”阿拉善盟辖区贺兰山保护区存在问题整改落实情况进行检查验收。

7 月 8 日 完成《四季贺兰》风光片和《贺兰山守护者》纪录片的版权报批。

7 月 9 日 阿拉善盟委书记万超岐深入贺兰山保护区调研生态环境保护治理情况。

7 月 20 日 内蒙古自治区林业和草原局中央环保督察“回头看”检查验收组就贺兰山保护区 14

处建设项目整改情况进行检查验收。

7 月 21 日 贺兰山管理局与北京大学环境学院联合在贺兰山主峰附近设置 1 台小型气象站。

7 月 国家林业和草原局驻内蒙古自治区森林资源监督专员办事处检查验收组到贺兰山保护区实地开展检查验收工作。

8 月 5 日 中共十九届中央候补委员，内蒙古自治区党委副书记、政法委书记林少春深入贺兰山保护区调研。

8 月 19 日 内蒙古自治区党委常委、统战部部长段志强到阿左旗就民族团结、宗教工作、民营经济、生态保护、基层统战等工作开展调研，到贺兰山保护区详细了解生态环境保护治理情况。阿拉善盟委副书记、盟长代钦，阿拉善盟委委员、统战部部长萨仁图雅，阿拉善盟政协副主席、阿左旗旗委副书记、旗长戈明，阿左旗旗委书记刘志强陪同调研。

8 月 24—26 日 生态环境部委托中国环境科学研究院评估专家组对贺兰山保护区保护成效进行现场评估。

8 月 31 日 内蒙古自治区环境工程评估中心调研组深入贺兰山保护区开展“自然保护区内退出工矿企业生态恢复效果研究”课题调研。

9 月 17 日 贺兰山管理局召开贺兰山保护区森林防火协防工作会议。阿拉善盟行署副盟长秦艳出席并讲话，阿拉善盟、阿左旗 58 家防火协防单位负责人参加。

9 月 21 日 内蒙古自治区人民政府副主席李秉荣深入贺兰山保护区就建立贺兰山国家公园进行实地调研。

9 月 23 日 国家发展和改革委员会社会司副司长郝福庆一行莅临阿左旗开展调研。深入贺兰山国家森林公园进行调研和探讨。内蒙古自治区发展和改革委员会副主任刘丽娟，阿拉善副行署盟长崔景英，阿拉善盟政协副主席、阿左旗委副书记、旗长戈明陪同。

10 月 15—16 日 贺兰山管理局对保护区环境综合整治区域野生动物及植被恢复情况开展摸底调查。

11 月 5 日 阿左旗“十四五”规划编制专项调研组到贺兰山保护区就编制“十四五”规划进行调研座谈。

11 月 26—27 日 贺兰山管理局与宁夏贺兰山管理局开展护林防火互检互查工作。

11 月 内蒙古自治区自然保护区专项执法检查第六检查组对贺兰山保护区开展自然保护区专项执法检查。

12 月 15 日 内蒙古自治区生态文明教育基地创评验收领导组成员、内蒙古自治区环境保护宣传教育中心副主任郭瑞清等一行 6 人到贺兰山保护区指导生态文明教育基地建设和创评工作。

2021 年

1 月 14 日 庆祝中国共产党成立 99 周年和建盟 40 周年系列活动暨贺兰山管理局第四届“美丽贺兰山”职工摄影比赛活动举行。活动邀请阿拉善盟摄影家协会副主席沙金达来，阿拉善盟摄影家协会副主席、阿左旗摄影家协会主席特木，阿左旗摄影家协会副主席赵登海担任评委。

2 月 25 日 中共阿拉善盟机构编制委员会印发《关于内蒙古贺兰山国家级自然保护区管理局机构职能编制的批复》的通知，设定综合办公室、规划财务科、资源林政科、防火办公室、野生动植物保护科、科研宣教科、南寺管理站、哈拉乌管理站、北寺管理站、古拉本管理站 10 个内设机构。核定人员编制 94 名，其中设局长 1 名（副处级），副局长 4 名（2 名正科级、2 名副科级），内设机构科级领导职数 10 名（副科级）。

3 月 8 日 贺兰山管理局举办 2021 年综合业务知识技能暨安全生产培训班，160 人参加。

3 月 17 日 贺兰山管理局召开党史学习教育动员部署会。

3 月 24 日 内蒙古自治区“清风行动”督查组第三组组长、满洲里海关四级高级警长陈伟一行 3 人深入贺兰山保护区实地检查野生动物保护工作。

3 月 28 日 阿拉善盟政协副主席、阿左旗委副书记、旗长戈明督导检查贺兰山保护区春季森林草原防灭火工作。

3 月 30—31 日 阿拉善盟应急管理局、林业和草原局、森林消防大队、公安局森林公安分局通过听取汇报、实地查看方式联合督查贺兰山管理局春季森林草原防灭火工作。

3 月 贺兰山管理局与东北林业大学合作开展新一轮人工鸟巢监测工作。

4 月 1 日 国家林业和草原局防火司司长周鸿升、内蒙古自治区林业和草原局党组成员王才旺一行 8 人深入贺兰山保护区督查森林草原防灭火工作。阿拉善盟委委员、副盟长杨国顺，盟林业和草原局党组书记、局长陈君来和盟、旗有关负责人陪同。

4 月 贺兰山管理局与阿左旗林业草原有害生物防治检疫站在北寺、金星和雪岭子等沿山的 8 个重点区域开展松材线虫病春季普查。贺兰山管理局开展春季鼠密度监测调查工作。

5 月 16 日 中央电视台新闻频道《今日中国》栏目发布《阿拉善：贺兰山苍翠欲滴》视频，报道贺兰山保护区生态建设成效。

5 月 20 日 阿左旗委组织部、宣传部、旗直机关工委和阿左旗党群综合服务中心联合举办的庆祝建党 100 周年“学党史　知党情　跟党走”知识竞赛圆满结束，贺兰山管理局代表队荣获三等奖。

5 月 22 日 贺兰山保护区布设红外相机监测到雪豹 2020 年 9 月活动影像，时隔半个世纪绝迹雪豹踪迹重现贺兰山。经北京大学生命科学院鉴定该雪豹为成年雄性。

5 月 25 日 贺兰山管理局联合阿拉善盟林业和草原局在北寺旅游景区举行第 40 届全国“爱鸟周”启动仪式。

5 月 27 日 贺兰山管理局组织开展庆祝建党 100 周年“学习百年党史　汲取奋进力量”知识竞赛暨演讲比赛活动。

5 月 贺兰山管理局与北京大学生命科学学院自然保护与社会发展研究中心科研团队开展雪豹在贺兰山的踪迹调查。

6 月 1 日 阿拉善盟委书记代钦深入贺兰山保护区调研生态环境治理项目。阿拉善盟委委员、副盟长杨国顺，阿拉善盟委委员、秘书长黄巴特尔，阿左旗旗委书记刘志强，阿左旗政府副旗长陈韶云陪同。

6 月 5 日 阿拉善盟生态环境局举办“保护生物多样性，共建美丽阿拉善”文学、摄影、视频作品征集大赛颁奖仪式，贺兰山管理局选送的贺兰山生物多样性《我们的贺兰山》微视频获得阿拉善生物多样性征集大赛视频类作品二等奖，同时获内蒙古自治区生态环境厅主题摄影视频类大赛一等奖。

6 月 6 日 阿拉善盟委副书记、行署党组书记李中增深入贺兰山地区实地查看矿山生态环境治理修复情况，现场主持召开盟长办公会议，就下一步工作进行安排部署。阿拉善盟委委员、副盟长杨国顺参加相关活动。

6 月 9 日 内蒙古自治区党委书记、人大常委会主任石泰峰到贺兰山保护区了解生态修复情况。

6 月 16—18 日 中央电视台一套《瞬间中国》栏目组一行深入贺兰山保护区对贺兰山重现雪豹踪迹后的追踪进行跟踪报道。对北京大学生命科学学院社会与自然保护区发展研究中心“雪豹对岩羊致死效应和风险响应”项目在贺兰山开展情况进行采访。

6 月 18 日 贺兰山管理局联合阿拉善盟林业和草原局、阿左旗科学技术和林业草原局在贺兰山保护区雪岭子第一处“全国林业英雄林”落成基地举办了党史学习教育“全国林业英雄”暨身边优秀林业工作者先进事迹学习宣传主题教育活动。

6 月 25—26 日 西北农林科技大学王敦教授一行 3 人到内蒙古贺兰山保护区，对雁洼池、柳门子辖区“古毒蛾”危害程度、症状和防治方法进行调查研究。

6 月 25 日　贺兰山管理局主办的“传承红色基因、守护绿水青山”庆祝中国共产党成立 100 周年群众性文化活动专场晚会在巴彦浩特多功能体育场人民剧场举行。

7 月 9 日　阿拉善盟“科技兴蒙”合作项目签约仪式在巴彦浩特举行。贺兰山管理局与内蒙古大学签订“贺兰山生物多样性保护研究”内蒙古自治区科技计划项目，参加产学研合作座谈会。

8 月 6 日　阿拉善盟政协副主席陈君来深入贺兰山保护区就生态环境治理情况进行实地检查指导，阿左旗政协副主席赵金玉、贺兰山管理局局长段志鸿陪同。

8 月 10 日　阿拉善盟公安局、贺兰山管理局在贺兰山保护区哈拉乌召开座谈交流会，围绕加强做好贺兰山森林生态协同监管进行探讨交流，阿拉善盟公安局副局长白国庆、贺兰山管理局局长段志鸿及有关人员参加。

8 月 11—12 日　宁夏大学生态环境学院与北京林业大学水保学院合作的“贺兰山典型小流域生态功能提升及其应对气候变化技术试验示范研究”项目组一行深入贺兰山西坡，就贺兰山山地森林生态系统功能及垂直海拔气候变化影响下的植被生长情况进行实地考察。

8 月 12 日　阿左旗委书记刘志强到贺兰山管理局调研指导贺兰山生态环境保护和森林防火工作，并召开座谈会。旗委常委、办公室主任王志春，政府副旗长范俊参加调研。

8 月 23 日　贺兰山管理局《贺兰山——多样的生命体》视频评为 2020 年度内蒙古自治区优秀科普微视频作品。

8 月 30 日　贺兰山地区矿山生态环境专项整治第九工作组指挥长、阿拉善盟政协副主席陈君来深入贺兰山保护区就生态环境治理情况进行实地检查指导，阿拉善盟林业和草原局局长图布新、阿左旗政协副主席赵金玉、贺兰山管理局局长段志鸿陪同检查。

8 月 30 日　阿拉善盟政协一级巡视员、农工民主党阿拉善盟基层委员会主委王秋才深入贺兰山保护区就贺兰山专项整治及生态保护开展实地调研。

9 月 2 日　内蒙古自治区党委副书记、自治区代主席王莉霞深入阿拉善盟太西煤集团二道岭矿区排土场，了解绿色矿山建设和矿区环境综合整治情况。在四合木保护区和贺兰山生态环境综合整治前线指挥部，王莉霞实地查看保护区建设和生态治理成果，详细了解保护区植物多样性及生态环境综合整治推进情况。内蒙古自治区副主席包钢及有关部门负责同志参加调研。

是日　国家林业和草原局驻内蒙古自治区森林资源监督专员办事处一级调研员、处长夏宗林一行到内蒙古贺兰山保护区开展国家级自然保护地专项检查，贺兰山管理局党组书记、局长段志鸿陪同。

9 月 13 日　贺兰山管理局联合盟森林消防大队在距南寺 8 公里处开展 2021 年森林草原防灭火实战演练。

9 月 22 日　内蒙古四子王旗救助的雪豹在内蒙古贺兰山保护区哈拉乌北沟放归大自然，该雪豹为成年雄性。

9 月 27 日　阿拉善盟副盟长刘德一行 3 人深入贺兰山保护区督查秋季森林防火工作，看望慰问坚守在一线的管护员和靠前驻防的森林消防大队官兵。阿拉善盟林业和草原局副局长谭志刚、阿拉善盟森林消防大队大队长尹训防、贺兰山管理局局长段志鸿陪同。

9 月 28 日　阿拉善盟检察分院党组书记、检察长郭文秀协防慰问哈拉乌管理站岭湾管护站，贺兰山管理局党组书记局长段志鸿陪同。

9 月　贺兰山管理局对贺兰山保护区辖区范围内的丰源三矿、丰源五矿环境治理区植被恢复情况进行跟踪调查，植被覆盖率较上年提高 7%。

12 月 24 日　阿拉善盟林业和草原局在贺兰山管理局召开《阿拉善盟林业和草原志》编纂工作座谈会。

2022 年

2 月 18 日　贺兰山管理局党组召开党史学习教育总结会议。

3 月 30 日　贺兰山管理局召开贺兰山保护区野生动植物名录变更研讨会，完成保护区国家重点保护野生动植物更新核对工作。

4 月 4 日　阿拉善盟行署副盟长刘德一行深入贺兰山保护区雪岭子督查检查生态保护修复和春季森林防火工作，阿拉善盟行署副秘书长常晓斌、阿拉善盟林业和草原局局长图布新、阿左旗政府副旗长范俊、贺兰山管理局局长段志鸿陪同。

4 月 7 日　贺兰山保护区获国家林业和草原局黄河流域国家级自然保护区管理评估优秀等级。

4 月 12—13 日　内蒙古自治区纪委副书记潘勇到贺兰山保护区雪岭子、古拉本开展贺兰山保护区生态修复及环境治理恢复调研，阿拉善盟委委员、纪委书记、监委主任刘海涛，阿拉善盟纪委副书记石东升，贺兰山管理局党组书记、局长段志鸿陪同。

4 月 13—22 日　贺兰山保护区开展鼠密度调查工作。

4 月 21 日　内蒙古自治区自然资源厅西部检查组对贺兰山生态环境整治情况进行督导检查。

4 月 26 日　《内蒙古贺兰山国家级自然保护区志》编纂工作正式启动。

5 月 20 日　贺兰山管理局联合阿拉善盟林业和草原局在巴彦浩特多功能体育场开展第 41 个“爱鸟周”宣传启动仪式。

5 月 21—28 日　在全国第 27 个科技活动周，贺兰山生物多样性保护流动科普活动走进明德小学，为学生开展科普教育宣讲。

5 月 22 日　在第 29 个国际生物多样性日，贺兰山管理局与阿拉善 SEE（Society，Entrepreneur，Ecology）生态协会举办“小小巡护员”贺兰山国家级自然保护区生物多样性保护实践体验活动。

6 月 8 日　贺兰山管理局视频作品《沙漠绿岛贺兰山》获“共建清洁美丽世界——亮丽内蒙古”“6 · 5”环境日主题摄影视频类一等奖。

6 月 23 日　完成贺兰山管理局第十四届工会换届选举工作。

8 月 31 日　纪录片《四季贺兰》获内蒙古自治区第十五届精神文明建设“五个一工程”奖。

第一章　保护区机构

第一节　机构沿革

一、机构沿革

内蒙古贺兰山国家级自然保护区管理局（简称贺兰山管理局）前身为阿左旗贺兰山林场。

1949 年 11 月，贺兰山西坡归阿拉善林木燃料所和阿拉善旗林牧管理所共同管辖。

1951 年 5 月 22 日，宁夏建设厅批准成立贺兰山林区管理委员会，统管西坡阿拉善林木燃料所、阿拉善旗林牧管理所和东坡林管站。

1951 年 11 月 16 日，将阿拉善林木燃料所和阿拉善旗林牧管理所合并为阿拉善木料营业所。

1953 年 4 月 14 日，成立阿拉善旗贺兰山后山林区森林管理所，所部设在樊家营子。

1954 年 3 月 22 日，更名为蒙古自治州贺兰山后山林区森林管理所，下设 3 个林管站，组建护林防火组织。贺兰山森林抚育间伐工作正式开始。是年 10 月成立林警队。

1956 年 6 月，更名为巴彦淖尔盟贺兰山后山森林经营所，所部迁至哈拉乌沟口。

1958 年 8 月，更名为阿拉善旗贺兰山森林经营所。

1960 年，更名为巴彦淖尔盟贺兰山森林经营所。

1961 年 12 月，隶属阿左旗，更名为阿左旗贺兰山林场。

1969 年 9 月，阿左旗隶属宁夏回族自治区，贺兰山前后山合并，成立临时工作组。

1971 年 10 月，更名为宁夏回族自治区贺兰山森林经营管理所。

1975 年 12 月，成立贺兰山林区派出所。

1979 年 9 月 27 日，阿左旗归属内蒙古自治区，贺兰山前后山分家，更名为阿左旗贺兰山林场。

1980 年 5 月，贺兰山林场归属阿拉善盟，名称为阿拉善盟贺兰山林场。

1983 年 1 月，贺兰山林场划归阿左旗，名称为阿左旗贺兰山林场，场部由哈拉乌沟口迁至巴彦浩特镇。

1992 年 10 月 27 日，国务院批准列为贺兰山国家级自然保护区。1993 年 4 月 16 日阿拉善盟行政公署批准成立贺兰山管理局，行政上由阿左旗人民政府领导，业务上接受阿拉善盟建设处和阿拉善盟林业处指导，机构规格为准处级事业单位，实行企业化经营，差额补贴。

2003 年，机构改革纳入财政统发工资，全额补贴。

2013 年 10 月，中共阿左旗委员会机构编制委员会办公室明确贺兰山管理局为旗人民政府直属事业单位。

2014 年 12 月，成立贺兰山管理局党组。

2018 年 9 月 4 日，挂内蒙古贺兰山国家级野生动物疫源疫病监测站牌子，一套人马、两块牌子。

二、内设机构

1959 年，阿拉善旗贺兰山森林经营所下设水磨沟、哈拉乌、南寺 3 个营林区。

1972 年 10 月 21 日，宁夏贺兰山森林经营管理所内设办公室、生产室、计划财会科，下设营林区、加工厂、鹿场。

1979 年 10 月，阿左旗贺兰山林场下设哈拉乌、水磨沟 2 个营林区和腰坝农场。

1990 年，阿左旗贺兰山林场内设行政办公室、生产办公室、护林办公室、贺兰山森林公安派出所 4 个科室所。

1993 年 4 月，贺兰山管理局，核定编制 313 人（离退休人员 52 人）。实有人数 261 人（干部 39 人）。下设腰坝、哈拉乌、水磨沟、古拉本 4 个中心管理站，古拉本、北寺、南寺、水磨沟、哈拉乌、腰坝 6 个警务区，26 个护林防火检查站。

1994 年 4 月，设置内设办公室、业务科、多种经营科、森林公安派出所 4 个科室所。

1995 年，内设科室调整为办公室、管护科、科研宣传科、多种经营科、贺兰山森林公安派出所 5 个科室所。

2000 年 3 月 18 日，增设科研宣传科，业务科更名为管护科。

2003 年 3 月，增设财务科；7 月 31 日贺兰山森林公安派出所更名为贺兰山森林公安分局。

2004 年，多种经营科变更为森林公园管理科。

2005 年 7 月 25 日，贺兰山管理局，领导职数 3 名（1 正 2 副），内设办公室、森林公安分局、森林管护科（挂森林公园管理科牌子）、科研宣传科 4 个科室，副科级领导职数 6 名。基层设有 6 个森林公安警务区和 26 个护林防火检查站。

2007 年 10 月，内设科室调整为办公室、林政资源管理科、科研宣传科、森林公园管理科、贺兰山森林公安分局 5 个科室。

2008 年 9 月 1 日，核定编制 126 名（人员结构为专业技术人员 23 名，森林公安民警 32 名，行政后勤人员 71 名）。正科级领导职数 3 名，内设办公室、森林公安分局、林政资源管理科、科研科、森林公园管理科、项目办、防火办 7 个科室，核定副科级领导职数 7 名。

2010 年 6 月，贺兰山森林公安局分设隶属于阿左旗林业局领导。

2011 年 3 月，增设南寺中心管理站。

2014 年 3 月 15 日，增设北寺中心管理站。

2015 年，核定贺兰山管理局编制 95 名，领导职数 5 名（1 正 4 副），副科级领导职数 6 名，专业技术人员 24 名，工勤人员 60 名。

2017 年 6 月 2 日，贺兰山管理局机构改革后核定贺兰山管理局编制 94 名，领导职数 3 名（1 正 2 副），副科级领导职数 8 名。内设综合办公室、防火办、科教科、资源林政科 4 个科室，下设哈拉乌、北寺、古拉本、南寺 4 个工作站，28 个管护站。

2019 年 6 月 19 日，增加内设机构规划财务科（副科级）。

2021 年 2 月 25 日，内设综合办公室、规划财务科、资源林政科、防火办公室、野生动植物保护科、科研宣教科、南寺管理站、哈拉乌管理站、北寺管理站、古拉本管理站 10 个内设机构。核定人员编制 94 名（专业技术人员 33 名，行政后勤人员 61 名），领导职数 5 名（1 正 4 副，1 名副处级，2 名正科级、2 名副科级），内设科级领导职数 10 名（副科级）。

三、职能职责

（一）管理局职责

（1）承担编制保护区总体规划和专项规划，做好项目申报和项目库建设，制定各项规章制度，并组织实施。

（2）承担保护区自然环境和自然资源的保护、监督和管理，依法查处破坏保护区自然资源、自然环境、保护设施等违法违规行为。

（3）开展保护区自然资源调查、生态监测、安全生产、森林草原防火、野生动植物保护、野生动物疫源疫病监测及制定各类应急预案。林草原防火、野生动植物保护、野生动物疫源疫病监测及制定各类应急预案。

（4）承担天然林保护、生态公益林管护及国有林场改革与发展工作。

（5）组织或协调有关部门开展保护区科学研究、宣传教育、对外交流与合作等工作。

（6）规范科学观测、参观、旅游等活动。

（7）完成阿左旗政府交办的其他任务。

（二）内设机构职责

（1）综合办公室。负责日常运转和综合协调工作；承担党建、党风廉政建设、意识形态及人事、宣传等工作。

（2）规划财务科。负责保护区发展规划编制、项目申报及监督实施，做好项目库建设。承担保护区经费预（决）算、资金管理、政府采购、审计、固定资产管理和计划统计等工作。

（3）资源林政科。负责保护区自然资源、自然环境管理；编制保护区森林经营规划和实施方案；组织实施天然林资源保护、生态公益林管护、国有林场改革发展及项目建设工作；开展保护区森林资源调查、建立健全自然资源档案；负责保护区林业行政执法工作，监督管理保护区一切人类活动。

（4）防火办公室。负责保护区森林草原火灾预防管理；编制保护区森林草原防火规划和森林草原火灾应急预案，承担防火宣传、培训、物资储备、通信设施管理及基础设施建设工作。

（5）野生动植物保护科。负责野生动植物保护工作。承担国家级野生动物疫源疫病监测直报、野生动物疫源疫病防控、野生动植物资源监测、野生动物救助、林业有害生物监测防治及野生动植物保护宣传工作。

（6）科研宣教科。负责保护区科学研究工作。承担综合科学考察、科研课题研究及项目实施、科普、自然保护的宣传教育及展览馆的管理。

（7）南寺管理站。依法保护和管理辖区森林草原、野生动植物等自然资源和自然环境；承担管理辖区的自然资源、自然环境、生物多样性的保护监管、野生动物疫源疫病监测、森林草原火灾预防和生态建设保护工作；查处破坏本区域内自然资源、自然环境、保护设施等违法违规行为，依法处理各类林政案件；开展保护区各类宣传教育活动。

（8）哈拉乌管理站。依法保护和管理辖区森林草原、野生动植物等自然资源和自然环境；承担管理辖区的自然资源、自然环境、生物多样性的保护监管、野生动物疫源疫病监测、森林草原火灾预防和生态建设保护工作；查处破坏本区域内自然资源、自然环境、保护设施等违法违规行为，依法处理各类林政案件；开展保护区各类宣传教育活动。

（9）北寺管理站。依法保护和管理辖区森林草原、野生动植物等自然资源和自然环境；承担管理辖区的自然资源、自然环境、生物多样性的保护监管、野生动物疫源疫病监测、森林草原火灾预防和生态建设保护工作；查处破坏本区域内自然资源、自然环境、保护设施等违法违规行为，依法处理各类林政案件；开展保护区各类宣传教育活动。

（10）古拉本管理站。依法保护和管理辖区森林草原、野生动植物等自然资源和自然环境；承担管理辖区的自然资源、自然环境、生物多样性的保护监管、野生动物疫源疫病监测、森林草原火灾预防和生态建设保护工作；查处破坏本区域内自然资源、自然环境、保护设施等违法违规行为，依法处理各类林政案件；开展保护区各类宣传教育活动。

第二节　历任领导班子成员名录

一、林场领导名录（1979 年 9 月—1993 年 10 月）

场　　　长：闫玉山（1979 年 9 月—1984 年 1 月）
张国宁（1984 年 1 月—1987 年 4 月）
祁生林（1987 年 4 月—1992 年 8 月）
赵登海（蒙古族，1992 年 8 月—1995 年 4 月）
党总支书记：祁生林（1979 年 9 月—1987 年 4 月）
潘竟魁（1984 年 1 月—1990 年 12 月）
副　场　长：李振荣（1984 年 1 月—1989 年）
王以习（1984 年 1 月—1985 年）
张国宁（1987 年 10 月—1995 年 4 月）
巴图布音（蒙古族，1987 年 11 月—1995 年 4 月）
张保儒（1992 年 8 月—1995 年 4 月）

二、管理局领导名录（1993 年 10 月—2022 年 10 月）

党支部书记、局长：马振山（回族，1994 年 1 月—2006 年 9 月）
党 支 部 书 记：杨生宝（回族，2008 年 2 月—2009 年 12 月）
党 支 部 副 书 记：陈章泰（1997 年 6 月—2007 年 10 月）
田春和（2004 年 8 月—2007 年 9 月）
局　　　　长：张保红（2006 年 12 月—2010 年 12 月）
徐世华（2010 年 12 月—2012 年 3 月）
陈立杰（2012 年 4 月—2015 年 4 月）
党 组 书 记 、局 长：黄天兵（蒙古族，2015 年 4 月—2016 年 4 月）
段志鸿（2017 年 1 月—）
副　　局　　长：赵登海（蒙古族，1995 年 4 月—2010 年 5 月）
张国宁（1995 年 4 月—1997 年 6 月）
陈章泰（1997 年 6 月—2007 年 10 月）
张保红（1997 年 6 月—2003 年 3 月）
赵永文（2007 年 9 月—2011 年 2 月）
党组成员、副局长：陶苏孟高（蒙古族，2007 年 9 月—2018 年 4 月）
贾金山（2010 年 12 月—2017 年 6 月）
张瑞峰（2012 年 12 月—2016 年 12 月）
丁玉森（2013 年 1 月—2017 年 6 月）
孙　萍（女，2017 年 6 月—2021 年 9 月）
张宝军（2018 年 4 月—）
任　侠（女，2021 年 9 月—）
代　瑞（女，2021 年 9 月—）
刘　东（2021 年 9 月—）

党　组　成　员：代　瑞（女，2019 年 8 月—2021 年 9 月）
刘　东（2020 年 3 月—2021 年 9 月）
陶　君（女，蒙古族，2021 年 9 月—）
照日格图（蒙古族，2021 年 9 月—）

第三节　历任科室、站干部名录

一、科室设置

（一）各科室科长、主任（股级）设置情况（1993 年 4 月—2007 年 9 月）（表 1-1）

表 1-1　各科室科长、主任（股级）设置情况

序号	机构设置及沿革	职务	姓名	任期
1	办公室	主任	张继武	1994. 04—2007. 09
2	业务科（管护科）	科长	马生林（回族）	1994. 04—1998. 03
		科长	赵玉山	1998. 04—2007. 09
3	多种经营科	科长	赵玉山	1995. 03—1998. 03
		科长	马生林（回族）	1998. 03—1999. 10
		科长	王继平	1999. 10—2007. 09
4	森林公安派出所（森林公安分局）	所长	潘存忠	1993. 05—2003. 07
		局长	潘存忠	2003. 07—2007. 10
5	科研宣传科	科长	徐建国	1995. 05—2007. 09

（二）各科室科长、主任（副科级）设置情况（2007 年 9 月—2022 年 10 月）（表 1-2）

表 1-2　各科室科长、主任（副科级）设置情况

序号	机构设置及沿革	职务	姓名	任期
1	办公室（党政办公室、综合办公室）	主任	梁来柁	2007. 09—2013. 01
		主任	汤玉荣（女）	2013. 03—2018. 04
		主任	代瑞（女）	2019. 08—2021. 09
		主任	陶君（女，蒙古族）	2021. 09—
2	林政资源管理科（资源林政科）	科长	周兴强	2007. 09—2016. 12
		科长	傲日格勒（蒙古族）	2017. 01—2017. 06
		科长	任振强	2017. 06—2021. 09
		科长	苏云	2021. 09—
3	科研宣传科（科研宣教科）	科长	贾金山	2007. 09—2010. 12
		科长	杨云天（女）	2010. 10—2017. 06
		科长	苏云	2017. 06—2021. 09
		科长	任振强	2021. 09—

（续表）

序号	机构设置及沿革	职务	姓名	任期
4	森林公园管理科	科长	徐俊年	2007. 09—2010. 12
		科长	史麟	2010. 11—2015. 03
		科长	李世涛（蒙古族）	2015. 04—2016. 09
		科长	顾苏和（蒙古族）	2016. 10—2017. 06
5	贺兰山森林公安分局	局长	潘存忠	2007. 10—2009. 05
		副局长	魏雪峰	2007. 10—2009. 05
6	项目办	主任	任振强	2010. 11—2017. 06
7	防火办公室	主任	孙萍（女）	2011. 11—2017. 06
		主任	李惠军	2017. 06—2019. 08
		主任	刘东	2020. 03—2021. 09
		主任	照日格图（蒙古族）	2021. 09—
8	规划财务科	科长	多海英（女）	2021. 09—
9	野生动植物保护科	科长	马金莲（女，回族）	2021. 09—

二、管理站设置

（一）1993 年 3 月—2017 年 6 月各中心管理站站长（股级）设置情况（表 1-3）

表 1-3　1993 年 3 月—2017 年 6 月各中心管理站站长（股级）设置情况

序号	机构设置及沿革	职务	姓名	任期
1	腰坝中心管理站	站长	张鹏	1993. 03—2007. 12
		站长	王继平	2007. 12—2010. 03
		站长	刘光辉	2010. 03—2010. 06
		站长	李泽	2010. 06—2011. 03
		站长	王继明	2011. 03—2017. 06
2	哈拉乌中心管理站	站长	王永文	1993. 03—2004. 04
		站长	何立明	2004. 04—2007. 12
		站长	刘光辉	2007. 12—2010. 03
		站长	王继平	2010. 03—2011. 03
		站长	李克林	2011. 03—2014. 04
		站长	李泽	2014. 04—2016. 01
		站长	苏云	2016. 01—2017. 06

（续表）

序号	机构设置及沿革	职务	姓名	任期
3	水磨沟中心管理站	站长	任振强	1993. 03—1994. 02
		站长	赵玉山	1994. 02—1995. 03
		站长	祁海仓	1995. 03—2000. 03
		站长	刘光辉	2000. 03—2007. 12
		站长	何立明	2007. 12—2011. 03
		站长	李泽	2011. 03—2014. 04
		站长	李克林	2014. 04—2016. 01
		站长	梁金林	2016. 01—2017. 06
4	古拉本中心管理站	站长	何立明	1993. 03—2004. 04， 2010. 03—2010. 06
		站长	马锐	2004. 03—2007. 12
		站长	张鹏	2007. 12—2010. 03
		站长	王继明	2010. 07—2011. 03
		站长	李克荣	2011. 03—2017. 06
5	南寺中心管理站	站长	付成忠	2011. 03—2016. 01
		站长	额日德木图 （蒙古族）	2016. 01—2016. 11
		站长	李东	2016. 11—2017. 06
6	北寺中心管理站	站长	张文军	2014. 03—2017. 06

（二）2017 年 6 月—2021 年 9 月各工作站站长（副科级）设置情况（表 1-4）

表 1-4　2017 年 6 月—2021 年 9 月各工作站站长（副科级）设置情况

序号	机构设置及沿革	职务	姓名	任期
1	南寺工作站	站长	顾苏和（蒙古族）	2017. 06—2021. 09
2	哈拉乌工作站	站长	付成忠	2017. 06—2021. 09
3	北寺工作站	站长	傲日格勒（蒙古族）	2017. 06—2018. 04
		站长	张文军	2018. 04—2021. 09
4	古拉本工作站	站长	铁木尔（蒙古族）	2017. 06—2019. 08

（三）2021 年 9 月至今各管理站站长（副科级）设置情况（表 1-5）

表 1-5　2021 年 9 月至今各管理站站长（副科级）设置情况

序号	机构设置及沿革	职务	姓名	任期
1	南寺管理站	站长	张文军	2021. 09—
2	哈拉乌管理站	站长	王景民	2021. 09—
3	北寺管理站	站长	顾苏和（蒙古族）	2021. 09—
4	古拉本管理站	站长	曲红彬	2021. 09—

第二章　自然概况

第一节　地理位置

贺兰山位于内蒙古自治区与宁夏回族自治区交界处，属于内蒙古、宁夏共管山脉，以分水岭为界，西坡属内蒙古管辖。贺兰山是南北走向山脉，地理位置特殊，山体相对孤立，沟谷纵横，生态区位十分重要，是我国西北地区重要的自然地理分界线，西北侧为阿拉善荒漠戈壁，东侧为宁夏银川平原，南北长 250 公里，东西宽 20~40 公里，最高峰达郎浩绕 3556. 1 米，是内蒙古境内最高峰。贺兰山天然绿色生态屏障阻挡了腾格里沙漠、乌兰布和沙漠的东侵，在调节气候、防风固沙、涵养水源、保持水土方面发挥着不可替代的作用，被宁夏、阿拉善人亲切誉为“父亲山”“母亲山”。

贺兰山保护区 1992 年经国务院批准被列为森林和野生动物类型自然保护区，主要保护对象为青海云杉等野生动植物资源，是内蒙古西部最大的天然次生林区。贺兰山保护区位于内蒙古自治区阿拉善盟阿左旗境内，南北长 125 公里，东西宽 8 ~ 30 公里，总面积 67709. 8 公顷。其中，核心区 20200 公顷，缓冲区 10762. 5 公顷，实验区 36747. 3 公顷。坐标为北纬 38°20′48. 48″ ~ 39°08′08. 88″，东经 105°44′45. 60″ ~ 106°05′01. 68″。保护区四界范围为南起头关，北至小松山，东以分水岭与宁夏贺兰山国家级自然保护区为界，西至贺兰山山麓，范围界线清晰。

第二节　地质地貌

一、地质

贺兰山隆起于中生代晚期的燕山运动，山体呈南北走向。受构造运动的影响和干燥剥蚀及流水侵蚀，将山地切割成大致为东西延伸的岭脊与沟谷相间排列的地形，山体多由片麻岩、石灰岩、页岩构成。

二、地貌

贺兰山经历 24 亿年历史演变，历代地层叠加、挤压、褶皱，构成贺兰山山体。遥远的古元古时期，在海洋中沉积的泥沙，经挤压、变质形成由片麻岩、变粒岩和各种混合岩组成的变质岩系，成为贺兰山的结晶基底。中生代，在多次地壳造山运动后，贺兰山已初具雏形，形成陡峭的山峰。新生代，在喜马拉雅山运动的作用下，贺兰山形成今日地貌。

贺兰山是一座形成较晚，却有着悠久历史的山体，典型的拉张型外倾式断块山地。其地貌形态分类包括山地、高原、盆地、丘陵、平原 5 种基本类型。贺兰山东坡陡峭，西坡略平缓，东西两侧不对称，总体上呈东仰西倾的态势，分水岭偏于山体东侧，其顶面较为平坦，两坡斜面不对称，沟谷幽深。受地质构造、干燥剥蚀、流水侵蚀的影响，形成山势巍峨、山坡陡峻、沟谷深切、断崖壁立、地面破碎的地质特点。山势陡峭，石骨嶙峋，形成岭谷相间排列的复杂地形，阴坡比阳坡温度稍低，湿度较高，土层较厚，植物种类与其所形成的植物群落类型具有明显的坡向差异，为植物提供了多种多样的生存环境。

内蒙古贺兰山地处阿拉善高原东缘，贺兰山平均海拔 2700 米，最高山峰为中部的达郎浩绕，海拔高度 3556. 1 米，是内蒙古最高山峰。贺兰山地貌自上而下分为寒冻分化山地、流水侵蚀山地和干燥剥蚀山地。贺兰山地形总体特点是山高坡陡，山峦重叠，多悬崖，起伏变化大。特别是中、北部山区，沟深谷狭、悬崖峭壁众多，南部地形相对较缓，沿山有 40 余条东西走向的沟谷，形似木梳。主要沟道从南到北分布有喜鹊沟、赵池沟、峡子沟、碱渠子沟、黄渠沟、大柳门子沟、小柳门子沟、雁洼池沟、冰沟、雪岭子沟、镇木关沟、大殿沟、小殿沟、强岗岭沟、樊家营子、荀子沟、水沟子、大马莲井子、小马莲井子、哈拉乌南沟、岔沟、哈拉乌北沟、墩子沟、高口子、水磨沟南沟、水磨沟北沟、香池子沟、大西沟、塔尔岭沟、银子沟、岗银子、滚胡都格沟、白土山子沟、马莲沟、大老树槐、小老树槐、乱柴沟、甘树湾、中谷田、大小井沟、青塔吉沟、脑苏沟、红石崖子、嵌坑、马圈沟、黑沟等。

1. 褶皱构造

组成地壳的岩层受构造力强烈作用，使岩层形成一系列波状弯曲而未来丧失其连续性的构造，使岩层产生塑形变形。绝大多数褶皱是在水平压力作用下形成的，褶皱在层状岩层中最明显。褶皱构造中的每一个弯曲成为褶曲，每一个褶曲都有核部、翼、轴面、轴及枢纽等几个折曲要素。由于沉积环境的不同显示不同的颜色，红色为干旱炎热条件下形成，绿色为湿润条件下形成。

2. 断层

断层是岩层或岩体顺坡裂面发生明显位移的构造，断层在地壳中广泛发育，是地壳的最重要构造之一。在地貌上，大的断层常常形成裂谷和陡崖，著名的东非大裂谷、中国华山北坡大断崖地壳运动中产生强大的压力和张力，超过岩层本身的强度，对岩石产生破坏而形成的。岩层断裂错开的面称断层面。两条断层中间的岩块相对上升。两边岩块相对下降时，相对上升的岩块叫地垒，常常形成块状山地，如我国的庐山、泰山等。而两条断层中间的岩块相对下降、两侧岩块相对上升时形成地堑、即狭长的凹陷地带，我国的汾河平原和渭河谷地都是地堑。

3. 褶曲构造

褶曲构造系岩层受强力作用所揉成的弯曲变形，岩层的产状变化很大，但岩层的连续性并未受到严重破坏。弯曲变形的岩层组成褶曲。向上凸的褶曲称背斜，向下凹的褶曲称向斜。相邻的背斜和向斜之间为共同翼。根据褶曲轴面的产状又分为直立褶曲、倾斜褶曲、倒转褶曲与平卧褶曲；根据褶曲两翼展开的特征又分为扇形褶曲与箱形褶曲；根据褶曲的长宽比，又分为线状褶曲（长：宽>10）、短轴褶曲（3<长：宽<10）、穹状与盆状褶曲（长：宽<3）。连续的褶曲称褶皱。大背斜两翼有次一级的褶皱称复背斜；大向斜两翼有次一级的褶皱称复向斜。

第三节　气候

一、气候类型与特征

贺兰山是我国西北地区重要的自然地理分界线，第一是我国温带草原和荒漠草原的分界线。东部为半农半牧区，西部基本是纯牧区。第二是我国季风气候和非季风气候的分界线。贺兰山的存在一方面阻挡西北高寒气流东袭，另一方面阻止潮湿的东南季风西进。第三是我国河流外流区和内流区的分水岭（贺兰山以西没有外流的水域）。第四是我国干旱与半干旱区年 200 毫米等降水量的分界线（贺兰山以西广大区域降水量基本在 200 毫米以下）。对西部地区自然气候变化具有重要影响。第五是贺兰山横亘南北。

贺兰山属于典型的大陆性气候。春季增温较快，常有寒潮侵袭，多大风；夏季由于地面增温较快，降水少，天气晴燥炎热，夏季炎热；秋季地面逐渐冷却，大陆高气压系统重新加强，西北风占优势，天气晴朗，时间短，10月初见初霜，受蒙古冷高压控制，冬季寒冷漫长，达5个月，天气多晴朗、干燥和严寒，盛行西北风。

二、气温、光照

保护区气候具有明显的垂直分布规律，山麓与山顶气候差异大，年平均气温8.5℃，≥10℃年积温3370℃，而山顶2910米处，年平均气温4℃，≥10℃年积温在3000℃以下。无霜期110~130天，积雪厚度50~100毫米。从山麓到山顶，沿着逐渐变化的环境梯度，植物种类、区系成分与植被类型呈现出明显的垂直分异现象。

三、气候因子监测

在保护区林缘上下、贺兰山中段林区内和林区外山麓分别安装小型气象监测站4个，分别对贺兰山不同海拔、不同山地生态系统的光照、光波、风向、风速、降水等因子实时监测记录，进行每年对照，以此分析气候变化对贺兰山森林生态系统、森林火险及病虫害发生的影响。

第四节　水文

一、降水量

贺兰山对西部地区自然气候变化具有重要影响，山麓年降水量180~400毫米，降水主要集中在7—9月，年平均蒸发量在2100~2337毫米，为降水量的8~10倍。从山麓到山顶，沿着逐渐变化的环境梯度，植物种类、区系成分与植被类型呈现出明显的垂直分异现象。保护区水气压随着海拔高度的增加而递减。夏季最大，冬季最小，年平均相对湿度在36%~47%，自东南向西北随降水的减少而降低，相对湿度在40%~42%。

二、山涧明流分布

贺兰山地表水有季节性山间溪流及洪水，从径流量的分布来看，主要集中在贺兰山10条沟谷，其中哈拉乌、塔尔岭沟和马圈沟年径流量在200万立方米。牛石头沟、白石头沟、柳门沟、南寺沟、苏海图沟壑、水磨沟的径流量在100万~200万立方米。其他沟壑年径流量均在100万立方米以下。地下水为第四系孔隙潜水或承压水，在20米以上富水性较好，单井出水量大于20立方米/小时，但潜水埋藏较深，多在20~50米，水质良好，矿化度小于2克/立方米，pH值在7.0~8.2，水化学类型复杂。地下水资源储量1.358亿吨。该区水资源是阿左旗沿山苏木镇工农牧业生产和居民生活用水的主要来源，是阿拉善水源涵养林、水土保持林建设的重点地区，是阿拉善重要的生态功能保护区，是区域经济发展的重要保障，对我国西北乃至华北地区的生态环境有着直接和重要的影响。监测结果显示，每公顷拦蓄水量由0.6立方米增加到1.7立方米。随着森林植被的恢复，水源涵养功能逐年增强，山涧明流水由退牧前的13条增加到21条。林草植被的恢复使径流削减率达到41.6%，泥沙削减率达到81.7%，分别比退牧前提高了19%和35%。

第五节　土壤及植被

一、土壤类型

贺兰山土壤类型随着海拔高度不同而呈现差异，从上到下主要分布有高山草甸土、山地林溶灰褐土、山地灰褐土、山地灰钙土。

二、土壤分布

贺兰山的土壤类型较多，并随海拔高度和植被类型的变化有规律地分布。

高山草甸土：分布于海拔 3100 米以上，以草本植物为主，主体湿润，有机质层厚 30～40 厘米，呈微酸性。

山地淋溶灰褐土：分布在 2400～3100 米，生长以云杉为主的针叶林，地表有 2～4 厘米的枯叶层，林下分布着苔藓层，盖度在 80%以上，以下为暗色粗腐殖质层，再下为棕色土层，有效土层较厚，一般达 30～70 厘米，有机含量 5.57%，土壤呈中性或微碱性反应。

山地灰褐土：分布于海 拔 2000～2400 米，以云杉、山杨、油松组成针叶林或针阔混交林为主，林内落叶层薄，有机质含量 8.8%，土层下部有粉状的或菌丝状的石灰淀积层。

山地灰钙土：分布在海拔 2000 米以下，有机质含量 0.73%，腐殖质层 20～30 厘米，有效土层 30～80 厘米，与粗骨土呈复区分布。

在山地北段和中段陡峻的阳坡分布着粗骨土，为石块和薄层表土混合而成的幼年土壤，剖面发育很弱，层次分化不明显，有机质含量很低，植物生长稀疏。在西侧海拔 1600 米以下的山地荒漠带发育着淡棕钙土。

三、植被类型

贺兰山在地理区划上属于古北界中亚亚界蒙新区西部荒漠亚区和东部草原亚区的过渡地带，其特殊的地理位置使该山区具有较丰富的植物种类、复杂的植被区系、多样的植被类型以及带谱较完整的山地植被垂直带结构。贺兰山拥有丰富的生物资源，成为我国北方地区唯一的生物多样性中心“阿拉善—鄂尔多斯中心（南蒙古中心）”的核心区。保护区植被属于山地植被，由于山地地形生态条件的分化和植物区系成分的多方汇合，使得植被类型及其组合形成了相当复杂的格局。贺兰山保护区地质地貌发育历史悠久，是在古陆上发展形成的，新第三纪发生强烈的新构造运动，山脉隆起，青藏高原抬升，逐渐形成现代的地貌特征，地理环境的巨变，动植物区系也发生了极大的改变，山地植被也有许多变型分化，形成垂直地带和复杂的分布组合，使本区的植被演替为森林、灌丛、草原、荒漠、草甸植被。在以《中国植被》的分类原则、单位与系统为基础，根据实际情况增加了疏林和旱生灌丛两个植被型的基础上，将贺兰山野生植物群落划分为 7 个植被型纲、16 个植被型组、24 个植被型，85 个群系。其中，森林 6 个群系，灌丛 22 个群系，草原 20 个群系，疏林 2 个群系，荒漠 18 个群系，草甸 13 个群系，水生与沼生 4 个群系。

内蒙古贺兰山综合科学考察结果显示，保护区内 788 种维管束植物有 2 个亚种和 22 个变种，其中，有贺兰山特有成分 10 种；有以贺兰山为原产地的模式标本植物 62 种；贺兰山特有植物 32 种。

四、植被分布

内蒙古贺兰山随着海拔的增高，植被呈垂直分布，由山地荒漠草原向山地疏林草原、山地针叶林，高山灌木丛草甸过度。由于特殊的自然环境条件，贺兰山山地植被从低海拔到高海拔植物垂直带分布非常明显。海拔 1600 米以下为红砂、珍珠柴、沙生针茅山前草原化荒漠。1600～1800 米为沙生针茅、短花针茅、红砂等小灌木山麓荒漠化草原。1800～1900 米为狭窄的或是间断、片状分布的本氏针茅山地草原。海拔在 1800～2300 米的沟谷中，生长着乔灌木针阔混交林或山地中生阔叶灌丛。主要树种有杜松、紫丁香、贺兰山丁香、小叶忍冬、蒙古绣线菊、鄂尔多斯小檗、乌柳等。其中紫丁香、贺兰山丁香山地中生阔叶灌丛为内蒙古境内山地特有的群落。在阴坡与半阴坡，海拔在 1950～2200 米分布着油松林。海拔 2000～3100 米分布着青海云杉林。青海云杉林是贺兰山最主要的、最有代表性的植被类型，几乎占据着整个山体的阴坡或半阴坡，自然更新良好。贺兰山西坡有以青海云杉为主的天然次生林38818.3公顷。海拔在3000米以上，不论坡向，分布着高山灌丛和高山草甸。高山灌丛主要由毛蕊高山柳为主组成的群落。贺兰山特殊的地理位置和气候特点，成为东北、华北、蒙古高原、青藏高原以及其他植物相互渗透的汇集区，各个区域的一些植被在贺兰山都有分布，贺兰山是我国北方唯一的生物多样性中心，是重要的模式标本产地和采集地，被誉为天然的“基因库”，对于研究内蒙古植物区系分布的特点有着重要的科学意义。

第三章　自然资源

第一节　森林资源

一、森林资源分布

2010 年全区二类资源调查结果显示，贺兰山森林资源（含禁牧区）具有如下分布特点。

（一）植被类型复杂，森林资源少，植被覆盖率低

贺兰山植被类型比较复杂，既有标志山地所在水平地带属性的草原和荒漠，也有山地植被垂直系列中出现的针叶林和疏林草原，还有各种灌丛、草甸和落叶阔叶林。从森林资源总量来说，有林地面积 30160.4 公顷，占管护区总土地面积的 34.1%；灌木林地面积 10249 公顷，占 11.6%，森林覆被率 45.7%。

（二）森林资源分布不均

森林资源分布以分水岭及其邻近部位为主，中部多，南北部少；阴坡半阴坡多，阳坡少；尤其山地西侧和北段旱化程度高，森林资源明显减少。

（三）以天然林为主

树种以青海云杉、油松、榆树占多数。天然有林地 30115.4 公顷，占有林地面积的 99.9%；天然灌木林地 10171.8 公顷，占灌木林地面积的 99.2%。还有天然疏林地 4520.3 公顷。天然林是贺兰山保护区森林植被的主体。乔木树种以青海云杉、油松、榆树为主面积 28854.4 公顷，占有林地的 96.4%；灌木树种以蒙古扁桃、叉子圆柏、高山柳、金露梅为主。

（四）有林地以纯林为主，龄组结构不合理

在乔木林林分组成中，以纯林所占比例最大，面积为 28417.9 公顷，占乔木林总面积的 94.2%；混交林面积较少，面积为 1742.5 公顷，仅占 5.8%。乔木林资源中绝大部分乔木林的龄组、龄级都集中分布在中龄林阶段，面积为 21424.0 公顷，占乔木林总面积的 71.0%；幼龄林面积为 231.1 公顷，占 0.8%；近、成、过熟林面积分别占总面积的 8.1%、15.4%、4.7%。幼、中、近、成、过熟林 5 个龄组之间的面积比率为 1：71：8：15：5。

（五）灌木林组成树种较多，分布不均衡，覆盖度等级低

在贺兰山保护区分布的灌木林中，共有 15 种树种，灌木林集中分布在以蒙古扁桃、叉子圆柏、高山柳、金露梅为优势的 4 个树种之中，面积为 8746.2 公顷，占贺兰山国家级自然保护区灌木林总面积的 85.3%，其他 11 个树种仅占 14.7%。灌木林总面积 10251.3 公顷，按覆盖度等级疏、中、密分布，稀疏灌木林面积为 8088.1 公顷，占总面积的 78.9%；中密度灌木林 1160.4 公顷，占总面积的 11.3%；高密度灌木林面积 1002.8 公顷，占总面积的 9.8%；疏、中、密 3 个覆盖度等级之间的面积比率为 79：11：10。

（六）宜林地资源丰富

宜林地总面积 40979.6 公顷，占林业用地总面积的 46.3%，多为中山段坡位，土层薄，立地条件差。

二、森林面积、蓄积量

（一）1957年贺兰山森林经理三级调查

1957年6月由内蒙古森林经理调查大队首次对贺兰山林区森林资源进行三级经理调查。贺兰山管辖面积69039公顷，东西平均宽8公里，南北长86公里，森林面积19469公顷，森林总蓄积量902080立方米。

（二）1987年贺兰山森林经理二级调查

1. 土地面积资源

贺兰山林场总土地面积67710.2公顷，其中，林业用地面积67602.2公顷，占总土地面积99.8%，非林业用地面积108.0公顷，占总土地面积0.2%。在林业用地中，有林地面积20360.6公顷，占林业用地面积30.1%；疏林地面积3121.6公顷，占林业用地面积4.6%；灌木林地面积1065.3公顷，占林业用地面积1.6%；无林地面积43054.7公顷，占林业用地面积63.5%。森林覆盖率达到31.6%。

2. 活立木蓄积量资源

贺兰山林场活立木总蓄积量2080074.8立方米，占活立木总蓄积量100%，其中，有林地蓄积量1953437.7立方米，占活立木总蓄积量93.9%，疏林地蓄积量116536.8立方米，占活立木总蓄积量5.6%，散生木蓄积量10100.3立方米，占活立木总蓄积量0.5%。

3. 优势树种资源

青海云杉林面积16894.5公顷，活立木总蓄积量1601199.4立方米，分别占乔木林地面积71.9%和蓄积量77.0%；油松林面积3687.8公顷，活立木总蓄积量289079.0立方米，分别占乔木林地面积15.7%和蓄积量13.9%；山杨林面积662.4公顷，活立木总蓄积量29978.4立方米，分别占乔木林地面积2.8%和蓄积量1.4%；杜松林面积29.1公顷，活立木总蓄积量2021.0立方米，分别占乔木林地面积0.1%和蓄积量0.1%；针阔混交林面积1585.3公顷，活立木总蓄积量102537.2立方米，分别占乔木林地面积6.8%和蓄积量4.9%；针叶混交林面积623.1公顷，活立木总蓄积量55259.8立方米，分别占乔木林地面积2.7%和蓄积量2.7%。

（三）2001年森林资源调查

1. 土地面积资源

贺兰山保护区管辖面积88500.0公顷，比上期增加20789.8公顷，其中，林业用地面积78534.0公顷，比上期增加10931.8公顷；非林业用地面积9966.0公顷，比上期增加9858.0公顷。在林业用地中，有林地面积28875.2公顷，比上期增加8514.6公顷；疏林地面积4140.0公顷，比上期增加1018.4公顷；灌木林地面积6971.0公顷，比上期增加5905.7公顷；无林地面积38545.8公顷，比上期增加4508.9公顷；本期新增加未成林造林面积2.0公顷。森林覆盖率比上期提高8.9%，达到40.5%。

2. 活立木蓄积量资源

保护区活立木总蓄积量2803721.7立方米，比上期增加723646.9立方米；其中，有林地蓄积量2408975.4立方米，比上期增加455537.7立方米；疏林地蓄积量36136.0立方米，比上期减少80400.8立方米；散生木蓄积量358480.8立方米，比上期增加348380.5立方米；本期新增加林网四旁树蓄积量129.5立方米。

3. 优势树种资源

青海云杉林面积21743.0公顷，蓄积量2006387.0立方米，分别比上期增加4848.5公顷和1846187.6立方米；油松林面积4446.0公顷，蓄积量346027.0立方米，分别比上期增加758.2公顷和56948.0立方米；榆树位居第三，面积1807.0公顷，蓄积量28889.0立方米，本期为新增加优势树种资源；杜松林面积502.1公顷，蓄积量8190.1立方米，分别比上期增加473.0公顷和6169.1立方米；山杨林面积372.0公顷，蓄积量19286.0立方米，分别比上期减少290.4公顷和10692.4立方米；沙枣、落叶松、其他树种分布最少。

（四）2010年森林资源二类调查

1. 土地面积资源

贺兰山保护区总土地面积67709.8公顷，比上期减少20790.2公顷；其中，有林地面积29830.1公顷，比上期增加954.9公顷；疏林地面积4430.7公顷，比上期增加290.7公顷；灌木林地面积8988.2公顷，比上期增加2017.2公顷；本期新增加宜林地面积22929.5公顷和辅助生产林地面积1531.3公顷。森林覆盖率达到57.3%。

2. 林木蓄积量资源

保护区活立木总蓄积量2694686.8立方米，比上期减少109034.9立方米；其中，有林地蓄积量2632142.1立方米，比上期增加223166.7立方米；疏林地蓄积量62544.7立方米，比上期增加26408.7立方米。

3. 优势树种资源

青海云杉林面积20497.5公顷，蓄积量2107621.3立方米，分别比上期减少1245.5公顷和增加1901234.3立方米；油松林面积5196.4公顷，蓄积量428018.7立方米，分别比上期增加750.4公顷和81991.7立方米；榆树位居第三，面积3159.5公顷，蓄积量60409.3立方米，分别比上期增加1352.5公顷和31520.3立方米；杜松林面积1049.0公顷，蓄积量29633.1立方米，分别比上期增加546.9公顷和21443.0立方米；山杨林面积213.0公顷，蓄积量11917.3立方米，分别比上期减少159.0公顷和7368.7立方米。

4. 功能区林地面积蓄积

贺兰山保护区管辖面积为88500公顷，活立木蓄积2938185.0立方米。其中，核心区面积20200.0公顷，活立木蓄积1486903.0立方米，占保护区总土地面积、活立木蓄积的22.8%和50.6%；缓冲区面积10762.5公顷，活立木蓄积507557.1立方米，占保护区总土地面积、活立木蓄积的12.2%和17.3%；实验区面积36747.3公顷，活立木蓄积919866.3立方米，占保护区总土地面积、活立木蓄积的41.5%和31.3%；禁牧区面积20790.2公顷，活立木蓄积23858.6立方米，占保护区总土地面积、活立木蓄积的23.5%和0.8%。

核心区中，哈拉乌管护站面积12148.0公顷，占核心区面积60.1%；水磨沟管护站面积6803.0公顷，占核心区面积33.7%；古拉本管护站面积1249.0公顷，占核心区面积6.2%。

缓冲区中，水磨沟管护站面积6116.0公顷，占缓冲区面积56.8%；哈拉乌管护站面积2874.5公顷，占缓冲区面积26.7%；古拉本管护站面积1772.0公顷，占缓冲区面积16.5%。

实验区中，腰坝管护站面积20577.3公顷，占实验区面积56.0%；水磨沟管护站面积8488.0公顷，占实验区面积23.1%；古拉本管护站面积7682.0公顷，占实验区面积20.9%。

禁牧区中，腰坝管护站面积8898.0公顷，占禁牧区面积42.8%；哈拉乌管护站面积4367.0公顷，占禁牧区面积21.0%；水磨沟管护站面积3769.7公顷，占禁牧区面积18.1%；古拉本管护站面积3755.5公顷，占禁牧区面积18.1%。保护区各功能区面积蓄积统计见表3-1。

表3-1　2010年保护区各功能区面积蓄积统计

功能区	管理站	面积/蓄积	总计	有林地	疏林地	特灌	宜林地	辅助生产林地	四旁树	散生木
保护区合计		面积（公顷）	88500.0	30160.4	4520.5	10249	40982.9	2587.2		
		蓄积（立方米）	2938185.0	2638560.3	63591.8	0	0	0	20	236012.9

（续表）

功能区	管理站	面积/蓄积	总计	有林地	疏林地	特灌	宜林地	辅助生产林地	四旁树	散生木
核心区	合计	面积（公顷）	20200.0	13794.4	788.8	4093.2	871.9	651.7		
		蓄积（立方米）	1486903.0	1362638.6	8874.4	0	0	0	0	115390
	古拉本	面积（公顷）	1249.0	976.2	7.5		175.5	89.8		
		蓄积（立方米）	93035.1	92941.2	93.9		0	0		
	水磨沟	面积（公顷）	6803.0	4931.8	173.7	1415	150.1	132.4		
		蓄积（立方米）	499726.6	495943.2	3783.4	0	0	0		
	哈拉乌	面积（公顷）	12148.0	7886.4	607.6	2678.2	546.3	429.5		
		蓄积（立方米）	778751.3	773754.2	4997.1	0	0	0		
缓冲区	合计	面积（公顷）	10762.5	6525.5	1450.1	822.2	1889.4	75.3		
		蓄积（立方米）	507557.1	457114.3	16456.6	0	0	0	0	33986.2
	古拉本	面积（公顷）	1772.0	1015.4	113.9	211.7	425.4	5.6		
		蓄积（立方米）	83631.3	82157.5	1473.8	0	0	0		
	水磨沟	面积（公顷）	6116.0	4488.9	1151.6	254.2	151.6	69.7		
		蓄积（立方米）	317561.5	304328.3	13233.2	0	0	0		
	哈拉乌	面积（公顷）	2874.5	1021.2	184.6	356.3	1312.4	0		
		蓄积（立方米）	72378.1	70628.5	1749.6	0	0	0		
实验区	合计	面积（公顷）	36747.3	9510.2	2191.8	4072.8	20168.2	804.3		
		蓄积（立方米）	919866.3	812389.2	37213.7	0	0	0	6	70257.4
	古拉本	面积（公顷）	7682.0	1146.8	1004.4	1199.3	3896.6	434.9		
		蓄积（立方米）	91322.4	74213.8	17108.6	0	0	0		
	水磨沟	面积（公顷）	8488.0	1937.6	736.5	1043.9	4534.1	235.9		
		蓄积（立方米）	124590.7	116236.2	8354.5	0	0	0		
	腰坝	面积（公顷）	20577.3	6425.8	450.9	1829.6	11737.5	133.5		
		蓄积（立方米）	633689.8	621939.2	11750.6	0	0	0		
禁牧区	合计	面积（公顷）	20790.2	330.3	89.8	1260.8	18053.4	1055.9		
		蓄积（立方米）	23858.6	6418.2	1047.1	0	0	0	14	16379.3
	古拉本	面积（公顷）	3755.5	122.2	43.3	97.6	3032.2	460.2		
		蓄积（立方米）	3648.1	2973.9	674.2	0	0	0		
	水磨沟	面积（公顷）	3769.7	58.5	26.7	197.4	3167.7	319.4		
		蓄积（立方米）	1261.2	1127.7	133.5	0	0	0		
	哈拉乌	面积（公顷）	4367.0	48.6	16.7	604.6	3538.4	158.7		
		蓄积（立方米）	374.9	194.4	180.5	0	0	0		
	腰坝	面积（公顷）	8898.0	101	3.1	361.2	8315.1	117.6		
		蓄积（立方米）	2181.1	2122.2	58.9	0	0	0		

5. 林地面积资源

贺兰山保护区管辖面积为 88500 公顷，其中腰坝管理站面积为 29475.3 公顷，占林地面积的 33.3%；水磨沟管理站面积 25176.7 公顷，占林地面积的 28.5%；哈拉乌管理站面积 19389.5 公顷，占林地面积的 21.9%；古拉本管理站分布最少，面积 14458.5 公顷，占林地面积的 16.4%。森林覆盖率为45.7%，林木绿化率为45.7%。

按地类分，有林地面积30160.4公顷，占保护区土地面积34.1%；灌木林地面积10249.0公顷，占林地面积11.6%；宜林地分布最多，面积40982.9公顷，占林地面积的46.3%；疏林地、辅助生产林地面积分别占林地面积5.1%、2.9%。

6. 林木蓄积量资源

贺兰山保护区活立木总蓄积量2938185.0立方米，枯倒木总蓄积量7520.4立方米。详见表3-2。

按照林木使用权分布，贺兰山保护区所有林木使用权全部为国有。

表3-2 2010年贺兰山保护区各类森林、林木蓄积统计

单位：立方米

统计单位	林木使用权	活立木总蓄积	有林地			疏林	四旁树	散生木	枯倒木
			小计	纯林	混交林				
保护区	合计	2938185.0	2638560.3	2563014.4	75545.9	63591.8	20.0	236012.9	7520.4
	国有	2938185.0	2638560.3	2563014.4	75545.9	63591.8	20.0	236012.9	7520.4
古拉本管理站	合计	332795.2	252286.4	244091.9	8194.5	19350.5	11.0	61147.3	0.0
	国有	332795.2	252286.4	244091.9	8194.5	19350.5	11.0	61147.3	0.0
水磨沟管理站	合计	994474.2	917635.4	865563.2	52072.2	25504.6	7.0	51327.2	5408.9
	国有	994474.2	917635.4	865563.2	52072.2	25504.6	7.0	51327.2	5408.9
哈拉乌管理站	合计	938093.8	844577.1	831007.5	13569.6	6927.2	0.0	86589.5	2111.5
	国有	938093.8	844577.1	831007.5	13569.6	6927.2	0.0	86589.5	2111.5
腰坝管理站	合计	672821.8	624061.4	622351.8	1709.6	11809.5	2.0	36948.9	0.0
	国有	672821.8	624061.4	622351.8	1709.6	11809.5	2.0	36948.9	0.0

按地类分布，有林地分布最多，蓄积量2638560.3立方米，占活立木总蓄积量的89.8%；散生木蓄积量236012.9立方米，占总蓄积量8.0%；疏林地蓄积量63591.8立方米，占总蓄积量2.2%；四旁树分布最少，蓄积量20立方米。

按管理站分布，水磨沟管理站占比最大，蓄积量为994474.2立方米，占活立木总蓄积量的33.9%；古拉本管理站蓄积量332795.2立方米，占总蓄积量11.3%；哈拉乌管理站蓄积量938093.8立方米，占总蓄积量31.9%；腰坝管理站蓄积量672821.8立方米，占总蓄积量22.9%。

第二节 野生动物资源

贺兰山位于内蒙古阿拉善高原和宁夏银川平原之间，贺兰山内蒙古段被划分为阿拉善荒漠省，贺兰山在动物地理区划上属于古北界中亚亚界蒙新区西部荒漠亚区和东部草原亚区的过渡地带。由于其独特的地理位置，多样的植被类型，丰富的自然资源，形成了较平衡、和谐、完整的生态系统。其中陆生脊椎动物是贺兰山生态系统的重要组成部分之一，它的多样性反映了在长期的进化过程中，不同的陆生脊椎动物类群对贺兰山环境的适应，而且成为贺兰山国家级自然保护区的重点保护对象之一。

通过2003—2009年对贺兰山野生动物资源进行调查，共记录有脊椎动物5纲24目56科140属218种，其中鱼纲1目2科2属2种，两栖纲1目2科2属3种，爬行纲2目6科9属14种，鸟纲14目31科82属143种，哺乳纲6目15科45属56种。2011—2012年通过对内蒙古贺兰山地区的科学考察，新发现一些脊椎动物，贺兰山有脊椎动物4纲26目78科192属352种，其中两栖爬行动物3

目8科11属19种，鸟纲有18目55科138属279种，哺乳纲有6目15科43属54种。

一、两栖爬行纲

贺兰山两栖爬行动物共3目8科11属19种。其中两栖动物有3种，占内蒙古自治区现有两栖动物种数的37.5%。爬行动物有16种，其物种数量占内蒙古自治区的59.3%。

1. 两栖动物

贺兰山现有的3种两栖动物都为古北界物种，古北界物种主要由中亚型、东北-华北型、蒙古高原（草原型）、古北型、季风型的动物地理分布型的物种构成。其中花背蟾蜍、中国林蛙属于东北-西北型物种，既是贺兰山优势物种，也是华北区常见优势物种；而黑斑侧褶蛙属于季风型物种。

2. 爬行动物

贺兰山的16种爬行动物中，有2种东洋界南中国型物种，即王锦蛇和玉斑锦蛇，为东洋界向古北界渗透物种。有14种为古北界物种，中亚型有8种，其中密点麻蜥和花条蛇为优势物种，荒漠麻蜥、隐耳漠虎、中介蝮、沙蟒、虫纹麻蜥、变色沙蜥为稀有种，它们代表着蒙新区的组成成分；蒙古高原（草原型）2种，即荒漠沙蜥和草原沙蜥，是贺兰山草原和荒漠优势物种，也属蒙新区成分优势类群；古北型2种，即黄脊游蛇和白条锦蛇；还有东北-华北型的丽斑麻蜥和季风型的虎斑颈槽蛇物种（表3-3）。

表3-3　贺兰山两栖爬行动物种类分布

物种	拉丁名	分布区域
两栖纲	AMPHIBIA	
无尾目	ANURA	
蟾蜍科	Bufonidae	
花背蟾蜍	*Bufb raddei*	乱柴沟、门洞子、甘树沟、哈拉乌、水磨沟
蛙科	Ranidae	
中国林蛙	*Rana chensinensis*	甘树沟、哈拉乌、水磨沟
黑斑侧褶蛙	*Rana nigromaculata*	水磨沟
爬行纲	REPTILIA	
蜥蜴目	LACERTILIA	
壁虎科	Gekkonidae	
隐耳漠虎	*Alsophylax pipiens*	峡子沟
鬣蜥科	Agamidae	
荒漠沙蜥	*Phrynocephalus przewalskii*	北寺、门洞子、哈乌拉
草原沙蜥	*Phrynocephalus frontalis*	镇木关
变色沙蜥	*Phrynocephalus versicolor*	贺兰山荒漠区
蜥蜴科	Lacertidae	
丽斑麻蜥	*Eremias argus*	门洞子、北寺
虫纹麻蜥	*Eremias vermiculata*	贺兰山荒漠区

（续表）

物种	拉丁名	分布区域
荒漠麻蜥	*Eremias przewalskii*	镇木关
密点麻蜥	*Eremias multiocellata*	北寺、哈拉乌、峡子沟
蛇目	SERPENTES	
蝰科	Viperidae	
中介蝮	*Gloydius intermedius*	峡子沟、水磨沟
蟒科	Boidae	
沙蟒	*Eryx miliaris*	贺兰山荒漠区
游蛇科	Colubridae	
花条蛇	*Psammophis lineolatus*	哈拉乌、峡子沟、水磨沟
黄脊游蛇	*Coluber spinalis*	门洞子、峡子沟、北寺
虎斑颈槽蛇	*Rhabdophis tigrinus*	峡子沟、哈拉乌、北寺
玉斑锦蛇	*Elaphe mandarina*	香池子
王锦蛇	*Elaphe carinata*	哈拉乌
白条锦蛇	*Elaphe dione*	哈拉乌、峡子沟、南寺

贺兰山珍稀两栖爬行动物有花背蟾蜍、中国林蛙、荒漠沙蜥、草原沙蜥、丽斑麻蜥、密点麻蜥为优势种群，其分布均在5个以上不同地点；花条蛇、黄脊游蛇、虎斑颈槽蛇和白条锦蛇为普通种，荒漠麻蜥、隐耳漠虎、中介蝮、沙蟒为稀有种。

（1）荒漠麻蜥。分布于内蒙古、宁夏、甘肃、新疆等地。其生存的海拔范围为1000~1400米，该物种的模式产地在内蒙古阿拉善沙漠。荒漠麻蜥为卵生，5—6月繁殖，雌产卵4~7枚。以鞘翅目甲虫及幼虫、蚂蚁等为食。

（2）隐耳漠虎。分布于内蒙古、甘肃、新疆、宁夏等地。5月为繁殖季节，雌性每次产卵1枚，产卵后仍居留原洞，直到幼蜥孵出。昼伏夜出，行动缓慢，取食小型的蜘蛛、昆虫及其幼虫等。

（3）中介蝮。分布于山西、内蒙古、宁夏、陕西、甘肃、青海、新疆等地。主要生活于海拔620~2400米的平原、丘陵、荒漠、半荒漠和地形起伏的山地。卵胎生，5—7月交配，8—9月产仔，每次产仔2~10条。食性相对较广，如鼠类、沙蜥、麻蜥、蛙类、鱼类等。

（4）沙蟒。分布于内蒙古、甘肃、新疆等地。生活于海拔900~1100米的半荒漠、荒漠地带，以草原和沙丘为主。卵胎生，6—8月产仔，每次产仔10条左右。食物主要为小型啮齿类、蜥蜴类。

二、鸟纲

贺兰山地区共有鸟类279种，隶属18目55科138属。调查种数最多的科为鸭科，共26种，其次为鹟科，共24种。蓝马鸡属于中国的特有种，在贺兰山自然保护区2000~3200米的针阔混交林和云杉林，是典型的高山森林灌丛鸟类。数量不多，急需保护。CITES（《濒危野生动植物国际贸易公约》）附录一级鸟类3种，分别是白尾海雕、游隼和小青脚鹬。二级鸟类53种，有白琵鹭、黑鸢、雀鹰、松雀鹰、大鵟、棕尾鵟等。内蒙古自治区保护鸟类44种。

贺兰山地区有留鸟81种，夏候鸟112种，冬候鸟10种，旅鸟67种，迷鸟9种。繁殖鸟（夏候鸟和留鸟）193 种。记录的鸟类种数占内蒙古自治区鸟类记录 442 种的 63.1%，占中国鸟类总种数 1332 种的 20.9%。在贺兰山保护区鸟类区系组成中，旅鸟是偶尔在保护区记录到的鸟类。繁殖鸟是区系研究的重点，通常把夏候鸟和留鸟划分到繁殖鸟中（表 3-4）。

表 3-4　贺兰山各科鸟类种数和分布型统计

科名	C	U	B	W	M	P/I	O	D	X	H	E	S	种数
鹈鹕科	2	1		1									4
鸬鹚科							1						1
鹭科		3		6	1		2						12
鹳科		1											1
鹮科							1						1
鸭科	10	8		2	3		2				1		26
鹰科	4	4		2	2		6	3					21
隼科	3	4					1						8
鹗科	1												1
雉科						1	2	2					5
鹤科		1						1					2
秧鸡科		1					3						4
鸨科							1						1
鸻科	2	1			1		2	2					8
鹬科	1	13		1	2								17
鹮嘴鹬科						1							1
反嘴鹬科							2						2
鸥科	1	2			1	1		1					6
燕鸻科	1	1					1						3
沙鸡科								1					1
鸠鸽科				2			2				1		5
杜鹃科					1		1						2
鸱鸮科	2	2		1									5
夜鹰科				1			1						2
雨燕科					1		1						2
翠鸟科				1			1						2
佛法僧科				1									1

（续表）

科名	C	U	B	W	M	P/I	O	D	X	H	E	S	种数
戴胜科							1						1
啄木鸟科		1		1									2
百灵科	1	2					2	3					8
鹡鸰科	1	3			4	1	2	1					12
岩鹨科		1			1	1		1					4
太平鸟科	1												1
伯劳科	1	1			1				1			1	5
鹟科		4		2	5	1	4	5		3			24
椋鸟科							1		1			1	3
卷尾科				1									1
黄鹂科				1									1
燕科	2	1					1						4
鸦科	3	1					2	1			1		8
画眉科			1										1
鸦雀科							1						1
戴菊科	1												1
鳾科		1	1		1					1			4
山雀科	1	1		1			1					1	5
长尾山雀科		1											1
扇尾莺科								1					1
攀雀科		2											2
雀科		1				1	1	1					4
旋壁雀科							1						1
燕雀科	2	5			3	1	2	1		2			16
莺科		4			1		2	1		4			12
鷦鹩科	1												1
䳭科	1	1											2
鹀科		4			3		2						9
总计	42	76	2	24	31	8	53	25	2	10	3	3	279

注：C 代表全北型，U 代表古北型，B 代表华北型，W 代表东洋型，M 代表东北型，P/I 代表高地型，O 代表广布型，D 代表中亚型，X 代表东北—华北型，H 代表马拉雅—横断山区型，E 代表季风型，S 代表南中国型。

贺兰山保护区内国家一级保护鸟类有大鸨、黑鹳、白尾海雕、金雕、胡兀鹫、秃鹫、草原雕、猎隼、黄嘴白鹭、小青脚鹬10种；国家二级保护鸟类有蓝马鸡、鸿雁、大天鹅、小天鹅、贺兰山红尾鸲、贺兰山岩鹨、鹗、高山兀鹫、短趾雕、蒙古百灵等53种。

1. 大鸨

国内分布于新疆、内蒙古、东北、陕西、甘肃、宁夏等地。栖息于开阔的草原、干旱草原、稀疏草原和半干旱地区。窝卵数1~4枚，雌性孵卵，孵化期为31~32天。大鸨的食物很杂，主要食植物的嫩叶、嫩芽、嫩草、种子以及昆虫、蝗虫、蛙等动物性食物。

2. 黑鹳

国内分布于新疆、青海、甘肃、陕西、黑龙江、吉林、辽宁、河北、四川、广西、广东、湖南、江西、福建、云南、河南、山西、内蒙古、宁夏及台湾地区。栖于开阔森林河谷及沼泽地区、也出现在荒原和荒山附近的湖泊、水渠、水塘。1年繁殖1窝，3月中下旬开始产卵，每窝通常产卵4~5枚。食物主要以鲫鱼、雅罗鱼、白条、泥鳅等小型鱼类为食，也吃蛙、蜥蜴、蜗牛软体动物、啮齿类、雏鸟和昆虫等其他动物性食物。

3. 白尾海雕

国内繁殖于黑龙江；迁徙越冬于吉林、辽宁、河北、宁夏、内蒙古、山东、青海、甘肃长江以南沿海地区、香港、台湾等地。常活动于湖泊、河流、海岸岛屿等地带。2—4月繁殖，孵化期35~38天。5年性成熟，最长寿命可达42年。主要食物为鱼类、兔类、啮齿类及鸟类，也吃动物腐肉，食量大，耐饥饿能力强。

4. 金雕

国内分布于黑龙江、吉林、新疆、河北、宁夏、内蒙古、青海、甘肃等大部分地区。栖息于山地，高居岩崖或高空翱翔，性凶力强，飞行力强而迅速。营巢于悬崖峭壁上，主要以松树枝条筑巢。食物以野兔、雉类、啮齿类为主，也捕食大型动物。

5. 胡兀鹫

国内分布于内蒙古、新疆、宁夏、青海、西藏、云南、四川等地。常栖息于高海拔裸岩地区。通常单独活动，繁殖期结小群。2—3月繁殖，营巢于悬崖峭壁。主要以大型动物尸体为食，也捕食雉类、野兔等小型动物。

6. 秃鹫

国内见于大部分地区，为留鸟或候鸟。常栖息于河湖附近低山地带、牧场，也活动于山林深处的荒野和山谷溪流的林缘地带。窝卵数1~2枚，孵化期50~55天，通常5~6年性成熟。主要以大型动物尸体为食，也捕捉小动物或羊羔。

7. 草原雕

国内分布于新疆、青海、甘肃、辽宁、河北、北京、天津、四川、广西、广东、上海、福建、云南、山西、内蒙古、宁夏等地。栖息于开阔草原，常停息于地面或高崖枯树。营巢在崖壁上。主要以啮齿类、鸟类等小型脊椎动物和昆虫为食，也吃动物尸体和腐肉。

8. 猎隼

国内分布于新疆、青海、四川、内蒙古、宁夏、西藏、辽宁、河北等地。常栖息于低山丘陵、山脚平原地区。繁殖期4—6月，在树上或悬崖峭壁上的缝隙中营巢。主要以中小型鸟类、野兔、鼠类为食。

9. 黄嘴白鹭

国内分布于山西、内蒙古、辽宁、吉林、江苏、浙江、福建、台湾、山东、河南、广东、香港。栖息于海岸峭壁树丛、海湾、河口、江河、湖泊、水塘、溪流、稻田等。休息在树枝上。以鱼、虾和蛙等为食。

10. 小青脚鹬

中国主要分布于长江以南的沿海各省以及海南。栖息于海岸、沼泽、池塘、河口三角洲等地。性情胆小而机警，稍有惊动即刻起飞。主要以水生小型无脊椎动物和小型鱼类为食。

11. 蓝马鸡

国内分布于内蒙古、青海、甘肃、宁夏、四川等地。栖息于云杉林、油松林和混交林中。4—6月繁殖，窝卵数 8~12 枚。主要以植物的花、叶、细枝芽为食，秋季主要食果实。

12. 贺兰山岩鹨

在国内见于内蒙古（贺兰山）、宁夏、甘肃等地。栖息于沙漠植物分布的高原沙漠、戈壁滩和半漠地带，以沙蓬、籽蒿、狗尾草等种子为食。

13. 贺兰山红尾鸲

我国中北部及西部的特有种。分布于我国的青海、甘肃、宁夏、内蒙古（贺兰山）。喜山区稠密灌丛及多松散岩石的山坡，常单独或成对活动。冬季到低海拔灌丛中栖息觅食，个别到阿拉善左旗城市公园。食物主要为昆虫及少量植物种子，冬季主要以植物性食物为主。

三、哺乳纲

贺兰山兽类共有 54 种，分别属于 43 个属、15 个科、6 个目，占现有全国兽类 607 种的 8.9%，占现有内蒙古自治区兽类 136 种的 39.7%。啮齿目种类最多，有 4 科 23 种。食肉目种类次之，3 科 11 种。食虫目种类最少，2 科 3 种（表 3-5）。

表 3-5　贺兰山兽类种类及种群数量

种类	拉丁名	种群数量
食虫目	INSECTIVORA	
猬科	Erinaceidae	
大耳猬属	*Hemiechinus*	
大耳猬	*Hemiechinus auritus*	+
林猬属	*Mesechinus*	
达乌尔猬	*Mesechinus dauuricus*	+
鼩鼱科	Soricidae	
麝鼩属	*Croddura*	
北小麝鼩	*Croddura shantungensis*	+
翼手目	CHIROPTERA	
蝙蝠科	Vespertilionidae	
鼠耳蝠属	*Myotis*	
大足鼠耳蝠	*Myotis ricketti*	+
棕蝠属	*Eptesicus*	
北棕蝠	*Eptesicus nilssoni*	+
大棕蝠	*Eptesicus serotinus*	+
宽耳蝠属	*Barbastella*	
宽耳蝠	*Barbasoella leucomelas*	+

（续表）

种类	拉丁名	种群数量
大耳蝠属	*Plecotus*	
灰大耳蝠	*Plecotus austriacus*	+
食肉目	CARNTVORA	
犬科	Canidae	
狐属	*Vulpes*	
赤狐	*Vulpesvulpes*	++
沙狐	*Vulpes corsac*	-
鼬科	Mustelidae	
貂属	*Martes*	
石貂	*Martes foina*	+
鼬属	*Mustela*	
香鼬	*Mustela altaica*	+
艾鼬	*Mustela eversmanni*	+
虎鼬属	*Vormela*	
虎鼬	*Vormela peregusna*	+
狗獾属	*Meles*	
狗獾	*Meles leucurus*	++
猪獾属	*Arctonyx*	
猪獾	*Arctonyx collaris*	-
猫科	Felidae	
猫属	*Felis*	
野猫	*Felis silvestris*	+
漠猫	*Felis bieti*	+
猞猁属	*Lynx*	
猞猁	*Lynx lynx*	-
偶蹄目	ARTIODACTYLA	
麝科	Moschidae	
麝属	*Moschus*	
马麝	*Moschus chrysogaster*	+
鹿科	Cervidae	
鹿属	*Cervus*	
马鹿	*Cervus elaphus*	++
牛科	Bovidae	
野牛属	*Bos*	

（续表）

种类	拉丁名	种群数量
牦牛	*Bos grunnieus*	+
原羚属	*Procapra*	
黄羊	*Procapra gurtturosa*	−
羚羊属	*Gazella*	
鹅喉羚	*Gazella subgutturosa*	+
斑羚属	*Naemorhedus*	
斑羚	*Naemorhedus caudatus*	−
岩羊属	*Pseudois*	
岩羊	*Pseudois nayaur*	+++
盘羊属	Ovis	
盘羊	*Ovisammon*	−
啮齿目	RODENTIA	
松鼠科	Sciuridae	
花鼠属	*Tamias*	
花鼠	*Tamias sibiricus*	++
黄鼠属	*Spermophilus*	
阿拉善黄鼠	*Spermophilus alaschanicus*	+++
仓鼠科	Cricetidae	
仓鼠亚科	Cricetinae	
仓鼠属	*Cricetulus*	
黑线仓鼠	*Cricetulus barabensis*	++
灰仓鼠	*Cricetulus migratorius*	+
长尾仓鼠	*Cricetulus longicaudatus*	+
大仓鼠属	*Tscheskia*	
大仓鼠	*Tscheskia triton*	+
短尾仓鼠属	*Allocricetulus*	
无斑短尾仓鼠	*Allocricetulus curtatus*	+
毛足鼠属	*Phodopus*	
小毛足鼠	*Phodopus roborovskii*	+
麝鼠属	*Ondatra*	
麝鼠	*Ondatra zibethicus*	−
沙鼠亚科	Gerbillinae	
沙鼠属	*Meriones*	
长爪沙鼠	*Meriones unguiculatus*	+

（续表）

种类	拉丁名	种群数量
子午沙鼠	*Meriones meridianus*	+
鼠科	Muridae	
姬鼠属	*Apodemus*	
大林姬鼠	*Apodemus peninsulae*	+++
家鼠属	*Rattus*	
黄胸鼠	*Rattus tanezumi*	+
褐家鼠	*Rattus norvegicus*	++
白腹鼠属	*Niviventer*	
社鼠	*Niviventer confucianus*	+++
小鼠属	*Mus*	
小家鼠	*Mus musculus*	++
跳鼠科	Dipodidae	
五趾跳鼠亚科	Allactaginae	
五趾跳鼠属	*AHactaga*	
五趾跳鼠	*AHactaga sibirica*	+
巨泡五趾跳鼠	*AHactaga bullata*	+
心颅跳鼠亚科	Cardiocraniinae	
五趾心颅跳鼠属	*Cardiocranius*	
五趾心颅跳鼠	*Cardiocranius paradoxus*	+
三趾心颅跳鼠属	*Salpingotus*	
三趾心颅跳鼠	*Salpingotus kozlovi*	+
跳鼠亚科	Dipodinae	
三趾跳鼠属	*Dipus*	
三趾跳鼠	*Dipus sagitta*	+
羽尾跳鼠属	*Stylodipus*	
蒙古羽尾跳鼠	*Stylodipus andrewsi*	+
长耳跳鼠亚科	Euchoreutinae	
长耳跳鼠属	*Euchoreutes*	
长耳跳鼠	*Euchoreutes naso*	+
兔形目	LAGOMORPHA	
鼠兔科	Ochotonidae	
鼠兔属	*Ochotona*	
达乌尔鼠兔	*Ochotona daurica*	+++
高山鼠兔	*Ochotona alpina*	+

（续表）

种类	拉丁名	种群数量
贺兰山鼠兔	*Ochotona helanshanensis*	+
兔科	Leporidae	
兔属	*Lepus*	
草兔	*Lepus capensis*	+++

注：-代表可能已绝迹或无分布，+代表稀有种，++代表常见种，+++代表优势种。

兽类种群活动范围大致可分为以下 4 种类型。

1. 荒漠草原带

该类型为保护区草原植被的主要类型，分布于山地中段海拔较低的山坡及南北两段海拔较高的山坡，占据一定景观空间，海拔为 1200~1600 米。该地带常见种群有达乌尔鼠兔、野猫、沙狐等。达乌尔鼠兔栖息在荒漠草地，通常选择肥沃的低地。沙狐栖息于开阔的草原和半荒漠地区，不生活在森林、茂密的灌丛地区或农业耕地。

2. 低山草原、灌丛带

该类型为贺兰山较特殊的群落类型，分布于海拔较低的山坡、沟谷或陡坡，生境往往较干旱。该类型在贺兰山分布面积较大，范围也很大。常见种群有虎鼬、大耳猬等。大耳猬栖息在遍及其广阔地理分布区的半干旱干旱草原和灌木地。也存在于各种耕地中，但很少在真正的沙漠环境中。

3. 中山针叶林带

主要分布在 2400~3100 米的山地阴坡，以青海云杉纯林、油松林系和杜松林群系为主。该地带常见种群有荒漠猫、大棕蝠、宽耳蝠等。

4. 高山灌丛、草甸带

高山草甸，有嵩草草甸、矮嵩草草甸、高山嵩草草甸 3 个群系。分布在贺兰山 3000~3500 米的山巅及山脊附近较平坦处。全年有霜冻，冬季积雪。岩羊在贺兰山选择山地疏林草原带、亚高山丛和草甸带活动。香鼬喜栖于高山草甸、多岩石的斜坡。

贺兰山保护区内有国家一级保护野生动物兽类有雪豹、马麝、荒漠猫 3 种；国家二级保护的野生动物有猞猁、兔狲、豹猫、马鹿、岩羊、贺兰山鼠兔、石貂、赤狐、沙狐 9 种。

雪豹　国内分布于西藏、四川、新疆、青海、甘肃、宁夏、内蒙古等省（区）的高山地区。雪豹是高山动物，栖息于高山裸岩、草甸、灌丛，海拔 2000~5000 米地带，常在雪线附近活动。主要捕食岩羊、北山羊等作为食物。昼伏夜出，多在晨昏活动猎食。单独活动，具有领域性，领域的大小以食物的多少决定，领域间有重叠。仅在哺乳育幼期有固定的天然洞穴，1—3 月为发情期，妊娠期约 100 天，5—7 月产仔，每胎 2~4 仔，幼兽 50 日龄后开始吃肉，3 岁性成熟。

马麝　国内分布于四川、西藏、甘肃、宁夏、云南、青海、陕西、新疆、内蒙古等地。栖息活动于 1700~5000 米的针叶林、杜鹃林、林线以上的高山灌丛、草甸、裸露山地和草地。食性较广，各种树的嫩枝、柔叶、草筋、苔藓、蘑菇及农作物的枝、叶、果实等均吃。晨昏活动，白天休息，活动的道路都是固定的。11 月至翌年 1 月发情交配，5—6 月产仔，每胎 1~2 仔。

荒漠猫　国内分布于四川、陕西、青海、宁夏、内蒙古、甘肃、新疆等地。栖息于高山稀疏灌丛、高山草甸、荒漠及半荒漠草原，穴居于岩洞中或大石块下。行动敏捷灵活，夜行性。以鼠兔、鼢鼠、田鼠等鼠类为食，还捕食旱獭、野兔和鸟类等。一年繁殖一次。1—2 月交配，孕期约 3 个月，4—5 月产仔，每胎 2~4 仔。

猞猁　国内分布于新疆、西藏、青海、甘肃、内蒙古、河北、黑龙江等地。喜寒动物，栖息于较高的山区密林间，活动范围大。晨昏活动频繁。主要以鼠、兔、鸟类为主要食物，也捕食中型兽类。发情期在每年2—4月，孕期约2个月，每胎1~3仔。

兔狲　国内分布于四川、新疆、内蒙古、西藏、河北、黑龙江、甘肃、宁夏、青海等地。栖息于灌丛草原、荒漠草原、荒漠与戈壁，亦能生活在林中、丘陵及山地。属夜行性动物，但晨昏活动频繁，主要以鼠类、鼠兔和小型鸟类为食，偶尔也吃野兔和旱獭等体型稍大的动物。每年早春发情，夏初产崽，妊娠期9~10周，每胎3~4仔，最多每胎8仔，小兔狲一般在4~5个月后长出毛茸茸的灰色外套，并开始独立。

豹猫　广泛分布于中国各省（区、市），主要栖息于山地林区、郊野灌丛和林缘村寨附近。分布的海拔高度可从低海拔海岸带一直分布到海拔3000米高山林区。主要以鼠类、松鼠、飞鼠、兔类、蛙类、蜥蜴、蛇类、小型鸟类、昆虫等为食，也吃浆果、榕树果和部分嫩叶、嫩草，有时潜入村寨盗食鸡、鸭等家禽。一般春夏季繁殖，春节发情交配，妊娠期60~70天，5—6月产仔，每年1胎，每胎2~4仔。

马鹿　国内分布于吉林、新疆、内蒙古、西藏、河北、黑龙江、甘肃、宁夏、青海等地区。栖息于海拔1300~5000米的高山草甸、草原、针阔混交林、林间草地、稀疏灌丛和溪谷沿岸。随季节变化有垂直迁移习性。以杨、榆、桦、胡枝子的嫩枝、芽、叶为主要食物。9—11月发情交配，5—7月产仔，每胎1仔。

岩羊　国内分布于四川、新疆、内蒙古、西藏、陕西、甘肃、宁夏、云南、青海等地区。栖息于海拔1000~5500米的高山裸岩地带，高山草甸和山谷草地，基本不进入林内。身体的颜色与草地上的裸露岩石极难分辨，因而有保护作用。主要以青草和各种灌木枝叶为食。每年11—12月发情交配。孕期约5个月，每年4—6月产仔。每胎1仔。

贺兰山鼠兔　仅分布于宁夏与内蒙古交界的贺兰山脊顶地区，分布范围极有限，是中国特有种。栖息于海拔2000米以上的山地砾石带。以植物性食物为食，尤喜食嵩草，也吃莎草科和禾本科植物的茎、叶。1年繁殖1次，4月开始繁殖，每胎2~4仔。

石貂　国内分布于辽宁西部、新疆、内蒙古、河北、陕西、甘肃、宁夏、山西、青海等地区。栖息于山林地区或山沟两侧，筑巢于乱石堆、树洞或树根底下，巢内有垫物、杂草和掉毛。以各类鼠类为食，也吃鸟类、蛇、蜥蜴、蛙及昆虫，爱饮水。6—8月繁殖，孕期约295天，春季产仔，每胎3~5仔。

赤狐　国内分布于内蒙古中部、陕西、甘肃、宁夏、青海和新疆北部。赤狐的栖息环境多样，森林、草原、荒漠、高山、丘陵、平原及村庄附近皆可。食性很杂，以啮齿类为主，也吃兔、鸟、鸟卵以及蠕虫、昆虫、鱼、蛙、蛇、蜥蜴及浆果和坚果。每年繁殖1次，1—2月交配，孕期为56天左右，每胎为2~5仔。

沙狐　国内分布于新疆、内蒙古、甘肃、宁夏、青海等地。栖息于开阔的草原、荒漠和半荒漠地带，一般没有固定巢穴。主要以野兔和草原上的鼠类为主要食物，也吃大型昆虫、蛇、蜥蜴、鸟类及小兽。每年繁殖一次，2月中下旬交配，孕期约50天，每胎2~10仔。

第三节　植物资源

贺兰山特殊的地理位置、复杂的地形环境、山地外围的干旱气候条件及山体的优越环境等自然因素对贺兰山植物区系和植被演化产生了深刻影响，成就了贺兰山以青海云杉天然林为主的植物资源库。贺兰山区成为中国八大生物多样性中心之一的“阿拉善—鄂尔多斯中心（南蒙古中心）”的核心区。植物资源不仅种类丰富多样，而且具有显著的过渡性，既是中国草原带和荒漠带植被的分界处，也是中国西北干旱区的重要植物资源宝库和生物多样性演化中心，是青藏高原与蒙古高原之间植物区系交汇地。

一、野生植物种类分布

（一）野生植物种类

贺兰山保护区第一次综合科学考察数据显示，内蒙古贺兰山分布有维管束植物 87 科 357 属 788 种 2 个亚种 22 变种。其中，野生蕨类植物 10 科 11 属 18 种，野生裸子植物 3 科 5 属 8 种，野生被子植物 74 科 340 属 762 种。被子植物中有双子叶植物 63 科 270 属 576 种 22 个变种 1 个亚种；单子叶植物 11 科 71 属 186 种。贺兰山已发现维管束植物种类约占中国植物种类的 3%，约占世界植物种类的 2‰。

表 3-6　贺兰山植物分类统计

单位：种

<table>
<tr><th colspan="3" rowspan="2">植物类群</th><th colspan="2">科</th><th colspan="2">属</th><th colspan="2">种</th><th>变种</th></tr>
<tr><th>野生</th><th>栽培</th><th>野生</th><th>栽培</th><th>野生</th><th>栽培</th><th></th></tr>
<tr><td colspan="3">蕨类植物</td><td>10</td><td>-</td><td>11</td><td>-</td><td>18</td><td>-</td><td></td></tr>
<tr><td rowspan="3">种子植物</td><td colspan="2">裸子植物</td><td>3</td><td>1</td><td>5</td><td>1</td><td>8</td><td>1</td><td></td></tr>
<tr><td rowspan="2">被子植物</td><td>双子叶植物</td><td>63</td><td>-</td><td>270</td><td>-</td><td>576</td><td>-</td><td></td></tr>
<tr><td>单子叶植物</td><td>11</td><td>-</td><td>71</td><td>-</td><td>186</td><td>-</td><td></td></tr>
<tr><td colspan="3">维管束植物</td><td>87</td><td>1</td><td>357</td><td>1</td><td>788</td><td>1</td><td>22</td></tr>
</table>

1. 贺兰山植物种类多样性

贺兰山植物区系组成中，植物种数 100 种以上的大科有 2 科，是禾本科、菊科；31~100 种的科有 4 个科，是豆科、蔷薇科、毛茛科、黎科；21~30 种的有 4 科，是莎草科、石竹科、百合科、十字花科；11~20 种的有 8 科，是蓼科、唇形科、玄参科、龙胆科、紫草科、伞形科、杨柳科、报春花科；有 2~10 种的植物有 44 科，是蒺藜科、堇菜科、大戟科、茄科、兰科、鼠李科、景天科、小檗科、远志科、水麦冬科等，单科单属单种的植物有 25 种，是石松科、阴地蕨科、中国蕨科、鳞毛蕨科、槲蕨科、苋科、马齿苋科、亚麻科、芸香科、苦木科、泽泻科等（表 3-7）。

表 3-7　贺兰山植物科、种数量排列

<table>
<tr><th>科数量/种</th><th>数量分类/种</th><th>科名（中文名）</th><th>拉丁学名</th><th>种数量/种</th><th>总种数/种</th><th>占总种数比例/%</th></tr>
<tr><td rowspan="2">2</td><td rowspan="2">100 以上</td><td>禾本科</td><td>Poaceae</td><td>107</td><td rowspan="2">210</td><td rowspan="2">26. 6</td></tr>
<tr><td>菊　科</td><td>Asteraceae</td><td>103</td></tr>
<tr><td rowspan="4">4</td><td rowspan="4">31~100</td><td>豆　科</td><td>Fabaceae</td><td>60</td><td rowspan="4">177</td><td rowspan="4">22. 5</td></tr>
<tr><td>蔷薇科</td><td>Rosaceae</td><td>46</td></tr>
<tr><td>毛茛科</td><td>Ranunculaceae</td><td>36</td></tr>
<tr><td>黎　科</td><td>Chenopodiaceae</td><td>35</td></tr>
<tr><td rowspan="4">4</td><td rowspan="4">21~30</td><td>莎草科</td><td>Cyperaceae</td><td>28</td><td rowspan="4">102</td><td rowspan="4">12. 9</td></tr>
<tr><td>石竹科</td><td>Caryophyllaceae</td><td>27</td></tr>
<tr><td>百合科</td><td>Liliaceae</td><td>25</td></tr>
<tr><td>十字花科</td><td>Brassicaceae</td><td>22</td></tr>
</table>

（续表）

<table>
<tr><th>科数量/种</th><th>数量分类/种</th><th>科名（中文名）</th><th>拉丁学名</th><th>种数量/种</th><th>总种数/种</th><th>占总种数比例/%</th></tr>
<tr><td rowspan="8">8</td><td rowspan="8">11~20</td><td>蓼　科</td><td>Polygonaceae</td><td>18</td><td rowspan="8">116</td><td rowspan="8">14. 7</td></tr>
<tr><td>唇形科</td><td>Labiatae</td><td>18</td></tr>
<tr><td>玄参科</td><td>Scrophulariaceae</td><td>16</td></tr>
<tr><td>龙胆科</td><td>Gentianaceae</td><td>16</td></tr>
<tr><td>紫草科</td><td>Boraginaceae</td><td>13</td></tr>
<tr><td>伞形科</td><td>Apiaceae</td><td>13</td></tr>
<tr><td>杨柳科</td><td>Salicaceae</td><td>11</td></tr>
<tr><td>报春花科</td><td>Primulaceae</td><td>11</td></tr>
<tr><td rowspan="25">44</td><td rowspan="25">2~10</td><td>蒺藜科</td><td>Zygophyllaceae</td><td>9</td><td rowspan="25">158</td><td rowspan="25">20. 1</td></tr>
<tr><td>堇菜科</td><td>Violaceae</td><td>7</td></tr>
<tr><td>大戟科</td><td>Euphorbiaceae</td><td>6</td></tr>
<tr><td>茄科</td><td>Solanaceae</td><td>6</td></tr>
<tr><td>兰科</td><td>Orchidaceae</td><td>6</td></tr>
<tr><td>罂粟科</td><td>Papaveraceae</td><td>5</td></tr>
<tr><td>茜草科</td><td>Rubiaceae</td><td>5</td></tr>
<tr><td>柽柳科</td><td>Tamaricaceae</td><td>5</td></tr>
<tr><td>忍冬科</td><td>Caprifoliaceae</td><td>5</td></tr>
<tr><td>萝藦科</td><td>Asclepiadaceae</td><td>5</td></tr>
<tr><td>旋花科</td><td>Convolvulaceae</td><td>5</td></tr>
<tr><td>灯芯草科</td><td>Juncaceae</td><td>5</td></tr>
<tr><td>蹄盖蕨科</td><td>Dryopteridaceae</td><td>4</td></tr>
<tr><td>鼠李科</td><td>Rhannaceae</td><td>4</td></tr>
<tr><td>白花丹科</td><td>Plumbaginaceae</td><td>4</td></tr>
<tr><td>眼子菜科</td><td>Potamogetonaceae</td><td>4</td></tr>
<tr><td>鸢尾科</td><td>Iridaceae</td><td>4</td></tr>
<tr><td>景天科</td><td>Crassulaceae</td><td>4</td></tr>
<tr><td>虎耳草科</td><td>Saxifragaceae</td><td>4</td></tr>
<tr><td>木贼科</td><td>Equisetaceae</td><td>3</td></tr>
<tr><td>柏科</td><td>Cupressaceae</td><td>3</td></tr>
<tr><td>麻黄科</td><td>Ephedraceae</td><td>3</td></tr>
<tr><td>桑科</td><td>Moraceae</td><td>3</td></tr>
<tr><td>荨麻科</td><td>Urticaceae</td><td>3</td></tr>
<tr><td>小檗科</td><td>Berberidaceae</td><td>3</td></tr>
</table>

（续表）

科数量/种	数量分类/种	科名（中文名）	拉丁学名	种数量/种	总种数/种	占总种数比例/%
44	2~10	柳叶菜科	*Onagraceae*	3	158	20. 1
		鹿蹄草科	*Pyrolaceae*	3		
		列当科	*Orobanchaceae*	3		
		车前科	*Plantaginaceae*	3		
		香蒲科	*Typhaceae*	3		
		铁角蕨科	*Aspleniaceae*	2		
		水龙骨科	*Polypodiaceae*	2		
		松科	*Pinaceae*	2		
		卷柏科	*Selaginellaceae*	2		
		桦木科	*Betulaceae*	2		
		榆科	*Ulmaceae*	2		
		牻牛儿苗科	*Geraniaceae*	2		
		远志科	*Polygalaceae*	2		
		锦葵科	*Malvaceae*	2		
		瑞香科	*Thymelaeaceae*	2		
		杜鹃花科	*Ericaceae*	2		
		木樨科	*Oleaceae*	2		
		马鞭草科	*Verbenaceae*	2		
		水麦冬科	*Juncaginaceae*	2		
25	1	石松科	*Lycopodiaceae*	1	25	3. 2
		阴地蕨科	*Botrychiaceae*	1		
		中国蕨科	*Sinopteridaceae*	1		
		鳞毛蕨科	*Dryopteridaceae*	1		
		槲蕨科	*Drynariaceae*	1		
		苋科	*Amaranthaceae*	1		
		马齿苋科	*Portulacaceae*	1		
		亚麻科	*Linaceae*	1		
		芸香科	*Rutaceae*	1		
		苦木科	*Simaroubaceae*	1		
		卫矛科	*Celastraceae*	1		
		槭树科	*Celastraceae*	1		
		无患子科	*Sapindaceae*	1		
		葡萄科	*Vitaceae*	1		

（续表）

科数量/种	数量分类/种	科名（中文名）	拉丁学名	种数量/种	总种数/种	占总种数比例/%
25	1	杉叶藻科	*Hippuridaceae*	1	25	3.2
		锁阳科	*Cynomoriaceae*	1		
		山茱萸科	*Cornaceae*	1		
		马钱科	*Loganiaceae*	1		
		夹竹桃科	*Apocynaceae*	1		
		紫葳科	*Bignoniaceae*	1		
		败酱科	*Valerianaceae*	1		
		葫芦科	*Cucurbitaceae*	1		
		桔梗科	*Campanulaceae*	1		
		泽泻科	*Alismataceae*	1		
		天南星科	*Araceae*	1		

植物区系组成中，最丰富的属是蒿属，其次含11~20种植物的属有7属，有黄芪属、早熟禾属、薹草属、委陵菜属、葱属、棘豆属、针茅属，3~10种植物的属78属，有藜属、蓼属、铁线莲属、栒子属、锦鸡儿属、毛茛属、繁缕属、绣线菊属等，有2种植物的属有59属，其余212属则只有1种植物。

表3-8　贺兰山植物属、种数量排列

属数量	数量分类	科名（中文名）	拉丁学名	种数量	总种数	占总种数比例/%
1	20以上	蒿　属	*Artemisia*	24	24	3
7	11~20	黄芪属	*Astragalus* L.	19	101	12.8
		早熟禾属	*Poa* L.	19		
		薹草属	*Carex* L.	15		
		委陵菜属	*Potentilla* L.	13		
		葱　属	*Allium* L.	13		
		棘豆属	*Oxytropis* DC.	11		
		针茅属	*Stipa* L.	11		
78	3~10	藜　属	*Chenopodium* L.	10	333	42.3
		蓼　属	*Persicaria* L.	9		
		铁线莲属	*Clematis* L.	9		
		栒子属	*Cotoneaster* Medikus	9		
		柳　属	*Salix* L.	8		
		锦鸡儿属	*Caragana* Fabr.	8		
		风毛菊属	*Saussurea* DC.	8		

（续表）

属数量	数量分类	科名（中文名）	拉丁学名	种数量	总种数	占总种数比例/%
78	3~10	毛茛属	*Ranunculus* Turcz	7	333	42.3
		堇菜属	*Viola* L.	7		
		唐松草属	*Thalictrum* L.	6		
		亚菊属	*Ajania* Pol jakov	6		
		蒲公英属	*Taraxacum* F. H. Wigg.	6		
		披碱草属	*Elymus* L.	6		
		鹅观草属	*Roegneria* C. Koch	5		
		芨芨草属	*Achnatherum* P. eauv.	5		
		繁缕属	*Stellaria* L.	5		
		大戟属	*Euphorbia* Linn.	5		
		点地梅属	*Androsace* L.	5		
		鹅绒藤属	*ynanchum* Linn.	5		
		马先蒿属	*Pedicularis* L.	5		
		婆婆纳属	*Veronica* L.	5		
		鸦葱属	*Scorzonera* L.	5		
		隐子草属	*Cleistogenes* Keng	5		
		灯芯草属	*Junchs* L.	4		
		猪毛菜属	*Salsola* L.	4		
		地肤属	*Kochia* Roth	4		
		孩儿参属	*Pseudostellaria* Pax	4		
		女娄菜属	*Melandrium* Roehl.	4		
		绣线菊属	*Spiraea* L.	4		
		蔷薇属	*Rosa* L.	4		
		李属	*Prunus* L.	4		
		苜蓿属	*Medicago* L.	4		
		报春花属	*Primula* L.	4		
		龙胆属	*Gentiana* （Tourn.） L.	4		
		鹤虱属	*Lappula* Moench	4		
		喉毛花属	*Comastoma*(Wettstein)Yoyokuni	4		
		忍冬属	*Lonicera* Linn.	4		
		飞蓬属	*Erigeron* L.	4		
		蓟属	*Cirsium* Mill.	4		
		嵩草属	*Kobresia* Willd.	4		

（续表）

属数量	数量分类	科名（中文名）	拉丁学名	种数量	总种数	占总种数比例/%
		天门冬属	*Asparagus* L.	4		
		鸢尾属	*Iris* L.	4		
		木贼属	*Equisetum* L.	3		
		冷蕨属	*Cystopteris* Bernh.	3		
		麻黄属	*Ephedra* Toun ex L.	3		
		杨属	*Populus* L.	3		
		大黄属	*Rheum* L.	3		
		盐爪爪属	*Kalidium* Moq.	3		
		卷耳属	*Cerastium* L.	3		
		麦瓶草属	*Silene* L.	3		
		银莲花属	*Anemone* L.	3		
		小檗属	*Berberis* L.	3		
		紫堇属	*Corydalis* DC.	3		
		独行菜属	*Lepidium* L.	3		
		葶苈属	*Draba* L.	3		
		南芥属	*Arabis* L.	3		
78	3~10	金露梅属	*Pentaphylloides* Ducham.	3	333	42.3
		岩黄芪属	*Hedysarum* L.	3		
		胡枝子属	*Lespedeza* Michx.	3		
		骆驼蓬属	*Peganum* L.	3		
		鼠李属	*Rhamnus* L.	3		
		柴胡属	*Bupleurum* L.	3		
		补血草属	*Limonium* Mill.	3		
		旋花属	*Convolvulus* L.	3		
		青兰属	*Dracocephalum* L.	3		
		车前属	*Plantago* L.	3		
		拉拉藤属	*Galium* Linn.	3		
		火绒草属	*Leontopodium* R. Br. ex Cass.	3		
		香蒲属	*Typha* L.	3		
		眼子菜属	*Potamogeton* L.	3		
		赖草属	*Leymus* Hochst.	3		
		臭草属	*Melica* L.	3		
		溚草属	*Koeleria* Pers.	3		

（续表）

属数量	数量分类	科名（中文名）	拉丁学名	种数量	总种数	占总种数比例/%
78	3~10	碱茅属	*Puccinellia* Parl.	3	333	42.3
		羊茅属	*Festuca* L.	3		
		细柄茅属	*Ptilagrostis* Griseb.	3		
		藨草属	*Scirpus* L.	3		
		黄精属	*Polygonatum*	3		
59	2	卷柏属	*Selaginella* P. Beauv.	2	118	15.0
		铁角蕨属	*Asplenium* L.	2		
		瓦韦属	*Lepisorus*（J. Sm.）Ching	2		
		圆柏属	*Sabina* Mill.	2		
		荨麻属	*Urtica* L.	2		
		酸模属	*Rumex* L.	2		
		首乌属	*Fallopia* Adans.	2		
		轴藜属	*Axyris* L.	2		
		虫实属	*Corispermum* L.	2		
		碱蓬属	*Suaeda* Forssk. ex J. F. Gmel.	2		
		滨藜属	*Atriplex* L.	2		
		蚤缀属	*Arenaria* L.	2		
		石头花属	*Gypsophila* L.	2		
		水毛茛属	*Bateachium* J. F. Gray	2		
		碱毛茛属	*Halerpestes* Green	2		
		翠雀属	*Delphinium* L.	2		
		花旗竿属	*Dontostemon* Andrz. ex C. A. Mey.	2		
		景天属	*Sedum* L.	2		
		虎耳草属	*Saxifraga* L.	2		
		茶藨子属	*Ribes* L.	2		
		悬钩子属	*Rubus* L.	2		
		地蔷薇属	*Chamaerhodos* Bunge	2		
		米口袋属	*Gueldenstaedtia* Fisch.	2		
		白刺属	*Nitraria* L.	2		
		远志属	*Polygala* L.	2		
		水柏枝属	*Myricaria* Desv.	2		
		红砂属	*Reaumuria* L.	2		
		柳叶菜属	*Epilobium* L.	2		

（续表）

属数量	数量分类	科名（中文名）	拉丁学名	种数量	总种数	占总种数比例/%
59	2	前胡属	*Peucedanum* L.	2	118	15.0
		扁蕾属	*Gentianopsis* Ma	2		
		菟丝子属	*Cuscuta* Linn.	2		
		软紫草属	*Arnebia* Forsk.	2		
		鹤虱属	*Lappula* Moench	2		
		齿缘草属	*Eritrichim* Schrad.	2		
		裂叶荆芥属	*Schizonepeta* Briq.	2		
		益母草属	*Leonurus* L.	2		
		香薷属	*Elsholtzia* Willd.	2		
		枸杞属	*Lycium* L.	2		
		茄属	*Solanum* L.	2		
		玄参属	*Scrophularia* L.	2		
		列当属	*Orobanche* L.	2		
		鬼针草属	*Bidens* L.	2		
		菊　属	*Chrysanthemum* L.	2		
		蓝刺头属	*Echinops* L.	2		
		猬菊属	*Olgaea* Iljin	2		
		麻花头属	*Klasea* Cass.	2		
		苦苣菜属	*Sonchus* L.	2		
		苦荬菜属	*Ixeris* （Cass.） Cass.	2		
		黄鹌菜属	*Youngia* Cass.	2		
		水麦冬属	*Triglochin* L.	2		
		冰草属	*Agropyron* Gaertn.	2		
		菭草属	*Koeleria* Pers.	2		
		异燕麦属	*Helictotrichon* Bess. ex Schult. et J. H. Schult.	2		
		剪股颖属	*Agrostis* L.	2		
		拂子茅属	*Calamagrostis* Adans.	2		
		画眉草属	*Eragrostis* Wolf	2		
		狗尾草属	*Setaria* P. Beauv	2		
		扁莎属	*Pycreus* P. Beauv.	2		
		洼瓣花属	*Lloydia* Reich.	2		

（续表）

属数量	数量分类	科名（中文名）	拉丁学名	种数量	总种数	占总种数比例/%
212	1	石松属	*Lycopodium* L.	1	212	26.9
		阴地蕨属	*Botrychium* Sw.	1		
		粉背蕨属	*Aleuritoptopreris* Fee	1		
		耳蕨属	*Polystichum* Roth	1		
		羽节蕨属	*Gymnocarpium* Newm.	1		
		槲蕨属	*Drnaria sinica* Diels	1		
		云杉属	*Picea* A. Dietr.	1		
		松属	*Pinus* L.	1		
		刺柏属	*Juniperus* L.	1		
		桦木属	*Betula* L.	1		
		虎榛子属	*Ostryopsis* Decne.	1		
		榆属	*Ulmus* L.	1		
		朴属	*Celtis* L.	1		
		桑属	*Morus mongolica*（Bur）C. K. Schneid	1		
		葎草属	*Humulus* L.	1		
		大麻属	*Cannabis* L.	1		
		墙草属	*Parietaria* L.	1		
		木蓼属	*Atraphaxis* L.	1		
		荞麦属	*Fagopyrum* Gaertn.	1		
		假木贼	*Anabasis* L.	1		
		驼绒藜属	*Krascheninnikovia* Gueldenst.	1		
		沙蓬属	*Agriophyllum* Bieb.	1		
		合头草属	*Sympegma* Bunge	1		
		雾冰藜属	*Bassia* Allioni	1		
		蛛丝蓬属	*Micropeplis* Bunge	1		
		苋属	*Amaranthus* L.	1		
		马齿苋科	*Portulaca* L.	1		
		漆姑草属	*Sagina* L.	1		
		薄蒴草属	*Lepyrodiclis* Fenzl	1		
		石竹属	*Dianthus* L.	1		
		王不留行属	*Vaccaria* Medic	1		
		类叶升麻属	*Actaea* L.	1		

（续表）

属数量	数量分类	科名（中文名）	拉丁学名	种数量	总种数	占总种数比例/%
212	1	蓝堇草属	*Eptopyrum* Reichb.	1	212	26.9
		拟耧斗菜属	*Paraquilegia* Drumm. et Hutch.	1		
		耧斗菜属	*Aquilegia* L.	1		
		白头翁属	*Pulsatilla* Mill.	1		
		白屈菜属	*Chelidonium* L.	1		
		角茴香属	*Hypecoum* L.	1		
		蔊菜属	*Rorippa* Scop.	1		
		遏蓝菜属	*Thlaspi* L.	1		
		阴山荠属	*Yinshania* Y. C. Ma er Y. Z. Zhao	1		
		燥原荠属	*Ptilotrichum* C. A. May.	1		
		离子芥属	*Chorispora* R. Br. ex DC.	1		
		爪花芥属	*Oreoloma* Botsch.	1		
		大蒜芥属	*Sisymbrium* L.	1		
		异蕊芥属	*Dimorphostemon* Kitag.	1		
		播娘蒿属	*Descurainia* Webb et Berth.	1		
		糖芥属	*Erysimum* L.	1		
		串珠芥属	*Neotorularia* Hedge et J. Leonard	1		
		瓦松属	*Orwstachys* （DC.） Fisch. ex A. Berg.	1		
		红景天属	*Rhodiola* L.	1		
		山楂属	*Crataegus* L.	1		
		苹果属	*Malus* Mill.	1		
		地榆属	*Sanguisorba* L.	1		
		费菜属	*Phedimus* Rafin.	1		
		沼委陵菜属	*Comarum* L.	1		
		山莓草属	*Sibbaldia* L.	1		
		槐属	*Sophora alopecurides* L.	1		
		沙冬青属	*Ammopiptanthus* S. H. Cheng	1		
		野决明属	*Thermopsis* R. Br.	1		
		草木樨属	*Melilotus* Mill.	1		
		大豆属	*Glycine* Willd.	1		
		百脉根属	*Lotus* Linn.	1		
		野豌豆属	*Vicia* L.	1		

（续表）

属数量	数量分类	科名（中文名）	拉丁学名	种数量	总种数	占总种数比例/%
212	1	苦马豆属	*Sphaerophysa* DC.	1	212	26.9
		甘草属	*Glycyrrhiza* L.	1		
		牻牛儿苗属	*Erodium* L'Herit.	1		
		老鹤草属	*Gerabnium* L.	1		
		亚麻属	*Linum* L.	1		
		四合木属	*Tetraena* Maxim.	1		
		霸王属	*Sarcozygium* Bunge	1		
		蒺藜属	*Tribulus* L.	1		
		驼蹄瓣属	*Zygopyllum* L.	1		
		芸香属	*Haplophyllum* Juss.	1		
		臭椿属	*Ailathus* Desf.	1		
		一叶荻属	*Flueffea* Willd.	1		
		卫矛属	*Euonymus* L.	1		
		槭树属	*Acer* L.	1		
		文冠果属	*Xanthoceras* Bunge	1		
		枣　属	*Ziziphus* Mill.	1		
		蛇葡萄属	*Ampelopsis* Michx.	1		
		木槿属	*Hibiscus* L.	1		
		锦葵属	*Malva* L.	1		
		柽柳属	*Tamarix* L.	1		
		草瑞香属	*Diarthron* Turcz.	1		
		狼毒属	*Stellera* L.	1		
		柳兰属	*Chamerion*（Raf.）Raf. ex Holub	1		
		杉叶藻属	*Hippuris* L.	1		
		锁阳属	*Cynomorum* L.	1		
		水芹属	*Oenanthe* L.	1		
		迷果芹属	*Sphallerocarpus* Bess. ex DC.	1		
		阿魏属	*Ferula* L.	1		
		西风芹属	*Seseli* L.	1		
		香芹属	*Libanotis* Hill. ex Zinn	1		
		葛缕子属	*Carum* L.	1		
		蛇床属	*Cnidium* Cuss.	1		
		岩茴香属	*Ligusricum* L.	1		

（续表）

属数量	数量分类	科名（中文名）	拉丁学名	种数量	总种数	占总种数比例/%
212	1	梾木属	*Cornus* L.	1	212	26.9
		鹿蹄草属	*Pyrola* L.	1		
		单侧花属	*Orthilia* Rafin.	1		
		独丽花属	*Moneses* Salisb.	1		
		天栌属	*Arctous* Niedencu	1		
		越橘属	*Vaccinium* L.	1		
		假报春属	*Cortusa* L.	1		
		海乳草属	*Glaux* L.	1		
		鸡娃草属	*Plumbagella* Spach	1		
		丁香属	*Syringa* L.	1		
		醉鱼草属	*Buddleja* L.	1		
		翼萼蔓属	*Pteygocalyx* Maxim.	1		
		百金花属	*Centaurium* Hill	1		
		假龙胆属	*Gentianella* Moench	1		
		腺鳞菜属	*Angallidium* Griseb.	1		
		獐牙菜属	*Swertia* L.	1		
		花锚属	*Halenia* Borkh	1		
		罗布麻属	*Apcoynum* L.	1		
		紫丹属	*Tournefortia* L.	1		
		紫筒草属	*Stenosolenium* Turcz.	1		
		糙草属	*Asperugo* L.	1		
		假鹤虱属	*Hackelia* （Opiz）	1		
		斑种草属	*Bothriospermum* Bunge	1		
		附地菜属	*Trigonotis* Stev.	1		
		莸　属	*Caryopteris* Bunge	1		
		牡荆属	*Vitex* L.	1		
		夏至草属	*Lagopsis* （Bunge ex Benth.） Bunge	1		
		水棘针属	*Amethystea* L.	1		
		脓疮草属	*Panzerina* Moench	1		
		兔唇花属	*Lagochilus* Bunge	1		
		黄芩属	*Scutellaria* L.	1		
		糙苏属	*Phlomoides* Moench	1		

（续表）

属数量	数量分类	科名（中文名）	拉丁学名	种数量	总种数	占总种数比例/%
212	1	薄荷属	*Mentha* L.	1	212	26.9
		荆芥属	*Nepeta* L.	1		
		百里香属	*Thymus* L.	1		
		天仙子属	*Hyoscyamus* L.	1		
		曼陀罗属	*Datura* L.	1		
		地黄属	*Rehmannia* Libosch. ex Fisch. et Mey.	1		
		野胡麻属	*Dodartia* L.	1		
		小米草属	*Euphrasia* L.	1		
		疗齿草属	*Odontites* Ludwig	1		
		大黄花属	*Cymbaria* Linn.	1		
		角蒿属	*Incarvillea* Juss.	1		
		肉苁蓉属	*Cistanche* Hoffmg. et Link	1		
		茜草属	*Rubia* L.	1		
		野丁香属	*Leptodermis* Wall.	1		
		荚蒾属	*Viburnum* L.	1		
		缬草属	*Valeriana* Linn.	1		
		沙参属	*Adenophora* Fisch.	1		
		紫菀木属	*Asterothamnus* Novopokr.	1		
		狗娃花属	*Heteropappus* Less.	1		
		紫菀属	*Aster* L.	1		
		短星菊属	*Brachyaxtis* Ledeb.	1		
		小蓬草属	*Conyza* Less.	1		
		花花柴属	*Karelinia* Less.	1		
		苍耳属	*Xanthium* L.	1		
		短舌菊属	*Brachanthemum* DC.	1		
		女蒿属	*Hippolytia* Poljakov	1		
		紊蒿属	*Elachanthemum* Ling et Y. R. Ling	1		
		小甘菊属	*Cancrinia* Kar. & Kir	1		
		栉叶蒿属	*Neopallasia* Poljak.	1		
		橐吾属	*Ligularia* Cass.	1		
		尾药菊属	*Synotis* (C. B. Clarke) C. Jeffrey et Y. L. Chen	1		
		大丁草属	*Leibnitzia* Cass.	1		

（续表）

属数量	数量分类	科名（中文名）	拉丁学名	种数量	总种数	占总种数比例/%
212	1	革苞菊属	*Tugarinovia* Iljin	1	212	26.9
		飞廉属	*Carduus* L.	1		
		牛蒡属	*Arctium* L.	1		
		漏芦属	*Stemmacantha* Cass.	1		
		顶羽菊属	*Acroptilon* Cass.	1		
		苓菊属	*Jurinea* Cass.	1		
		毛鳞菊属	*Chaetoseris* Shin	1		
		乳苣属	*Mulgedium* Cass.	1		
		还阳参属	*Crepis* L.	1		
		角果藻属	*Zannichellia palustris* L.	1		
		慈姑属	*Sagittaria* L.	1		
		芦苇属	*Phragmites* Adans.	1		
		大麦属	*Hordeum* L.	1		
		偃麦草属	*Elytrigia* Desv.	1		
		沿沟草属	*Catabrosa* Beauv.	1		
		雀麦属	*Bromus inermis* Leyss	1		
		燕麦属	*Avena* L.	1		
		看麦娘属	*Alopecurus* L.	1		
		野青茅属	*Deyeuxia* Clarion ex P. Beauv.	1		
		棒头草属	*Polypogon* Desf.	1		
		菵草属	*Beckmannia* Host	1		
		冠毛草属	*Stephanachne* Keng	1		
		落芒草属	*Oryzopsis* Michaux	1		
		沙鞭属	*Psammochloa* Hitchc.	1		
		钝基草属	*Timouria* Roshev.	1		
		冠芒草属	*Enneapogon* Desv. x P. Beauv.	1		
		獐毛属	*Aeluropus* Trin.	1		
		草沙蚕属	*Tripogon* Roem. et Schult.	1		
		虎尾草属	*Chloris* Swartz	1		
		锋芒草属	*Tragus* Haller	1		
		隐花草属	*Crypsis* Aiton	1		
		三芒草属	*Aristida* L.	1		
		稗　属	*Echinochloa* P. Beauv.	1		

（续表）

属数量	数量分类	科名（中文名）	拉丁学名	种数量	总种数	占总种数比例/%
212	1	马唐属	*Digitaria* Haller	1	212	26.9
		狼尾草属	*Pennisetum* Rich.	1		
		荩草属	*Arthraxon* P. Beauv.	1		
		孔颖草属	*Bothriochloa* Kuntze	1		
		扁穗草属	*Blysmus* Panz. ex Schult.	1		
		荸荠属	*Eleocharis* R. Br.	1		
		莎草属	*Cyperus* L.	1		
		水莎草属	*Juncellus* （Griseb.） C. B. Clarke	1		
		天南星属	*Arisaema* Mart.	1		
		百合属	*Lilium* L.	1		
		顶冰花属	*Gagea* Salisb.	1		
		舞鹤草属	*Maianthemum* Web.	1		
		鸟巢兰属	*Neottia* Guett.	1		
		珊瑚兰属	*Corallorhiza* Chatel.	1		
		绶草属	*Spiranthes* Rich.	1		
		火烧兰属	*Epipactis* Zinn	1		
		凹舌兰属	*Coeloglossum* Hartm.	1		
		角盘兰属	*Herminium* L.	1		

2. 贺兰山植物种类的特有性

贺兰山是我国西北干旱区生物多样性中心，特有与近特有种比例较高，有61个特有种与近特有种，占全部维管束植物种的7.5%。

主要包括1个西鄂尔多斯特有属，即蒺藜科的四合木属，分布于贺兰山北段西麓。有1个阿拉善-鄂尔多斯特有属，菊科的革苞菊属，分布于贺兰山南段。上述2属均为单种属。此外还有2个亚洲中部荒漠特有属：豆科的沙冬青属，本属含2种，贺兰山有1种，分布于贺兰山西坡山麓；菊科的紊蒿属，为2种属，贺兰山有1种，分布于贺兰山西坡小松山。上述4属，再加上分布于贺兰山周边地区的东阿拉善-西鄂尔多斯特有属蔷薇科的绵刺属，阿拉善-鄂尔多斯特有属菊科的百花蒿属；蒙古高原南部沙地特有属十字花科的沙芥属，这3个属奠定了贺兰山及其周边地区成为中国西北干旱区生物多样性中心的地位。按王荷生（1994）中国种子植物多度中心的划分，中国有八个生物多样性中心，秦岭、淮河以北只有两个，即中条山-南太行山中心，南蒙古中心（阿拉善-鄂尔多斯中心）。前者是中国暖温带山地特有属的集中分布地区，是西南和南方特有属分布的北界，与秦岭中心有许多相似之处。此外，贺兰山分布有中国华北特有属：虎榛子属；中国华北-东北特有属：文冠果属；中国华北-西南特有属：阴山荠属。

贺兰山山地是西北地区新特有类群的分化中心之一，分布于贺兰山的种及种下的35个特有类群中，有15个是种下等级的变种，表现出植物类群的强烈现代分化。如大叶细裂槭和毛细裂槭是细裂槭的旱生变种。其余仅分布于贺兰山的贺兰山荨麻、贺兰山女娄菜、耳瓣女娄菜、贺兰山孩儿参、二柱繁缕、阿拉善银莲花、软毛翠雀、贺兰山棘豆、阿拉善风毛菊等特有种，以贺兰山为中心分布区可扩展到周边山地的总序大黄、单脉大黄、宁夏麦瓶草、贺兰山繁缕、贺兰玄参，内蒙古薄皮木，阿拉善黄芩等贺兰山近特有种也大多明显为晚近分化的类样。其中有些种类形成替代分布，如内蒙古薄皮木是薄皮木的替代，阿拉善黄芩是黄芩的替代，贺兰玄参是华北玄参的替代。

贺兰山山地新特有类群的分化，是与其长期的孤立演化密切相关的。山地周围被荒漠包围，周边地区气候干旱，而山地，特别是高大的贺兰山，由于其山地效应，降水略有增加，成为荒漠中的“孤岛”，不仅丰富了该地区的生物多样性，相对封闭的环境也促使了新类群的分化。

贺兰山山地内部基本无古老的特有种，但山麓边缘分布有如四合木和革苞菊等阿拉善-鄂尔多斯成分的古老物种。这些物种主要是北极第三纪、古热带第三纪（冈瓦纳第三纪）和古地中海第三纪的古老孑遗类群。

（二）植被类型

参照《中国植被》的分类原则（种类组成、外貌和结构、生态地理特征）与系统，采用植被型（植被亚型）（高级单位）和群系（中级单位）两个等级，同时增加了疏林和旱生灌丛两个植被型。根据实际情况分为12个植被型69个群系。

1. 寒温性针叶林

本区寒温性针叶林只有青海云杉林一个群系，是贺兰山主要的森林群系之一。主要分布在2400~3100米的山地阴坡，年降水量300~400毫米，雨水较充沛，气温温凉。典型群落以青海云杉纯林为主，其下苔藓地被植物丰富；在其分布上限林下常以高山柳、鬼箭锦鸡儿为下木；在其分布下限常与油松组成混交林，气温仍属温凉，但雨量偏少，属半干旱类型。个别地段常与山杨组成小片的混交林或与油松混生。

青海云杉为常绿乔木，高可达20米以上。分布于我国阴山山脉中段的大青山、贺兰山、六盘山、祁连山、甘肃兴隆山及白龙江流域、青海都兰以东。区系地理成分为阴山—贺兰山—祁连山种，集中分布于祁连山，其次为贺兰山，大青山是其分布的东界，仅在主峰附近有小面积分布。贺兰山青海云杉林面积29700公顷，约占贺兰山森林总面积的73%。

2. 温性针叶林

该植被型主要包括油松和杜松两个群系。油松群系为贺兰山保护区森林群落的主要群系之一。油松林多数为纯林，群落分布上限常混生少量青海云杉，下限或较干燥的半阴坡常有杜松分布，局部混生少量山杨。土壤为灰褐土，年降水量为270~350毫米。林下只有少量灌木，如栒子、小叶忍冬、蒙古绣线菊、小叶金露梅等。草本层盖度不大，为5%~10%，主要有薹草、早熟禾等，并常分布铁杆蒿等半灌木。

油松林面积8970公顷，与青海云杉林共同组成了贺兰山保护区的主要森林植被，占整个森林植被的95%以上，占保护区面积57.1%。

杜松林在贺兰山保护区多呈小片状散布，主要分布在中山带以南，海拔1900~2500米的阴坡、半阴坡，是贺兰山针叶林最耐旱的类型。郁闭度较高的杜松林多分布于沟谷，地面多有裸岩露出的沟谷，土层较薄，群落中往往有油松分布。

3. 针阔混交林

典型的针阔混交林在贺兰山保护区分布面积较小，多是零星分布。主要包括青海云杉+山杨混交林和油松+山杨混交林2个群系。

4. 落叶阔（小）叶林

山地阔叶林在贺兰山保护区多呈团块状或条块状分布，面积很小，其分布的垂直高度在2400~2700米，多生长在半阳坡或半阴坡。所处生境的气温、降水量与同海拔的山地针叶林相同。主要包括山杨林、白桦林和丁香林3个群系。其中以山杨群系最为普遍，多出现在云杉林外缘较平坦的山坳或山谷，形成以山杨为主混生云杉或油松的针阔混交林。丁香林海拔较低，以阴坡、沟谷地为主，多混生其他树种。白桦林分布极少，偶见小片群落。

5. 疏林

贺兰山是侵蚀和剥蚀的中山山地，在森林垂直带的干燥阳坡，蒸发量大，干燥度强，针叶树种很难生长。阔叶树只有耐旱性强的灰榆等稀疏生长。因此在贺兰山保护区海拔2000~2500米的干燥阳坡形成了一个以灰榆为主的疏林带。除灰榆群系外，还分布少量的杜松疏林、杜松+灰榆混交疏林。

灰榆群系是贺兰山主要的植被类型，分布广，面积大。树高常为3~4米，不郁闭，有大量灌木、半灌木和草本植物伴生，如蒙古绣线菊、小叶忍冬、几种栒子木、黄刺玫等；半灌木有铁杆蒿，贺兰山女蒿。灰榆疏林是森林环境向灌丛乃至草原景观的过渡类型。这种林型生态环境脆弱，水土流失严重，一旦遭到破坏，极难恢复。

6. 常绿针叶灌丛

山地常绿针叶灌丛由叉子圆柏灌丛、杜松灌丛2个群落构成，其中以叉子圆柏灌丛为主。叉子圆柏灌丛呈团块状分布，一般分布于海拔2500~2700米的半阳坡，半阴坡较多，在云杉林缘，平缓山顶或沟谷坡地有时也有分布。叉子圆柏是匍匐灌木，常常单独组成纯群落，景观醒目，伴生植物很少，是很好的水土保持群落。

7. 落叶阔（小）叶灌丛

落叶阔叶灌丛为贺兰山保护区重要的植被类型。分布广，面积大，类型多。根据其分布的海拔高度或对温度的适应，将其划分为3个类型。

高寒落叶阔叶灌丛，分布在贺兰山海拔3000~3500米的山巅。主要包括高山柳灌丛和鬼箭锦鸡儿灌丛，呈斑状分布，覆盖度在80%以上。常与高山嵩草组成复合群落。伴生矮嵩草、火绒草、紫喙薹草、早熟禾，高山蚤缀等。草群高度在5厘米左右。

寒温落叶阔叶灌丛，分布于贺兰山保护区海拔2700~3000米山地较陡阳坡、半阳坡，形成了亚高山灌丛景观。主要包括银露梅灌丛和小叶金露梅灌丛2个群系。以小叶金露梅为优势，群落常混生蓝靛果忍冬、叉子圆柏等灌木。其下草本分布不均，土层较厚的地方有嵩草、薹草、火绒草、禾叶风毛菊等。灌丛密度较大，覆盖度在60%左右。

温性落叶阔叶灌丛由温性、中生灌木所组成的山地植被类型，集中分布在1800~2700米的阳坡、半阳坡及沟谷。在海拔较低处云杉林分布不到的阴坡也常由中生灌木占据。随着海拔增高，湿度增大，中生灌丛逐渐向半阳坡基至阳坡转移，有时在阳坡与灰榆疏林混生。该类型是贺兰山灌丛植被的主要类型，分布广，面积大，类型多，主要包括虎榛子、山杏、小叶忍冬、毛樱桃、蒙古绣线菊、曲枝绣线菊、酸枣、羽叶丁香、黄刺玫等灌丛及准格尔栒子、小叶忍冬、黄刺玫杂木灌丛和西北沼委陵菜灌丛等。中生灌丛群落组成复杂，其他栒子、小叶鼠李等可构成群落。

8. 旱生灌丛

该类型为贺兰山较特殊的群落类型，分布面积较大，生于海拔较低的山坡、沟谷或陡坡，生境往往较干旱，主要包括斑子麻黄灌丛、蒙古扁桃灌丛、甘蒙锦鸡儿灌丛、荒漠锦鸡儿灌丛、内蒙古野丁香矮灌丛、贺兰山女蒿矮灌丛等群系，除甘蒙锦鸡儿、荒漠锦鸡儿外，其余均为贺兰山及其毗邻地区的特有群系。

9. 草原

山地草原在山地森林带以下海拔1600~2600米的平缓坡地，常与中生灌丛复合存在。贺兰山保护区分布有内蒙古及宁夏地区所有的针茅，是蒙古高原及宁夏黄土高原针茅的集中分布区。保护区内草原群落面积较大，类型丰富。根据对水分的生态适应，可划分为3个类型。

草甸草原，在保护区分布面积不大，主要分布于阳坡、半阳坡较上部，水分条件较好。主要包括甘青针茅草原和贝加尔针茅草原两个群系。甘青针茅草原是保护区非常有特色的草原群系，集中分布于海拔较高的平缓山坡、山坳中。主要伴生种有赖草、早熟禾、披针叶黄华等。甘青针茅不仅是草原群落的建群种和优势种，也常分布于中生灌丛和生长良好的灰榆林。甘青针茅草原群系也是黄土高原山地分布的一个草原群系，与其他草原群落相比，分布范围较小，面积也不大。贺兰山是其重要的分布区，这也是贺兰山植被考察中的首次发现。

典型草原，在保护区分布面积较大，类型也较多，主要分布于海拔 1500~2400 米各类山坡、沟谷边缘等生境。主要包括本氏针茅、大针茅、克氏针茅、白羊草、阿拉善鹅观草、百里香、石生齿缘草草原 8 个群系。本氏针茅、白羊草、白草 3 个群系分布于海拔较低的山坡及沟谷边缘，群落多呈小片分布，但分布范围非常广泛，从南到北都有分布。阿拉善鹅观草是贺兰山一个特殊的草原群落，多分布于山地阳坡、半阳坡，该物种也常分布于山地灌丛中。大针茅草原分布面积不大，多分布于水分条件较好的山坡。克氏针茅草原是保护区草原群落的主要类型，分布较广，面积也较大，退化后往往被百里香、石生齿缘草群落取代。

荒漠草原，为保护区草原植被的主要类型，分布于山地中段海拔较低的山坡及南北两段海拔较高的山坡，占据一定景观空间，海拔为 1200~1600 米。主要包括短花针茅草原、沙生针茅草原、戈壁针茅草原、灌木亚菊半灌木草原、铺散亚菊半灌木草原 5 个群系。在贺兰山低山带，主要物种除多年生草本戈壁针茅、短花针茅外，还常伴生荒漠细柄茅、无芒隐子草以及较多的灌木、半灌木种，包括蒙古扁桃、松叶猪毛菜、荒漠锦鸡儿、刺旋花、斑子麻黄等。

10. 荒漠

从植被分类的角度，荒漠原则上不是一个植被型，是一个植被型组，贺兰山第一次综合科学考察时将其视为植被型。该类型一般分布在贺兰山山地垂直带的基带，地形为倾斜或起伏的山前坡地或平原以及南北段的低山带，海拔 1100~1500 米。主要包括珍珠、红砂、长叶红砂、霸王、松叶猪毛菜、沙冬青、四合木、猫头刺、中亚紫菀木、细枝盐爪爪荒漠 11 个群系。

上述群系中，均为草原化荒漠，除建群种外，主要伴生无芒隐子草、沙生针茅等草本植物。

11. 草甸

贺兰山保护区草甸面积较小，类型较多。

高山草甸，有嵩草、矮生嵩草、高山嵩草 3 个群系。分布于贺兰山 3000~3500 米的山巅及山脊附近较平坦处，伴生火绒草、紫喙薹草、早熟禾、高山蚤缀等。草群高度在 5 厘米左右，以鬼箭锦鸡儿和高山柳为主的高山灌丛。高山草甸面积不大，常与高山灌丛组成复合景观。

山地温性草甸主要分布于山地林缘及林间空地，多为岩黄芪类杂草草甸群系。

沟谷湿草甸面积不大，零星分布于沟谷溪流及水塘附近。主要有拂子茅、高山地榆、寸草薹、芦苇草甸等群系。

12. 水生、沼生植被

该类型面积小，零星分布于水潭及河流边缘，主要包括扁秆藨草、细灯芯草、长果水苦荬、北水苦荬等群系。

（三）植被的空间分布格局

1. 垂直分异

贺兰山是内蒙古与宁夏境内最高的山地，由于海拔较高，相对高差大，主峰已进入高山范围，因此山地植被垂直分异明显，带谱比较复杂。按植被型划分为 4 个植被垂直带，即山前荒漠与荒漠草原带→山麓与低山草原、灌丛带→中山针叶林带→高山、亚高山灌丛和草甸带。在各垂直带中，有的还可以再划分出 2~3 个垂直亚带，如草原带中可以划出山麓荒漠草原亚带和中低山典型草原亚带。在针叶林带中，可以划出中山下部温性针叶林（油松林）亚带和寒温性针叶林（青海云杉林）亚带。

进入亚高山范围（2800~3100米）划分出含高寒灌木的亚高山针叶林（青海云杉林）亚带。上述植被分带，形成了高山—亚高山灌丛草甸景观带、山地森林景观带、山地疏林景观带、山地灌丛景观带、山地草原景观带、山地（低山残丘）荒漠景观带6个植被景观带。

2. 水平分异

贺兰山的东、西坡及其南、北、中段植被类型有明显的差别，各自形成一些特殊群落类型。贺兰山山体东坡窄陡，西坡宽缓，东西坡水热状况不同。东坡海拔低、气候温暖。在山口和沟谷中人工种植有臭椿、桑、枣、核桃和栾树等，皆为华北地区常见树种，西坡则极少见。山脚下或浅沟谷内常见的酸枣灌丛、油松林带下部常见的虎榛子灌丛、甘蒙锦鸡儿灌丛及零星分布的白桦等在西坡也不见或分布极少。西坡山基较高，落差相对较小，气候温凉，山麓中段（哈拉乌沟）有一较宽的（1000~1500米）短花针茅荒漠草原带，靠近山体是由短花针茅与冷蒿共同组成的群落，向外则是比较纯的短花针茅群落，这两组群落内见不到任何荒漠植物的参与。西坡沟谷深长，水分条件较好，空气湿度相对较大，杜松林、紫丁香杂木林，乌柳灌丛、西北沼委陵菜半灌木丛、坡脚的醉马草草甸、低山带荒漠锦鸡儿旱生灌丛与卷叶锦鸡儿（藏锦鸡儿）旱生灌丛等又为东坡所不见，特别是卷叶锦鸡儿在西坡山麓及低山带有较大面积的分布。

贺兰山北段荒漠化程度较高，与东阿拉善草原化荒漠连成一体，分布大面积的东阿拉善-西鄂尔多斯特有的沙冬青群系、戈壁荒漠特征种松叶猪毛菜群系、西鄂尔多斯特有的四合木群系，南段则极少见。南段荒漠化程度虽然也很高，但不及北段，分布有喜暖且旱生性较强的羽叶丁香灌丛和贺兰山特有的斑子麻黄垫状灌丛，而北段没有。中段是贺兰山的主体，植物群落类型丰富、垂直带完整、带谱宽而复杂，这里的针叶林群落、高寒灌丛、高寒草甸及多数中生灌丛皆不见于南段和北段，只有北段的最高峰塔什克梁（2436米）有岛状分布的叉子圆柏和旱生特征较强的小叶金露梅灌丛。

3. 坡向分异

贺兰山山体内部在同一海拔高度范围内，由于坡向不同，水热组合则不同，同一垂直带或亚带内的植物群落有很大差别。如在山地典型草原亚带内，草原群落多占据阳坡和半阳坡，而半阴坡和阴坡则被中生灌丛所占据，较陡的阴坡还能出现灰榆和杜松疏林。在山地温性针叶林亚带，与平缓阴坡上的油松林相对应的是阳坡的灰榆疏林；平缓半阳坡则是中生夏绿阔叶灌丛。山地寒温性针叶林-青海云杉林，是贺兰山垂直带谱中最宽的类型，其下有油松林带的区段（如西坡的北寺沟、水磨沟、镇木关沟等），它占据海拔2200~3100米（西坡）或海拔2400~3100米（东坡）的阴坡、半阴坡。在无油松林的区段（如西坡的哈拉乌沟、南寺沟），它从2000米开始一直分布到3100米的阴坡和半阴坡。与青海云杉林相对的阳坡下段（2700米以下）是灰榆疏林；上段（2700~3100米）是银露梅和小叶金露梅亚高山灌丛。2400~2700米半阳坡常出现团块状的叉子圆柏灌丛。3000米以上阴、阳坡分异不明显，完全被高山柳和鬼箭锦鸡儿高寒灌丛所占据，只有在地形较平缓、土质稍厚地段才出现斑块状的嵩草高寒草甸。

二、重点保护植物

（一）国家重点保护植物

2021年9月7日，国家林业和草原局、农业农村部正式发布《国家重点保护野生植物名录》（以下简称《名录》）。本次《名录》调整后保护区内有国家重点保护野生植物13种，新增一级1种，二级5种。其中国家一级保护野生植物有1种，为发菜；国家二级保护野生植物有12种，分别为斑籽麻黄（斑子麻黄）、革苞菊、沙冬青、甘草、野大豆、新疆野杏、蒙古扁桃、半日花、黑果枸杞、阿拉善披碱草（阿拉善鹅观草）、黑紫披碱草、沙芦草（表3-9）。

表 3-9　贺兰山保护区国家重点保护植物名录（2022）

序号	中文名	拉丁学名	保护级别	分类（科属）	备注
1	发菜	*Nostoc flagelliforme* Born. et Flah.	一级	蓝藻门念珠藻目念珠藻科	
2	斑子麻黄	*Ephedrarhytidosperma* Pachom.	二级	麻黄科麻黄属	
3	革苞菊	*Tugarinovia mongolica* Iljin	二级	菊科革苞菊属	
4	沙冬青	*Ammopiptanthus mongolicus*（Maxim. ex Kom.）S. H. Cheng	二级	豆科沙冬青属	中国濒危植物
5	甘草	*Glycyrrhiza uralensis* Fisch. ex DC.	二级	豆科甘草属	
6	野大豆	*Glycine soja* Siebold & Zucc.	二级	豆科大豆属	
7	新疆野杏	*Prunus armeniaca* var. *ansu* Maxim.	二级	蔷薇科李属	
8	蒙古扁桃	*Prunus mongolica* Maxim.	二级	蔷薇科李属	
9	半日花	*Helianthemum songaricum* Schrenk ex Fisch. & C. A. Mey	二级	半日花科半日花属	又名鄂尔多斯半日花
10	黑果枸杞	*Lycium ruthenicum* Murray	二级	茄科枸杞属	
11	阿拉善披碱草	*Elymus alashanicus*（Keng ex Keng & S. L. Chen）S. L. Chen	二级	禾本科披碱草属	又名阿拉善鹅观草
12	黑紫披碱草	*Elymus atratus*（Nevski）Hand. -Mazz.	二级	禾本科披碱草属	
13	沙芦草	*Agropyron mongolicum* Keng	二级	禾本科冰草属	

（二）珍稀植物

《内蒙古自治区珍稀林木保护名录》中，截至 2015 年，贺兰山珍稀树种有青海云杉、油松、圆柏、叉枝圆柏、杜松、斑子麻黄、旱榆、圆叶木蓼、蒙桑、裸果木、细叶小檗、毛枝蒙古绣线菊、花叶海棠、小叶金露梅、银露梅、蒙古扁桃、长梗扁桃、沙冬青、细枝岩黄芪、四合木、细裂槭、大叶细裂槭、文冠果、柳叶鼠李、红砂、宽叶水柏枝、半日花、沙枣、沙棘、越橘、红北极果、贺兰山丁香、互叶醉鱼草、蒙古莸、内蒙古野丁香、中亚紫菀木、贺兰山女蒿。

（三）濒危植物（贺兰山列入中国物种红色名录的植物类群）

世界自然保护联盟（IUCN）根据物种数目下降速度、物种总数、地理分布、群族分散程度等准则，将物种保护级别分为 9 类，最高级别为绝灭（EX）；其次是野外绝灭（EW）：第三是受威胁，包括极危（CR）、濒危（EN）和易危（VU）3 个等级；其他顺次是近危（NT）、无危（LC）、数据缺乏（DD）、未评估（NE）；IUCN 还进一步给出划分标准（A～E）和亚标准（1、2 等和 a、b 等）（汪松等，2004）。列入中国红色植物名录的贺兰山植物有 17 种，分别为：

青海云杉，近危（NT），几乎符合易危（VU，A2c），种群大，受威胁不严重。

油松，无危（LC）。

圆柏，无危（LC）。

杜松，近危（NT），几乎符合易危（VU，A2c），种群大，受威胁不严重。

叉子圆，近危（NT），几乎符合易危（VU，A2c）种群受威胁不严重。

斑子麻黄，已知分布地点少于 5 个，种群持续衰退。

木贼麻黄，无危（LC）。

中麻黄，无危（LC）。

小丛红景天，无危（LC）/IUCN RL2003：未列入。

蒙古扁桃，易危（VU，A2c），推测过去 3 个世代内致危因素没有停止，种群至少减少 30%。

贺兰山棘豆，易危（VU，D2），分布地点少于5个，分布狭窄。

四合木，易危（VU，A2c），推测过去3个世代内致危因素没有停止，种群至少减少30%。

羽叶丁香，易危（VU，A2c），推测过去3个世代内致危因素没有停止，种群至少减少30%。

内蒙野丁香，易危（VU，D2），分布地点少于5个，分布狭窄。

革苞菊，易危（VU，B2ab），分布地点少于10个，种群持续衰退。

火烧兰，近危（NT），几乎符合易危（VU，A2c），受威胁不严重，IUCN RL2003：未列入。

裂瓣角盘兰，近危（NT），几乎符合易危（VU，A2c），种群分布广，受威胁不严重。

三、古树名木

2017年，对保护区古树名木资源树种的科、属、种进行统计分析，贺兰山古树名木隶属4科4属4种，其中裸子植物2种，阿拉善—鄂尔多斯成分的古老物种2种，均为乡土树种，具体种类为圆柏、青海云杉。

（一）圆柏王

生长在贺兰山保护区西坡火炬大井沟内，直径60厘米，树高7米，树龄近百年。有助于研究西北干旱区及荒漠区对圆柏生长及生存影响。

（二）云杉王

生长在贺兰山保护区冰沟沟口，直径90厘米左右，树龄150年左右。

四、植物价值与作用

（一）水源涵养与用材类植物

用材树种主要有青海云杉、油松、杜松等针叶树种。阔叶树种主要有山杨、旱榆、乌柳、黄花柳、蒙古扁桃、栒子、小檗等。

（二）经济类植物

1. 纤维、鞣料植物

纤维植物纤维较长、韧性和强度达到一定标准，可作为纤维板、编织业、纺织业、造纸、绳索和麻袋等原料。贺兰山纤维植物种类很多，且质量优良。主要有油松、青海云杉、山杨、小红柳、蓝靛果忍冬、黄花忍冬（金花忍冬）、蛇床、荨麻、柳兰、宿根亚麻、远东芨芨草、拂子茅、假苇拂子茅、芦苇等。

鞣科植物即栲胶植物，这类植物或根、或皮、茎（干）、叶、果实、总苞等器官组织中富含鞣质（单宁），宜作为浸提栲胶的植物资源。鞣料植物主要有油松、青海云杉、山杨、灰榆、稠李、山刺玫、柳叶鼠李、小叶鼠李、河柏、皱叶酸模、类叶升麻、鹅绒委陵菜、高山地榆、唐松草、地锦等。

2. 药用植物

药用植物体全部或部分器官组织或其分泌物，可直接入药或经提炼后可制成医病药物。主要有甘草、孩儿参、矮小孩儿参、石生孩儿参、地肤、沙参、桔梗、高山地榆、黄芪、草麻黄、茜草、艾、类叶升麻、乌头、细叶白头翁、中亚紫菀、漏芦、苍术、砂蓝刺头、曼陀罗、黄精、玉竹、拳参、枸杞、柴胡、沙苁蓉、列当、地黄、车前、远志、黄芩、锁阳、大黄、萹蓄、旱麦瓶草、瞿麦、石竹、葛缕子、达乌里龙胆、秦艽、龙胆、菟丝子、鹤虱、多裂叶荆芥、益母草、细叶益母草、薄荷、香薷、山牛蒡、细叶百合、射干鸢尾等。

3. 食用植物

主要有蕨类、薄荷、白桦、家榆、拳参、毛山楂、山刺玫、贺兰山越橘、稠李、酸枣、沙参、高山地榆、库叶悬钩子、细叶百合、稠李、山杏、白刺、文冠果、蓝靛果忍冬、蒙桑、毛樱桃、香薷、甘草、玉竹、黄精、沙枣、天栌、蒙古扁桃、栒子等。

4. 芳香油、观赏植物

许多植物体的器官组织或分泌物中含有芳香油，其基本成分是醇、酮、醛、酚、酸、酯等化合物，是提取香精、香料的主要原料。主要有山刺玫、葛缕子、香青兰、百里香、丁香、薄荷、飞蓬、香薷、细穗香薷、多裂叶荆芥、西北缬草、菖蒲、蒙古蒿、风毛菊、黄芩、蒙古莸、大花荆芥、石竹等。

其中石竹、细叶百合、山刺玫、黄刺玫、丁香、报春花、瞿麦、耧斗菜、绣线菊、金露梅、银露梅、蒙古扁桃、矮卫茅、点地梅、翠雀花、蒙古莸、阿拉善南芥、茶藨子等观赏价值更明显。

5. 油料植物

种子或果实含油量达到20%以上，宜用作提取油脂原料的植物。主要有油松、灰榆、文冠果、毛樱桃、山刺玫、苍术、地肤、稠李、益母草、宿根亚麻、碱蓬、骆驼蓬、皱叶酸模、酸枣、播娘蒿、鼠李、葶苈等。

6. 淀粉酿造、染料及橡胶类植物

富含淀粉、宜经济利用的植物，主要有贺兰山越橘、稠李、高山地榆、蓝靛果忍冬、蕨类、山刺玫、库叶悬钩子、苍术、黄精、玉竹、细叶百合、沙参、皱叶酸模、珠芽蓼、毛樱桃、打碗花、鼠李、旱榆、酸枣、山杏等。

石松、鹅绒委陵菜、蓬子菜、山刺玫、柳叶鼠李、小叶鼠李、皱叶酸模、茜草等植物因其含有可直接或间接染色的黄色、红色等色素，所以作为染料使用。

蓬子菜、狼毒、长柱沙参、地稍瓜、金银花忍冬等植物体内含有丰富乳汁，可提取橡胶。

7. 饲用植物

主要的饲草料来源于豆科、禾本科、莎草科、菊科、藜科等植物。其中，豆科主要有黄芪、阿拉善黄芪、草木樨状黄芪、细枝岩黄芪、贺兰山岩黄芪、荒漠锦鸡儿、狭叶锦鸡儿、柠条锦鸡儿、牛枝子、尖叶胡枝子、草木樨、苜蓿、天蓝苜蓿、新疆野豌豆、救荒野豌豆等。禾本科主要有羊草、赖草、贝加尔针茅、大针茅、克氏针茅、短花针茅、小针茅、沙生针茅、戈壁针茅、远东羊茅、糙隐子草、无芒隐子草、冰草、沙芦草、芦苇、垂穗披碱草、缘毛鹅观草、星星草、落草、无芒雀麦、苇状看麦娘、狗尾草、金狗尾草、虎尾草、白羊草、稗、荩草、拂子茅、假苇拂子茅、细柄茅、早熟禾、硬质早熟禾、草地早熟禾、野燕麦等。莎草科主要有薹草、脚薹草、大披针薹草、灰脉薹草、柞薹草、高山嵩草、藨草等。菊科主要有蒿类中的冷蒿、大籽蒿、白莲蒿、黑沙蒿、内蒙古旱蒿、莳萝蒿、猪毛蒿、华北米蒿、漠蒿、旱蒿、贺兰山女蒿、亚菊、中亚紫菀木、蓼子朴等。藜科主要有驼绒藜、松叶猪毛菜、猪毛菜、短叶假木贼、木地肤、合头藜、盐穗木、细枝盐爪爪、盐爪爪、尖叶盐爪爪、沙蓬、碱蓬等。其他科主要有多枝柽柳、红砂、山杏、高山地榆、百里香、葱韭、野韭、灰榆、沙芥、冬青叶兔唇花、白刺、绣线菊等。

第四节　昆虫资源

一、种类与分布

（一）种类

早期对贺兰山地区昆虫及蜘蛛的调查研究散见于各类文献资料中，并不系统。1994—1996 年内蒙古师范大学对保护区大型生物进行考察，其中关于昆虫的研究成果收录于能乃扎布（1999）编撰的《内蒙古昆虫》中。该书记录了内蒙古贺兰山地区昆虫纲 11 目 119 科 789 种。2010—2011 年贺兰山保护区第一次综合科学考察，共记录物种 2087 种，其中昆虫纲 25 目 203 科 1015 属 1914 种，占内蒙古地区已知昆虫总数的 32.01%。内蒙古贺兰山地区优势目昆虫有 6 个，分别是双翅目、半翅目、鞘翅目、鳞翅目、膜翅目和直翅目，其科数占总科数的 77.33%，属数占总属数的 88.08%，种数占总种数的 87.98%（表 3-10）。

内蒙古贺兰山地区昆虫的科级数量从多到少依次为：半翅目>双翅目>鳞翅目>鞘翅目、膜翅目>直翅目>虱目>蚤目>毛翅目>蜻蜓目、食毛目>缨翅目、脉翅目>蚖目、蜉蝣目>古蚖目、长角虫兆目、石蛃目、衣鱼目、蜚蠊目、螳螂目、襀翅目、革翅目、虫齿目、蛇岭目。

按属级数量排列依次为：双翅目>半翅目>鳞翅目>鞘翅目>膜翅目>直翅目>蚤目>缨翅目>脉翅目>食毛目>虱目、蜻蜓目>长角虫兆目>蜉蝣目、毛翅目>虫齿目>蚖目、螳螂目、襀翅目>古蚖目、石蛃目、衣鱼目、蜚蠊目、革翅目、蛇岭目。

按种数量排列依次为：双翅目>半翅目>鞘翅目>鳞翅目>膜翅目>直翅目>缨翅目>蚤目>脉翅目>虱目>蜻蜓目>食毛目>长角虫兆目>蜉蝣目>虫齿目>毛翅目>蚖目、石蛃目、螳螂目、襀翅目>古蚖目、衣鱼目、蜚蠊目、革翅目、蛇岭目。

表 3-10 内蒙古贺兰山地区昆虫物种组成

目	科		属		种	
	数量/个	比例/%	数量/个	比例/%	数量/个	比例/%
蚖目	2	0.99	2	0.2	2	0.1
古蚖目	1	0.5	1	0.1	1	0.05
长角虫兆目	1	0.5	7	0.69	8	0.42
石蛃目	1	0.5	1	0.1	2	0.1
衣鱼目	1	0.5	1	0.1	1	0.1
蜉蝣目	2	0.99	5	0.49	7	0.37
蜻蜓目	4	1.97	9	0.89	18	0.94
蜚蠊目	1	0.5	1	0.1	1	0.05
螳螂目	1	0.5	2	0.2	2	0.1
襀翅目	1	0.5	2	0.2	2	0.1
直翅目	12	5.9	42	4.13	101	5.28
革翅目	1	0.5	1	0.1	1	0.05
虫齿目	1	0.5	3	0.3	6	0.31
食毛目	4	1.97	13	1.28	16	0.84
虱目	7	3.45	9	0.89	19	0.99
缨翅目	3	1.48	21	2.07	61	3.19
半翅目	40	19.70	197	19.41	324	16.93
蛇岭目	1	0.5	1	0.1	1	0.05
脉翅目	3	1.48	15	1.48	20	1.04
鞘翅目	25	12.32	164	16.16	299	15.62
双翅目	29	14.29	208	20.49	479	25.03
蚤目	6	2.96	22	2.17	57	2.98
毛翅目	5	2.46	5	0.49	5	0.26
鳞翅目	26	12.81	192	18.92	277	14.47
膜翅目	25	12.32	91	8.97	204	10.66
合计	203		1015		1914	

由科级水平分析，内蒙古贺兰山地区昆虫平均每科有 10 种，其中 30 种以上的科有 12 个，依次为盲蝽科 97 种、夜蛾科 85 种、拟步甲科 75 种、寄蝇科 66 种、蚜蝇科 61 种、步甲科 58 种、蝇科 54

种、麻蝇科 45 种、蓟马科 38 种、食虫虻科 38 种、金龟科 35 种、网翅蝗科 31 种，这些科的种数占总种数的 35.66%，属优势科。

按属级水平分析，内蒙古贺兰山地区昆虫平均每属有 2 种。

8 种及以上的属有库蠓属 28 种、雏蝗属 22 种、婪步甲属 18 种、节腹泥蜂属 16 种、蓟马属 15 种、亚麻蝇属 15 种、东鳖甲属 14 种、地种蝇属 12 种、琵甲属 11 种，简管蓟马属、跳蛸属、植盲蝽属、家蝇属和绿蝇属皆为 10 种，齿爪盲蝽属 9 种、平胛食虫虻属、溜蝇属和合垫盲蝽属均为 8 种。

7 种的属有草盲蝽属、草天牛属、阳蝇属、伊蚊属和虻属。

6 种的属有短鼻蝗属、小花蝽属、暗步甲属、栉甲属、漠土甲属、嗡蜕螂属、纹蓟马属、污麻蝇属、异蚤蝇属、追寄蝇属、低颜食虫虻属、黄虻属、额蚤属和钩斑螟属。

5 种的属有束颈蝗属、狭盲蝽属、大眼长蝽、菊网蝽属、翠蝇属、芒寄蝇属、寄蝇属、优蚜蝇属、长角蚜蝇属、剑虻属、切突食虫虻属、颌食虫虻属、斑虻属、白岭属、客蚤属、新蚤属、眼蚤属、地夜蛾属、冬夜蛾属、短柄泥蜂属和蚊属。

由以上数据可知，5 种以上的属有 58 个，占已知属数的 5.71%，所含物种数为 458 种，占总种数的 23.92%，属于优势属。

（二）分布

内蒙古贺兰山形成以荒漠植被为基带的山地垂直带谱，各带分异明显，发育完整，自下而上划分为 5 个垂直带，即草原化荒漠带、荒漠草原与典型草原带、山地森林灌丛带、山地针叶林带、高山灌丛及高山草原带。

草原化荒漠带位于海拔 1200~1500 米，为垂直带谱的基带。植被以荒漠植物红砂、珍珠、狭叶锦鸡儿、刺叶柄棘豆、猪毛菜、骆驼藜等为主。该带昆虫种类较为丰富，主要代表种类有 45 种。

荒漠草原与典型草原带位于 1500~2000 米，植被以本氏针茅、短花针茅等为代表的喜暖草原成分居多，也有亚洲中部草原种沙生针茅、克氏针茅、大针茅等。乔木以灰榆为主，灌木有蒙古扁桃、黄刺梅等。该带昆虫主要代表种类有 74 种。

山地森林灌丛带位于海拔 2000~2500 米。为针、阔混交林及灌丛，山杨、白桦、榆、油松、杜松、青海云杉等。该带昆虫主要代表种类有 78 种。

山地针叶林带位于海拔 2500~3000 米，为青海云杉林带。该带昆虫种类逐渐减少，代表种类有 33 种。

高山灌丛及高山草原带位于海拔 3000~3556 米，植被以耐寒的中生灌木及多年生草本为主，如毛蕊杯腺柳、鬼箭锦鸡儿和珠芽蓼等组成的高寒草甸。该带昆虫明显减少，代表种类有 14 种。内蒙古贺兰山地区昆虫垂直分布情况（表 3-11）

表 3-11 内蒙古贺兰山地区昆虫垂直分布

分布带	海拔高度/米	常见植物	昆虫种类数量/种	主要代表昆虫物种	拉丁学名	主要代表昆虫物种	拉丁学名	主要代表昆虫物种	拉丁学名
草原化荒漠	1200~1500	红砂、珍珠、狭叶锦鸡儿、刺叶柄棘豆、猪毛菜、骆驼藜等	45	红缘疙蝗	*Pseudotmethis rubimarginis*	盐长蝽	*Henestaris oschanini*	奥氏真土甲	*Eumylada oberbergeri*
				贺兰山疙蝗	*Pseudotmethis alashanicus*	沙地大眼长蝽	*Geocoris arenarius*	钝突笨土甲	*Penthicus* (*Myladion*) *nojonicus*
				贺兰山雏蝗	*Chorthippus helanshanensis*	黑胸大眼长蝽	*Geocoris desertorum*	异距琵甲	*Blaps kiritshenkoi*
				狭条胫刺蝗	*Compsorhipis angustilinearis*	巨膜长蝽	*Jakowleffia setulosa*	贺兰山欧麻蝇	*Heteronychia helanshanensis*

（续表）

分布带	海拔高度/米	常见植物	昆虫种类数量/种	主要代表昆虫物种	拉丁学名	主要代表昆虫物种	拉丁学名	主要代表昆虫物种	拉丁学名
草原化荒漠	1200~1500	红砂、珍珠、狭叶锦鸡儿、刺叶柄棘豆、猪毛菜、骆驼藜等	45	黄胫异痂蝗	*Bryodemella holdereri holdereri*	蒙毛角长蝽	*Hyalocoris mongolicus*	拉氏小野麻蝇	*Sarcophila rasnitzyni*
				宁夏束颈蝗	*Sphingonotus ningsianus*	阿拉善皮蝽	*Piesma alashanensis*	荒漠膜腹寄蝇	*Gymnosoma desertorum*
				盐池束颈蝗	*Sphingonotus yenchihensisi*	毛皮步甲	*Corsyra fusula*	邻德寄蝇	*Germaria vicina*
				陶乐束颈蝗	*Sphingonotus taolensis*	短婪步甲	*Harpalus brevis*	宽额追寄蝇	*Eorista frontata*
				黑翅痂蝗	*Bryodema nigrotera*	小栉甲	*Cteniopinus parvus*	舞毒蛾	*Lymantriadispa*
				科氏痂蝗	*Bryodema kozlovi*	克小鳖甲	*Microdera* (*Dordanea*) *kraatzi kraatzi*	宁妃夜蛾	*Drasteria saisani*
				伏刺猎蝽	*Reduvius testaceus*	阿小鳖甲	*Microdera* (*Dordanea*) *kraatzi alashanica*	拟地中海毡谷蛾	*Trichophaga bipartitella*
				短角伸额盲蝽	*Notostira sibirica*	宽漠王	*mantichorula grandis*	双线针斑螟	*Auxacia bilineella*
				戈壁植盲蝽	*Phytocoris gobicus*	突角漠甲	*Trigonocnera pseudopimelia pseudopimelia*	云粉蝶	*Pontia edusa*
				沙地小长蝽	*Nysius senecionis*	多皱漠土甲	*Melanesthes* (*Opatronesthes*) *rugipennis*	斯饰弄蝶	*Spialia struvei*
				阿拉善异腹长蝽	*Heterogaster alasanicus*	蒙古漠土甲	*Melanesthes* (*Melanesthes*) *mongolica*	阿帕克节腹泥蜂	*Cerceris apakensi*
荒漠草原与典型草原	1500~2000	本氏针茅、短花针茅、沙生针茅、克氏针茅、大针茅等。乔木以灰榆为主，灌木有蒙古扁桃、黄刺梅等	74	草原缺弹跳	*Anurophorus stepposus*	李氏大足蝗	*Aeropus licenti*	粗背伪坚土甲	*Scleropatrum horridum horridum*
				斯氏附等跳	*Appendisotoma stebayevae*	宽须蚁蝗	*Myrmeleotettix palpalis*	钝齿琵甲	*Blaps medusula*
				单突花翅蜉	*Baetiella tuberculata*	岸栖蠼螋	*Libidura riparia*	拟步行琵甲	*Blaps caraboides*
				心斑绿虫蟌	*Enallagma cyathigerum*	优雅粗端叶蝉	*Taurotettix elegans*	二星瓢虫	*Adaliabipunctata*
				刀尾丝虫蟌	*Lestes barbarus*	阿尔泰黎氏飞虱	*Ribautodelphax altaica*	异色瓢虫	*Harmoniaaxyridis*
				碧伟蜓	*Anax parthenope julis*	针茅小毛蚜	*Chaetosiphella stipae*	大头豆芫菁	*Epicauta* (*Epicauta*) *megalocephala*
				布鲁灰蜻	*Orthetrum brunneum*	榆华毛蚜	*Sinochaitophorus maoi*	西北豆芫菁	*Epicauta* (*Epicauta*) *sibirica*
				中华真地鳖	*Eupolyphaga sinensis*	桃粉大尾蚜	*Hyalopterus pruni*	厩螫蝇	*Stomoxys calcitrans*
				薄翅螳	*Mmantis religiosa*	专麻旌蚧	*Orthezia urticae*	黑条蝇	*Mesomelaena mesomelaena*

（续表）

分布带	海拔高度/米	常见植物	昆虫种类数量/种	主要代表昆虫物种	拉丁学名	主要代表昆虫物种	拉丁学名	主要代表昆虫物种	拉丁学名
荒漠草原与典型草原	1500~2000	本氏针茅、短花针茅、沙生针茅、克氏针茅、大针茅等。乔木以灰榆为主，灌木有蒙古扁桃、黄刺梅等	74	芸芝虹螳	*Irispolystictics*	醉马草脐粉蚧	*Tridiscus achnatherum*	天幕毛虫抱寄蝇	*Baumhaueria goniaeformis*
				汤氏灰翅螽	*Platycleis tomini*	榆蛎盾蚧	*Lepidosaphes ulmi*	条纹追寄蝇	*Exorista fasciata*
				艾氏优岩螽	*Eulithoxens emeljanovi*	黑食螃齿爪盲蝽	*Deraeocoris (Camptobrochis) punctulatus*	劫小花尺蛾	*Eupithecia sinuosaria*
				阿拉善蒙螽	*Mongolodectes alashanious*	小齿爪盲蝽	*Deraeocoris (Camptobrochis) serenus*	栎刺裳夜蛾	*Mormonia dula*
				暗褐蝈螽	*Gampsocleis sedakovii*	黑头苜蓿盲蝽	*Adelphocoris melanocephalus*	珀光裳夜蛾	*Ephesiahelena*
				隆背蚱	*Tetrixtartara tartara*	条赤须盲蝽	*Trigonotylus coelestialium*	截端白斑谷蛾	*Monopis trunciformis*
				短翅疙蝗	*Pseudotmethis brachyptera*	横纹菜蝽	*Eurydema gebleri*	缘花小卷蛾	*Eucosma agnatana*
				贺兰短鼻蝗	*Filchnerella helanshanensis*	小春蝽（谷子长蝽）	*Nysius ericae*	灰钝额斑螟	*Bazaria turensis*
				内蒙古笨蝗	*Haplotropis neimongolensis*	蒙双蚁蛉	*Mesonemurus mongolicus*	斑缘豆粉蝶	*Colias erate*
				短星翅蝗	*Calliptamus abbreviatus*	点翅暗步甲	*Amaramajuscula*	蛇眼蝶	*Minois dryas*
				红翅皱膝蝗	*Augaracris rhodopa*	蒌胸暗步甲	*Amaraharpaloides*	荨麻蛱蝶	*Aglais urticae*
				亚洲小车蝗	*Oedaleus asiaticus*	赤胸长步甲	*Dolichus halensis*	优秀洒灰蝶	*Strymonidia eximia*
				宽翅曲背蝗	*Pararcyptera microptera meridionalis*	黄鞘蒌步甲	*Harpalus pallidipennis*	沙节腹泥蜂	Cerceris arenaria
				北方雏蝗	*Chorthippus hammarstromi*	直角通缘步甲	*Poecillus gebleri*	黄痣拟栉叶蜂	*Priophorus fulvostigmatus*
				青藏雏蝗	*Chorthippus qingzangensis*	裂缘圆鳖甲	*Scytosoma dissilimarginis*	铺道蚁	*Terramorium caespitum*
				黑翅牧草蝗	*Omocestus nigripennus*	波氏冬鳖甲	*Anatolica potanini*		
山地森林灌丛带	2000~2500	针、阔混交林及灌丛，山杨、白桦、榆、油松、杜松、青海云杉等	78	南山夕蚖	*Hesperentomon nanshanensi*	黄壮异蝽	*Urochela flavoannulata*	大灰优蚜蝇	*Eupeodes (Eupeodes) corollae*
				毛衣鱼	*Ctenolepisma villosa*	朝鲜东蚁蛉	*Euroleon coreanus*	内蒙麦秆蝇	*Meromyza neimengensis*
				吉野丽翅蜉	*Alainites yoshinensis*	全北褐蛉	*Hemerobius humuli*	刷胫双鬃缟蝇	*Sapromyza strigillifera*
				半山四节蜉	*Baetis subalpinus*	短胸暗步甲	*Amarabrevicollis*	小灰毛眼水蝇	*Hydrellia griseola*
				蓝壮异蟌	*Ischnura pumilio*	强足通缘步甲	*Poecillus fortipes*	端腹喜水蝇	*Philygria posticata*

（续表）

分布带	海拔高度/米	常见植物	昆虫种类数量/种	主要代表昆虫物种	拉丁学名	主要代表昆虫物种	拉丁学名	主要代表昆虫物种	拉丁学名
山地森林灌丛带	2000~2500	针、阔混交林及灌丛，山杨、白桦、榆、油松、杜松、青海云杉等	78	混合蜓	*Aeshna mixta*	郝氏刺甲	*Platyscelis* (*Platyscelis*) *hauseri*	角突短柄大蚊	*Nephrotoma cornicina cornicina*
				黄蜻	*Pantala flavescens*	淡红毛隐甲	*Crypticus* (*Sericius*) *rufipes*	白斑汝尺蛾	*Rheumaptera albiplaga*
				乌苏里蝈螽	*Gampsocleis ussuriensis*	华美花金龟	*Cetoniamagnifica*	鹿尺蛾	*Alcis admissaria*
				黑腿星翅蝗	*Calliptamus barbarus*	白星花金龟	*Potosia brevitarsis*	明痣苔蛾	*Stigmatophora micans*
				黄胫异痂蝗	*Bryodemella holdereri holdereri*	内蒙厚花天牛	*Pachyta degener*	黑点丫纹夜蛾	*Autographa nigrisigna*
				小翅雏蝗	*Chorthippus fallax*	点胸膜花天牛	*Necydalis* (*Necydalisca*) *lateralis*	蔷薇扁身夜蛾	*Amphipyra perflua*
				宽须蚁蝗	*Myrmeleotettix palpalis*	普红缘亚天	*Anoplistes halodendri pirus*	落黄卷蛾	*Archips issikii*
				叶枝山蝉	*Leptopsalta yezoensis*	黄角草天牛	*Eodorcadion* (*Ornatodorcadion*) *jakovlevi jakovlevi*	钝小峰斑螟	*Acrobasis obtusella*
				黑面横脊叶蝉	*Evacanthus heimianus*	七星瓢虫	*Coccinella septempunctata*	树脂梢斑螟	*Dioryctria resiniphila*
				凹缘缺突叶蝉	*Destitutus kungurtuki*	多异瓢虫	*Hippodamiavariegata*	网锥额野螟	*Loxostege sticticalis*
				白背飞虱	*Sogatella furcifera*	麦地种蝇	*Deliacoarctata*	金凤蝶	*Papilio machaon*
				凹颊绿飞虱	*Chloriona alaica*	缢叶阳蝇	*Helina calathocerca*	橙黄豆粉蝶	*Colias fieldii*
				酸模蚜	*Aphisrumicis*	红尾拉麻蝇	*Ravinia striata*	绢粉蝶	*Aporiacrataegi*
				小蘖苞蚜	*Liosomaphis berberidis*	伊姆短芒寄蝇	*Athrycia impressa*	菜粉蝶	*Pieris rape*
				蓍草黑粉蚧	*Atrococcus achilleae*	窄带裸盾寄蝇	*Periscepsia* (*Ramonda*) *spathulata*	寿眼蝶	*Pseudochazara hippolyte*
				欧洲根毡蚧	*Rhizococcus herbaceus*	黄鳞柯奈寄蝇	*Cnephaotachina spectanda*	夜迷峡蝶	*Mimathyma nycteis*
				白桦球坚蚧	*Eulecanium douglasi*	饰额短须寄蝇	*Linnaemya* (*Linnaemya*) *comta*	红珠灰蝶	*Lycaeides argyrogomon*
				孟雪盾蚧	*Chionaspis montana*	瘤突长角蚜蝇	*Chrysotoxum tuberculatum*	卡氏隐短柄泥蜂	*Diodontus kaszabi*
				朝鲜果蝽	*Carpocoris coreanus*	方斑墨蚜蝇	*Melanostoma mellinum*	月突节腹泥蜂	*Cerceris pedetes*
				宽碧蝽	*Palomena viridissima*	红缘小蚜蝇	*Paragus expressus*	刺瓣槌缘叶蜂	*Pristiphora spinivalviceps*
				绒盾蝽	*Irochrotus sibiricus*	黑带蚜蝇	*Episyrphus balteatus*	蒙古切胸蚁	*Temnothorax mongolicus*

（续表）

分布带	海拔高度/米	常见植物	昆虫种类数量/种	主要代表昆虫物种	拉丁学名	主要代表昆虫物种	拉丁学名	主要代表昆虫物种	拉丁学名
山地针叶林带	2500~3000	青海云杉林	33	雷氏草盲蝽	*Lygusrenati*	粉红锥喙象	*Conorhynchus conirostris*	云杉梢斑螟	*Dioryctria schutzeella*
				红楔异盲蝽	*Polymerus cognatus*	北方异瓢虫	*Hippodamiaarctica*	牧女珍眼蝶	*Coenonympha amaryllis*
				阿拉善斜唇盲蝽	*Plagiognathus alashanensis*	十三星瓢虫	*Hippodamia (Hippodamia) tredecimpunctata*	灿福蛱蝶	*abriciana adippe*
				阿拉善合垫盲蝽	*Orthotylus alashanensis*	中国双七瓢虫	*Coccinula sinensis*	银斑豹蛱蝶	*Speyeriaaglaja*
				邻实蝽	*Antheminia lindbergi*	细脉温泉水蝇	*Scatella (Scatella) tenuicosta*	多眼灰蝶	*Polyommatus erotisdes*
				苍蝽	*Brachynema germarii*	黄角凸额水蝇	*Psilopa flaviantennalis*	萨氏伊蛛蜂	*Evagetes sahlbergi*
				斑翅蝽	*Phaeocoris ellipticus*	弯边小异长足虻	*Chrysotus sinuolatus*	贺兰腮扁叶蜂	*Cephalcis alashanica*
				皱盾蝽	*Phimodera fumosa*	伦贝短柄大蚊	*Nephrotoma lundbecki lundbecki*	日本残青叶蜂	*Athalia japonica*
				内蒙厚花天牛	*Pachyta degener*	异色卷蛾	*Choristoneura diversana*	蓝黑树蜂	*Sirexjuvencus*
				梗天牛	*Arhopalus rusticus*	暗褐卷蛾	*Pandemis phaiopteron*	寒圆匙胸瘿蜂	*Trybioligomorpha rapae*
				光胸断眼天牛	*Tetropium castaneum*	松梢小卷蛾	*Rhyacionia pinicolana*	黄蚜光瘿蜂	*Alloxysta capillata*
高山灌丛及高山草原带	3000~3556	毛蕊杯腺柳、鬼箭锦鸡儿和珠芽蓼等	14	宽翅曲背蝗	*Pararcyptera microptera meridionalis*	古氏迈盲蝽	*Scirtetellus gudali*		
				北方雏蝗	*Chorthippus hammarstromi*	淡色大眼长蝽	*Geocoris hirticornis*		
				青藏雏蝗	*Chorthippus qingzangensis*	条纹追寄蝇	*Exorista fasciata*		
				天山雏蝗	*Chorthippus tianshanensis*	饰额短须寄蝇	*Linnaemya (Linnaemya) comta*		
				李氏大足蝗	*Aeropus Hcenti*	肥须寄虫蝇	*Tachina (Nowickia) atripalpis*		
				宽须蚁蝗	*Myrmeleotettix palpalis*	君主娟蝶	*Parnassius imperator*		
				阿拉善迈盲蝽	*Cirtetellus alashanensis*	仁眼蝶	*Eumenis autonoe*		

二、森林害虫

内蒙古贺兰山保护区森林害虫可分为根部害虫如华北蝼蛄、油葫芦、铜绿丽金龟、大黑鲤金龟、小地老虎等；顶芽及枝梢害虫如榆蛎盾蚧、朝鲜毛球蚧、白桦球坚蚧、桑白盾蚧、柳瘤大蚜、豆芽、中国槐蚜、桃蚜、榆叶蝉、小板网蝽、云杉梢斑螟、松梢螟、异色卷蛾、松梢小卷蛾等；食叶害虫如榆紫叶甲、榆蓝叶甲、地榆跳甲、暗褐卷蛾、甘肃线小卷蛾、树脂梢斑螟、网锥额野螟、云杉尺蠖、槐尺蠖、桦尺蠖、黄褐天幕毛虫、舞毒蛾、侧柏毒蛾、西昌榆绿天蛾、明痣苔蛾、绢粉蝶、贺兰腮扁叶锋、松黄叶蜂等；蛀干害虫如云杉八齿小蠹、云杉小蠢蠹、云杉四眼小蠹、红缘眼花天牛、梗天牛、光胸断眼天牛、杨红颈天牛、槐绿虎天牛、光肩星天牛、十斑吉丁、杨锦纹吉丁、柳干蠹蛾等；球果种实害虫有云杉球果小卷蛾。其中异色卷蛾、松梢螟、榆紫叶甲、榆蓝叶甲、云杉尺蠖、黄褐天幕毛虫、绢粉蝶、贺兰腮扁叶锋为主要监测对象。

三、功能与作用

（一）资源昆虫

资源昆虫是昆虫分泌物、内含物、排泄物等或昆虫虫体本身可作为资源被人类利用，并具有特殊价值的一类昆虫，大致可分为工业原料资源昆虫、药用昆虫、食用昆虫和饲料昆虫、观赏昆虫、传粉昆虫、天敌昆虫、环境保护昆虫、科研材料昆虫。昆虫学、生物化学、生物技术、营养、医药等科学领域的不断发展，为开发昆虫资源提供条件，昆虫资源的开发利用日益受到重视。

（二）天敌昆虫

天敌昆虫包括寄生性和捕食性昆虫两大类，它们长期在农田、林区和草场中控制着害虫的发展和蔓延。目前在林区暴发成灾的虫害，主要是天敌和寄主间的平衡遭到破坏所致，或由单一造林方式引发。利用昆虫天敌控制林区害虫成灾是生物防治的重要内容，是控制虫害大发生、减少农药污染、洁净环境的最佳选择，对保护区环境保护意义重大。内蒙古贺兰山已知天敌昆虫 361 种，占昆虫总数的 19%，为害虫的生物防治奠定了良好的物种基础。其中，捕食性天敌昆虫主要有蜻蜓目 4 科 18 种、螳螂目 1 科 2 种、革翅目 1 科 1 种、半翅目 8 科 28 种、蛇蛉目 1 科 1 种、脉翅目 3 科 20 种、鞘翅目 5 科 69 种、双翅目 3 科 107 种、膜翅目 2 科 33 种。寄生性天敌昆虫主要有双翅目 2 科 72 种、膜翅目 2 科 10 种。

（三）药用昆虫

昆虫作为药物资源由来已久。中药和民族用药（如蒙药、藏药）典籍中记载的有 250 余种，至今大部仍在使用。随着生物技术的广泛使用，药用昆虫利用进入新阶段。从昆虫体内提取出的各种药用物质如昆虫酶、昆虫蛋白、抗菌物质、昆虫毒素等成为医药学研发的热点。

（四）传粉昆虫

传粉昆虫的种类繁多，主要分属于直翅目、半翅目、缨翅目、鳞翅目、鞘翅目、双翅目和膜翅目。其中膜翅目、双翅目、鞘翅目占主要，半翅目、鳞翅目、缨翅目和直翅目占比极小。农林植物授粉的昆虫以膜翅目为主，增产效益明显，产量可提高 10%~20%。内蒙古贺兰山的传粉昆虫主要包括蜜蜂总科的一些种类，例如中华突眼木蜂、褐足原木蜂、四条无垫蜂、中华蜜蜂、熊峰等；双翅目的种类有长尾管蚜蝇、灰带管蚜蝇等，蜂虻科和花蝇科昆虫体表的毛刺便于携带花粉；鳞翅目的蝶类，鞘翅目的叩头甲科、金龟甲科、郭公甲科、拟步甲科、叶甲科、芫菁科和天牛科一些种类的成虫也在花上生活，有一定的传粉作用。

（五）食用昆虫和饲料昆虫

广义的食用昆虫可分为以下 3 种类型。食用昆虫，直接供人类食用的昆虫，如中华稻蝗等。食药两用昆虫，既可作为食用，又具滋补、保健、治疗等功效的昆虫，如蚂蚁、蚕蛾、蜜蜂、土元等。饲用昆虫，用作养殖动物饲料或饲料添加剂的昆虫。事实上大部分食用昆虫即可当食品，又可做饲料，如蝇蛆、黄粉虫等。

（六）观赏昆虫

野生观赏昆虫由于其艳丽的色彩、奇特的体态或动听的鸣声而具有很高的欣赏价值和文化价值，因此备受人们的喜爱。内蒙古贺兰山观赏昆虫首先是蝶类和蜻蜓类，其次是部分夜行性观赏蛾类、金龟类、锹甲类、大步甲类、虎甲类和瓢虫等，资源十分有限。观赏性较强的蝶类有金凤蝶、君主绢蝶、大红蛱蝶、灿福蛱蝶、曲纹银豹蛱蝶、老豹蛱蝶、黄缘蛱蝶、荨麻蛱蝶等；蛾类有珀光裳夜蛾、鹿裳夜蛾、栎刺裳夜蛾、深色白眉天蛾、北京长喙天蛾、小豆长喙天蛾、明痣苔蛾、丝棉木金星尺蛾等；蜻蜓类有条斑赤蜻、布鲁灰蜻等；螳螂目有芸芝虹螳等；鞘翅目有戴维刀锹甲、阔胸禾犀金龟、斑喙丽金龟、大云鲤金龟、小青花金龟、白星花金龟、点胸膜花天牛、苜蓿多节天牛、异色瓢虫、卷纹虎甲等。鸣虫类主要有螽斯类和蟋蟀等。

（七）环境指示性昆虫

内蒙古贺兰山的环境指示性昆虫资源，水质指示性的昆虫有蜉蝣目、襀翅目、毛翅目、蜻蜓目、鞘翅目（龙虱、水龟虫）、双翅目（摇蚊、水蝇）、半翅目（水生蝽类）、脉翅目和原尾纲、弹尾纲等多种水生昆虫（或幼虫为水生）；土壤指示性昆虫主要有原尾纲、弹尾纲、膜翅目和鞘翅目土栖类等，对土壤污染，尤其是重金属污染敏感度高；空气指示性昆虫主要是蚧虫，污染区蚧虫的种群密度明显增高。

昆虫大多数种类具飞行能力，生活史中存在变态现象，具有体躯较小，世代周期短，繁殖力强等适应特性，其分布范围遍布整个地球，因此昆虫生物多样性是生物多样的重要组成部分，对维持生态平衡、反映自然环境变化也具有重要的价值。

第五节　苔藓资源

一、种类与分布

（一）种类

据内蒙古贺兰山保护区第一次综合科学考察结果，已知有苔藓植物 30 科 80 属 180 种，其中苔类植物 7 科 9 属 9 种，藓类植物 23 科 71 属 171 种和变种（表 3-12、表 3-13）。

表 3-12　贺兰山苔藓植物优势科统计

优势科	属数	种数	占总种数百分比/%
丛藓科（Pottiaceae）	20	64	35.0
真藓科（Bryaceae）	4	16	9.0
灰藓科（Hypnaceae）	6	13	7.3
提灯藓科（Mniaceae）	3	11	6.2
紫萼藓科（Grimmiaceae）	5	12	6.2
柳叶藓科（Amblystegiaceae）	8	11	6.2
总数	46	127	70.5

表 3-13　贺兰山苔藓植物优势属统计

科名	优势属	种数	占总种数百分比/%
丛藓科（Pottiaceae）	对齿藓属（*Didymodon*）	18	10.1
真藓科（Bryaceae）	真藓属（*Bryum*）	13	7.3
灰藓科（Hypnaceae）	灰藓属（*Hypnum*）	8	4.5
丛藓科（Pottiaceae）	赤藓属（*Syntrichia*）	8	4.5
丛藓科（Pottiaceae）	墙藓属（*Tortula*）	6	3.4
提灯藓科（Mniaceae）	匐灯藓属（*Plagiomnium*）	5	2.8
提灯藓科（Mniaceae）	提灯藓属（*Mnium*）	5	2.8
紫萼藓科（Grimmiaceae）	紫萼藓属（*Grimmia*）	6	3.4
总数	8	69	37.9

（二）分布

贺兰山沟深林密，相对较为潮湿，为苔藓植物的生长发育提供小环境，85.3%的种分布于林下和林缘土壤、阴湿峭壁及岩面，仅有少量种分布在无林的裸露岩面和土壤。苔藓植物科属组成优势科较为明显，含10种以上的共6科46属127种，占总科数的20%，集中保护区57.5%的属和70.0%的种；含2~9种的有12科23属41种，含1种的有12科，含5种以上的属共8属，占总属数的10.0%，此8属共69种，占总种数的39.0%。

表3-14　内蒙古贺兰山东西坡苔藓植物分布数量统计

地区	科	属	种
分布于东坡的苔藓植物	26	65	142
分布于西坡的苔藓植物	29	71	154
东西坡共有的苔藓植物	23	51	101
仅分布于东坡的苔藓植物	2	9	41
仅分布于西坡的苔藓植物	5	14	61

优势科统计无苔类植物，反映保护区苔类植物贫乏的特点，含10种以上的6科均属北方温带地区的常见大科，以旱生藓类为主，各科地理分布简述如下。

1. 丛藓科

第一大科，属种丰富，以旱生藓类为主。生物量比较小，分布面积广，常在极端干燥裸露岩面和土壤组成结皮层，是北方温带干旱和半干旱区干燥生境下覆盖地面的主要成分，多见于疏林、无林山、林缘、草甸、裸露岩面、峭壁石缝和土壤上。分布较广的代表属有毛氏藓属、纽藓属、小石藓属、反扭藓属、扭口藓属、对齿藓属、红叶藓属、盐土藓属、流苏藓属、芦荟藓属、赤藓属、墙藓属等。大量丛藓科植物的分布反映了保护区气候趋于干燥的环境特点。在贺兰山发现的中国新记录种扁肋红叶藓、心叶对齿藓，在龙首山命名新种内蒙古红叶藓，在贺兰山也有分布，说明西北地区环境的相似性。

2. 真藓科

世界范围分布的大科，生态幅度较广，适应性强，在干燥地带、水湿地、沼泽、林地都有广泛分布。分布的真藓属有13种，占总数的7.3%。

3. 灰藓科

保护区主要分布有世界广布种、北温带常见种和东亚成分，是林下主要地被层，如美灰藓、直叶灰藓主要分布在林缘干燥处或岩石上；假丛灰藓、灰藓在阴湿林下均有大面积分布。

4. 提灯藓科

分布于世界各地，多集中于温暖地区的森林和湿地，是华北植物区系的主要代表成分。多见于水湿土壤、腐木或溪水湿岩面，贺兰山沟深林密，林下相对潮湿，故提灯藓种类较多。常见种有钝叶匐灯藓、宽边匐灯藓、树形疣灯藓、具缘提灯藓、刺叶提灯藓、偏叶提灯藓。

5. 紫萼藓科

多数种是世界广布种，在亚热带和温带分布较广，在热带分布于高山。多生于林缘或无林山裸露岩面。贺兰山地处北温带，气候相对干燥，适合紫萼藓生长，如无齿紫萼藓、长柄紫萼藓、南欧紫萼藓等在该区有大量分布，仅在西藏、新疆分布的旱藓、缨齿藓在贺兰山也有分布。在贺兰山命名为新种：贺兰山紫萼藓。

6. 柳叶藓科

以水湿生藓类著称，在贺兰山不占优势，但山势陡峭，地形复杂多样，可为柳叶藓科植物的生长提供小生境，多见于沼泽、水沟、溪流等水湿环境。

7. 优势属多数为北温带常见种类

常见于裸露岩面薄土的对齿藓属、赤藓属、墙藓属、紫萼藓属，干燥林型的灰藓属，水湿小生境的匐灯藓属，可在多种生境广泛分布的真藓属等。

还有一些科、属的种类并不多，个别种是林下地被层的优势成分，代表物种有羽藓科的山羽藓，美姿藓科的北方美姿藓，丛藓科的山赤藓，牛毛藓科的细牛毛藓、对叶藓，绢藓科的厚角绢藓，青藓科长毛尖藓，灰藓科的灰藓、直叶灰藓、假丛灰藓等，对水源涵养和减缓地表径流起着重要作用。

贺兰山不是一个独立的植物区，许多在其他地区新发现的分类群在本区已发现，如在青藏高原命名的高氏对齿藓，在欧洲分布的节叶纽藓。在内蒙古贺兰山命名的新种——双齿赤藓，在蒙古也有分布。

根据贺兰山各林型藓类地被层种类组成，优势成分和生物量，初步把贺兰山以苔藓植物为地被层的主要林型划分为 5 个垂直分布带。

（1）山前荒漠草原带，海拔 1900 米以下，代表种为土生对齿藓、中华赤藓、流苏藓、芦荟藓、钝叶紫萼藓。

（2）油松林。分布于海拔 1900~2200 米，代表种为灰藓、直叶灰藓、美姿藓、对叶藓。

（3）青海云杉-山杨混交林。分布于海拔 2200~2350 米，代表种为长毛尖藓、山羽藓、美姿藓。

（4）青海云杉。分布于海拔 2350~2800 米，代表种为大赤藓、山羽藓、细牛毛藓、假丛灰藓、毛尖羽藓。

（5）高山灌丛草甸。分布于海拔 2800~3556 米，代表种为红对齿藓、剑叶对齿藓、无齿紫萼藓、粗疣连轴藓。

2004 年在上海师范大学召开中国苔藓植物多样性保护国际研讨会，经过国内外 20 多位苔藓植物专家讨论，通过了中国濒危苔藓植物红色名录，列出中国濒危苔藓植物 82 种，其中极危种（CR）36 种；濒危种（EN）29 种；易危种（VU）17 种，模式产地在贺兰山的双齿赤藓被列为濒危种（EN）。参考中国濒危苔藓植物红色名录，初步列出贺兰山濒危物种 24 种，其中极危 6 种，濒危 7 种，易危 11 种（表 3-15）。

表 3-15　贺兰山珍稀濒危苔藓植物统计

序号	级别	科	中文名	学名	分布地
1	极危 CR	丛藓科（Pottiaceae）	贺兰山赤藓	*Syntrichia helanshanica* X. -L. Bai	贺兰山命名的新种，仅在敖包疙瘩分布 3300~3400 米高山灌丛下岩面土生
2		丛藓科（Pottiaceae）	双齿赤藓	*Syntrichia bidentata* (X. L. Bai) Ochyra	贺兰山命名的新种，仅分布在中国贺兰山、内蒙古，哈拉乌沟、南寺，林缘土生。本种已列入中国濒危苔藓植物红色名录
3		紫萼藓科（Grimmiaceae）	贺兰山紫萼藓	*Grimmia crassiuscula* H. C. Greven & C. Feng	中国特有种，在贺兰山命名的新种，哈拉乌沟岩面土生
4		丛藓科（Pottiaceae）	内蒙古红叶藓	*Bryoerythrophylum neimonggolicum* X. - L. Bai& C. Feng	中国特有种，仅分布在龙首山、贺兰山，模式标本产地：龙首山
5		紫萼藓科（Grimmiaceae）	钝叶紫萼藓	*Grimmia obtusifolia* Gao et Cao.	中国特有种，生境同种群个体稀少，在贺兰山仅发现 1 个产地，敖包疙瘩，岩面薄土
6		贺兰山命名的新种	残齿小壶藓	*Tayloria rudimenta* X. - L. Bai & B. C. Tan	仅分布在页二苏峪口，仅发现 1 个产地，岩面薄土

（续表）

序号	级别	科	中文名	学名	分布地
7	濒危 EN	丛藓科（Pottiaceae）	高氏对齿藓	*Didymodon gaocheni* B. C. Tan et Y. Ja	中国特有种，仅分布在青海、贺兰山，种群个体稀少，岩面薄土
8			扁肋红叶藓	*Bryoerythrophyllum latinervium*（Holmen）Fedosov & Ignatova	生境局限，种群个体稀少，在贺兰山仅发现一个产地，南寺，岩面土生
9		金发藓科（Polytrichaceae）	高山小金发藓	*Pogonatum alpinum*（Hedw.）Roehl = Polytrichastrum alpinum（Hedw.）G. L Smith	生境局限，个体稀少，敖包疙瘩，草甸土生
10		紫萼藓科（Grimmiaceae）	旱藓	*Indusiella thianschanica* Broth. et C. Muell	生境局限，种群个体稀少，至今仅发现 1 个产地，南寺黄土梁，岩面薄土
11		丛藓科（Pottiaceae）	云南墙藓	*Tortula yunnanensis* Chen	生境局限，至今仅发现一个产地，哈拉乌沟，岩面薄土
12		丛藓科（Pottiaceae）	卵叶盐土藓	*Pterygoneurum ovatum*（Hedw.）Dix.	生境局限，种群个体稀少，小口子、哈拉乌沟，钙质土壤生
13		美姿藓科（Timmiaceae）	美姿藓	*Timmia megapolitana* Hedw	分布区局限，种群个体稀少，南寺黄土梁，林下土生
14	易危 VU	丛藓科（Pottiaceae）	芽孢赤藓	*Syntrichia pagorum*（Milde）Amann	生境局限，北寺、哈拉乌沟，树干生
15		紫萝藓科（Grimmiaceae）	缨齿藓	*Jffuetiobryum wrighti*（Sull.）Ther	生境局限，哈拉乌沟高山草甸岩面土生
16		合叶苔科（Scapaniaceae）	卷叶合叶苔	*Scapania cuspiduligera*（Nees）K. MOIL	生境局限，种群个体稀少，哈拉乌沟岩面
17		大帽藓科（Encalyptaceae）	高山大帽藓	*Encalypta alpina* Smith	生境局限，种群个体稀少，南寺岩面薄土
18		丛藓科（Pottiaceae）	卵叶藓	*Hilperia velenovskyi*（Schiffn）Zand.	生境局限，北寺、南寺、哈拉乌沟，废弃民居黄土墙生
19		丛藓科（Pottiaceae）	梭尖对齿藓	*Didymodon johansenii*（Williams）Crum	分布区局限，哈拉乌沟、南寺，高山草甸钙质土壤生
20		薄罗藓科（Leskeaceae）	短枝褶藓	*Okamuraea brachydicton*（Card.）Nog	分布区局限，个体稀少，南寺，岩面生
21		壶藓科（Splachnacea）	隐壶藓	*Voitia nivalis* Hornsch	种群个体稀少，敖包疙瘩、北寺，腐殖质土
22		丛蓟科（Potiaceae）	石芽藓	*Stegonia lajfoia*（Schwaegr.）Veu. ex Broh	分布区局限，个体稀少，南寺、敖包疙瘩，高山岩面土生
23		真蓟科（Braceac）	缺齿藓	*Milcihogerioe micichonerin*（Funck ex Hok）Loeske	分布区局限，个体稀少，苏峪口，云杉林下潮湿岩面生
24		灰藓科（Hypnaceae）	美丽拟同叶蓟	*Lopio puheal*（Hedw.）lwas	分布区局限，个体稀少，苏峪口，油松林下阴沟岩面土生

二、生态作用

贺兰山位于荒漠和荒漠草原边缘地带，冬季严寒而干燥，夏季少雨炎热，蒸发量大于降水量，空气干燥。由于特殊的地理位置和复杂的山体地形组合及茂密的森林，年平均降水量高于毗邻沙漠地带，并具有明显的垂直分异现象，平均每上升 100 米，降水量增加 13.2 毫米，在 2900 米的山体，降水量为 429.8 毫米，为植物生长提供良好的山区小气候，使贺兰山的植物种类、植物区系组成和植被类型十分丰富和复杂，是我国西北部干旱区的重要植物种质资源宝库，有效阻挡了腾格里沙漠东移，在防风固沙、涵养水源、保持水土、调节气候等方面起到十分重要的作用。贺兰山是重要的水源涵养林保护区，是沿山居民主要的生活用水和工业用水水源地。

贺兰山苔藓植物生长繁茂，是各植被带的主要林下地被物，特别在云杉林下，几乎全部由苔藓覆盖地面，形成厚达 10~20 厘米的地被层，在物质循环和水分循环中占有重要地位。因此，研究苔藓植物地被层的组成、生物量、含水量在水土保持、水源涵养及在植被带中的生态学作用，对保护贺兰山的天然植被具有十分重要的意义。

第六节　真菌资源

一、种类与分布

（一）种类

内蒙古贺兰山海拔 1900~3100 米这一地带，地形复杂，林高谷深，气候湿润，大型真菌种类丰富，其中不乏与人类关系密切的食用、药用菌根菌。2010—2012 年，内蒙古贺兰山保护区第一次综合科学考察对贺兰山东侧大型真菌进行全面系统的考察研究。考察期间共采集标本 810 个，共鉴定 262 种，隶属于 7 目 27 科 79 属，其中子囊菌门 2 目 6 科 12 属 27 种；担子菌门 5 目 21 科 67 属 235 种。在 262 种大型真菌中，经过相关资料对比研究，确定有 44 种为内蒙古新记录种（表 3-16、表 3-17）。

表 3-16　内蒙古贺兰山大型真菌数量统计

门	纲	目	科	属	种
子囊菌门	1	2	6	12	27
担子菌门	1	5	21	67	235
合计	2	7	27	79	262

表 3-17　内蒙古贺兰山大型真菌新记录种统计

序号	名称	拉丁学名
1	紫星裂盘菌	*Sarcosphaera coronaria*（Jacq. ex Cke.）Boud.
2	黑褐口盘菌	*Plectania melastoma*（Sow.）Fuck.
3	伯特拟韧革菌	*Stereopsis burtianum*（peck）Reid
4	蹄形干酪菌	*Tyromyces lacteus*（Fr.）Murr.
5	青柄多孔菌	*Polyporus picipes* Fr.
6	黑柄多孔菌	*Polyporus melanopus*（Sw.）Pilat
7	褐疣柄牛肝菌	*Leccinum scabrum*（Bull.：Fr.）Gray
8	灰疣柄牛肝菌	*Leccinum griseum*（Quél.）Sing.
9	暗黄黏盖牛肝菌	*Suillus plorans*（Roll.）Sing.
10	褐环黏盖牛肝菌	*Suillus luteus*（L.：Fr.）Gray
11	乳黄色乳菇	*Lactarius musteus* Fr.

（续表）

序号	名称	拉丁学名
12	浅黄褐乳菇	*Lactarius flavidulus* Imai
13	紫红丝膜菌	*Cortinarius rufo-olivaceus* (Pers.) Fr.
14	荷叶丝膜菌	*Cortinarius salor* Fr.
15	暗褐丝膜菌	*Cortinarius neoarmillatus* Hongo
16	棕褐丝膜菌	*Cortinarius infractus* (Pers.: Fr.) Fr.
17	黄褐丝膜菌	*Cortinarius decoloratus* Fr.
18	柱柄丝膜菌	*Cortinarius cylindripes* Kauff.
19	茶褐丝盖伞	*Inocybe umbrinella* Bres.
20	小黄褐丝盖伞	*Inocybe auricoma* Fr.
21	黄丝盖伞	*Inocybe fastigiata* (Schaeff.) Fr.
22	黄褐丝盖伞	*Inocybe flavobrunnea* Wang
23	甜苦丝盖伞	*Inocybe dulcamara* (Alb.: Fr.) Kummer
24	缝裂木层孔菌	*Phellinus rimosus* (Berk.) Pilat.
25	平伏木层孔菌	*Phellinu sisabellinus* (Fr.) Bourd. & Galz.
26	火木层孔菌	*Phellinus igniarius* (L.: Fr.) Quél
27	中华纤孔菌	*Inonotus sinensis* (Lloyd) Teng
28	平盖锈耳	*Crepidotus applanatus* (Pers.: Pers.) Kummer
29	粪锈伞	*Bolbitius vitellinus* (Pers.) Fr.
30	褐盖粉褶菌	*Rhodophyllus rhodoplius* (Fr.) Quél.
31	粗壮杯伞	*Clitocybe robusta* Pk.
32	白桩菇	*Leucopaxillus candidus* (Bres.) Sing.
33	纯白桩菇	*Leucopaxillus albissimus* (Peck) Sing
34	黄小蜜环菌	*Armillariella cepistipes* Velen
35	蜜环菌	*Armillariella mellea* (Vahl.: Fr.) Karst.
36	豹斑口蘑	*Tricholoma pardinum* Quél.
37	土豆口蘑	*Tricholoma japonicum* Kawamura
38	棕黄褐口蘑	*Tricholoma luridus* (Schaeff.: Fr.) Quél.
39	瓦鳞蘑菇	*Agaricus praerimosus* Peck
40	近肉红环柄菇	*Lepiota subincacarnata* J. Lange
41	无柄地星	*Geastrum sessile* (Sow.) Pouz.
42	长柄梨形马勃	*Lycoperdon pyriforme Schaeff.* var. excipuliforme Desm.
43	褐皮马勃	*Lycoperdon fuscum* Bon.
44	赭褐马勃	*Lycoperdon umbrinum* Pers

通过对内蒙古贺兰山采集到的大型真菌进行科属种的统计分析，含有10种以上的共有7科49属202种，占总科数的25.9%，集中了本地区62.0%的属和77.1%的种；含有2~9种的有13科23属

53 种，占总科数的 48.1%，占总属数的 29.1%和种数的 20.2%；其余的近 25.9%为单科、单属、单种的。所占属数最多的是白蘑科和多孔菌科，属占比例为 19.0%，种占比例分别为 24.4%和 9.2%，前者属与种所占比例适中，是内蒙古贺兰山的优势属和优势种。后者属多种少，虽然属很丰富，是优势属，但每个属的种类较少，不为优势种；其次为盘菌科，属占的比例只有 7.6%，但种所占的比例却为 4.2%，再次为蘑菇科，属占比例为 6.3%，但种所占的比例却为 11.8%，呈现属少种多；最特殊的为丝蘑菌科，虽然属占比例只有 5.1%，但种所占的比例却为 16.8%，这说明此科在贺兰山分布的种类较多，是优势种。在以上 27 个科中，种属平衡的有 11 科，说明这些科种属的数量趋于平衡；属多种少的有 12 科，说明这些科属很丰富，但每属中种类较少；属少种多的有 4 科，说明这些科中虽然属较少，但每属中种类较多，是内蒙古贺兰山的优势种（表 3-18）。

表 3-18　内蒙古贺兰山大型真菌主要科属种统计

科	属	种	属占比例/%	种占比例/%	结论
白蘑科	15	64	19.00	24.40	种属平衡
多孔菌科	15	24	19.00	9.20	属多种少
盘菌科	6	11	7.60	4.20	属多种少
蘑菇科	5	31	6.30	11.80	属少种多
丝膜菌科	4	44	5.10	16.80	属少种多
球盖菇科	4	8	5.10	3.10	属多种少
地星科	3	18	3.80	6.90	属少种多
鬼伞科	3	8	3.80	3.10	种属平衡
齿菌科	3	3	3.80	1.10	属多种少
牛肝菌科	2	8	2.50	3.10	种属平衡
侧耳科	2	3	2.50	1.10	属多种少
地舌菌科	2	2	2.50	0.80	种属平衡
马鞍菌科	1	10	1.20	3.80	属少种多
蜡伞科	1	5	1.20	1.90	种属平衡
红菇科	1	5	1.20	1.90	种属平衡
枝瑚菌科	1	3	1.20	1.10	种属平衡
羊肚菌科	1	2	1.20	0.80	种属平衡
粉褶菌科	1	2	1.20	0.80	种属平衡
铆钉菇科	1	2	1.20	0.80	种属平衡
革菌科	1	2	1.20	0.80	种属平衡
肉盘菌科	1	1	1.20	0.40	属多种少
地孔菌科	1	1	1.20	0.40	属多种少
锈耳科	1	1	1.20	0.40	属多种少
松塔牛肝菌科	1	1	1.20	0.40	属多种少
银耳科	1	1	1.20	0.40	属多种少
鸟巢菌科	1	1	1.20	0.40	属多种少
粪锈伞科	1	1	1.20	0.40	属多种少

从科属所占比例来看，白蘑科和丝膜菌科属于世界性大科，分别占 24.4%和 16.8%。

内蒙古贺兰山大型真菌，根据它们获得营养的方式分为腐生真菌、寄生真菌和共生真菌三大类，其中腐生真菌可根据其生长基质分为土生菌类、木生菌类、落叶及腐草生菌类，其中土生菌类占绝大部分；寄生真菌根据其寄主分为植物寄生菌、昆虫寄生菌和真菌寄生菌。共生真菌根据与其共生的生物分为菌根菌、地衣型真菌、昆虫共生菌和真菌共生菌。

内蒙古贺兰山的大型真菌生态类型从下表 3-19 中可以看出，在所调查的 262 种大型真菌中，生于土壤的腐生真菌占的比例最大，为 42.37%，其次为菌根真菌，占 20.99%；再次为木生类真菌，占 18.32%；第四为落叶及草生菌类，占 11.07%，其他生态类型所占的比例均比较少。

表 3-19　内蒙古贺兰山大型真菌各种生态类型所占的比例

生态类型	数量/种	所占的比例/%	排序
土生菌类	111	42.37	1
菌根菌	55	20.99	2
木生菌类	48	18.32	3
落叶及草生菌类	29	11.07	4
菌类	5	1.91	6
土生草生	7	2.67	5
土生木生	3	1.15	7
土生粪生	1	0.38	8
木生粪生	1	0.38	8
土生木生草生	1	0.38	8
土生木生菌根	1	0.38	8

（二）分布

贺兰山大型真菌资源丰富，食、药用及菌根菌种类繁多，生物量大，大型真菌主要分布于海拔 1900~3100 米的针叶林、混交林下。

贺兰山蘑菇在贺兰山西坡自甘谷岭以北至古拉本，东坡从甘沟棺材山到汝箕沟一带均有分布。在贺兰山海拔 2600~3000 米的青海云杉藓类林带分布量很大，在海拔 2300~2600 米的青海云杉草类林、青海云杉山杨林带也有少量分布；其分布与坡度、坡向有关，多分布于阴坡、半阴坡，以山腰及缓坡地段发生量较多。贺兰山蘑菇在贺兰山生长于每年的 8—9 月。

贺兰山蘑菇产地的生态环境属典型的大陆性气候，全年干燥少雨，冬季寒冷，夏季温暖，年平均气温-8.4℃，日温差 8.2℃，年温差 26.1℃，≥10℃积温 478.6℃（海拔 2900 米），山地针叶林带内，森林茂密，树木根系复杂，枯枝落叶层厚，腐殖质多，水分条件好（年降水量约 429.8 毫米），夏末秋初针叶林中的最高气温 18~20℃，雨后由于晴热天气形成的大雾可维持数小时不散，针叶林中空气相对湿度高达 85%~90%，这种小范围的特殊气候为蘑菇生长发育提供适宜的生境。以紫蘑菇为例，主要分布在青海云杉藓类林下，土壤为山地淋溶灰褐土，地表有 1~2 厘米的苔藓，苔藓覆盖下为枯枝层，厚 3~5 厘米，主要由青海云杉的枯枝与腐烂的苔藓所组成，下面是 30~50 厘米厚的腐殖质层，植物根系主要分布在这里，形成生长环境。

二、经济价值

内蒙古贺兰山大型真菌种类丰富，可分为食用菌、药用菌、菌根菌。

（一）食用菌资源

内蒙古贺兰山的食用菌种类繁多，生物量大。其中贺兰山紫蘑是对生于青海云杉林中的数种丝膜菌的统称，主要包括以下 4 种：紫红丝膜菌（俗称紫蘑菇）、米黄丝膜菌（俗称黄紫蘑菇）、白丝膜菌（俗称白紫蘑菇）和紫丝膜菌（俗称紫茄子）。贺兰山除了紫蘑菇外，还有很多食用菌，如松乳菇（俗称松树片子）、翘鳞肉齿菌（俗称牛舌头）、大紫蘑菇（俗称草菇）等。产于内蒙古贺兰山的 50 种食用菌，占内蒙古贺兰山大型真菌总数的 19.1%（表 3-20）。

表 3-20 内蒙古贺兰山野生的美味大型食用真菌

编号	中文名	拉丁名	产量	美味程度	综合评价
1	古氏地孔菌球孢变型	*Geopora cooperi* Harkness f. gilkeyae Burdsall	☆	★★★★★	●
2	尖顶羊肚菌	*Morchella conica* Fr.	☆	★★★★★	●
3	小羊肚菌	*Morchella deliciosa* Fr.	☆	★★★★★	●
4	亚侧耳	*Hohenbuehelia serotina*（Pers.：Fr.）Sing.	☆	★★★	
5	宽褶奥德蘑	*Oudemasiella platyphylla*（Pers.：Fr.）Moser	☆	★★★	
6	金针菇	*Flammulina velutiper*（Fr.）Sing.	☆	★★★	
7	粗壮口蘑	*Tricholoma robustum*（Alb. et Schw.：Fr.）Ricken	☆☆	★★	
8	大白口蘑	*Tricholoma giganteum* Massee	☆☆	★★★	
9	松口蘑	*Tricholoma matsutake*（S. Ito et Imai）Sing.	☆☆☆☆	★★★★	●●●
10	杨树口蘑	*Tricholoma populinum* J. Lange	☆☆☆	★★★	●
11	深凹杯伞	*Clitocybe gibba*（Fr.）Kummer	☆	★★	
12	榆生离褶伞	*Lyophyllum ulmarium*（Bull.：Fr.）Fuhn	☆	★★★	
13	近条柄铦囊蘑	*Melanoleucasubstrictipes* Kühn.	☆	★★	
14	条柄铦囊蘑	*Melanoleucagrammnopodia*（Bull.：Fr.）Pat.	☆	★★	
15	直柄铦囊蘑	*Melanoleucastrictipes*（Kanst.）Schaeff.	☆	★★	
16	硬柄小皮伞	*Marasmius oreades*（Bolt.：Fr.）Fr.	☆	★★	
17	白香蘑	*Lepista caespitosa*（Bres.）Sing.	☆	★★★★	
18	灰褐香蘑	*Lepista luscina*（Fr.）Sing.	☆	★★★★	
19	浓香蘑	*Lepista graveolens*（Peck）Murata	☆	★★★★	
20	肉色香蘑	*Lepista irina*（Fr.）Bigelow	☆	★★★★	
21	紫丁香蘑	*Lepista nuda*（Bull.：Fr.）Cooke	☆	★★★★	
22	黄绿蜜环菌	*Armillarialuteo-virens*（Alb. et Schw.：Fr.）Sacc.	☆☆	★★★★	●
23	蜜环菌	*Armillariella mellea*（Vahl.：Fr.）Karst.	☆☆	★★★	
24	粗鳞大环柄菇	*Macrolepiotarhacodes*（Vitt.）Sing.	☆	★	
25	白杵蘑菇	*Agaricus nivescens* Moeller	☆	★★	
26	大紫蘑菇	*Agaricus auqustus* Fr.	☆☆☆☆	★★★★	●●●
27	淡黄蘑菇	*Agaricus fissurata*（Moeller）Moeller.	☆☆	★★	

（续表）

编号	中文名	拉丁名	产量	美味程度	综合评价
28	林地蘑菇	*Agaricus silvaticus* Schaeff.：Fr.	☆☆☆☆	★★	●
29	拟双环林地蘑菇	*Agaricus* sp.	☆	★★	
30	双孢蘑菇	*Agaricus bisporus*（Large）Sing.	☆	★★★★★	●
31	小孢毛鬼伞	*Coprinus ovatus*（Schaeff.）Fr.	☆	★★	
32	柱状田头菇	*Agrocybe cylindracea*（DC.：Fr.）R. Maire	☆	★★★	
33	荷叶丝膜菌	*Cortinarius salor* Fr.	☆	★★★	
34	黄丝膜菌	*Cortinarius turmalis* Fr.	☆☆☆	★★★★	●●●
35	蓝丝膜菌	*Cortinarius caerulescens*（Schaeff.）Fr.	☆☆	★★★★	●
36	米黄丝膜菌	*Cortinarius multiformis* Fr.	☆☆	★★★★★	●●
37	黏柄丝膜菌	*Cortinarius collinitus*（Pers.）Fr.	☆	★★★	
38	黏丝膜菌	*Cortinarius mucifluus* Fr.	☆	★★★	
39	紫丝膜菌	*Cortinarius purpurascens* Fr.	☆☆☆	★★★★	●●●
40	紫红丝膜菌	*Cortinarius rufo-olivaceus*（Pers.）Fr.	☆☆☆☆☆	★★★★★	●●●
41	血红铆钉菇	*Chroogomphis rutilus*（Schaeff.：Fr.）O. K. Miller	☆	★★	
42	点柄黏盖牛肝菌	*Suillus granulatus*（L.：Fr.）O. Kuntce	☆	★★★	
43	橙黄疣柄牛肝菌	*Leccinum aurantiacum*（Bull.）Gray	☆	★★★	
44	红疣柄牛肝菌	*Leccinum chromapes*（Frost.）Sing.	☆	★★★	
45	松乳菇	*Lactarius delicious*（L.：Fr.）Gray	☆☆☆	★★★★	●●
46	翘鳞肉齿菌	*Sarcodon imbricatum*（L.：Fr.）Karst.	☆☆	★★★★★	●●
47	大刺孢树花	*Grifola gigantea*（Pers.）Karst.	☆	★★	
48	硫黄菌	*Laetiporus sulphureus*（Fr.）Murrill	☆	★★★★	
49	网纹马勃	*Lycoperdon perlatum* Pers.	☆☆☆	★★★	●
50	大秃马勃	*Calvatia gigantea*（Batsch.：Fr.）Lloyd	☆☆☆	★★★	●

注：☆代表生物量，越多产量越大；★代表美味程度，越多味道越鲜美；●代表综合评价，越多越可以发展。

（二）药用菌资源

药用真菌 65 种，占内蒙古贺兰山全部大型真菌总数的 24.81%。其中具有抗癌作用的有 46 种，占绝大多数，为总数的 70.77%；止血消炎、解毒的有 13 种，占总数的 20%；具有其他药理作用的 6 种，占总数的 9.23%；这其中既有抗癌作用，又有其他药理作用的有 5 种（表 3-21）。

表 3-21　内蒙古贺兰山药用大型真菌

编号	真菌名	拉丁名	药用功效	评价
1	黑马鞍菌	*Helvella atra* Holmsk	防止恶性贫血，改善神经功能并降低血脂	▼
2	尖顶羊肚菌	*Morchella* conica Fr.	益肠胃、化痰理气，治消化不良，痰多气短	▼

（续表）

编号	真菌名	拉丁名	药用功效	评价
3	宽褶奥德蘑	*Oudemasiella platyphylla*（Pers.：Fr.）Moser	对小白鼠肉瘤 180 和艾氏癌的抑制率为 80%和 90%	●●
4	洁小菇	*Mycena pura*（Pers.：Fr.）Kummer	对小白鼠肉瘤 180 和艾氏癌的抑制率分别为 60%和 70%	●
5	金针菇	*Flammulina velutiper*（Fr.）Sing.	抗癌，对小白鼠肉瘤 180 的抑制率达 81.1%~100%，对艾氏癌的抑制率达 80%	●●
6	粗壮口蘑	*Tricholoma robustum*（Alb. et Schw.：Fr.）Ricken	对小白鼠肉瘤 180 抑制率为 100%，对艾氏癌的抑制率 100%	●●●
7	黄绿口蘑	*Tricholoma sejunctum*（Fr. ex Sow.）Quél.	对小白鼠肉瘤 180 和艾氏癌的抑制率均为 90%	●●
8	红鳞口蘑	*Tricholoma vaccinum*（Pers.：Fr.）Kummer	抗癌，对小白鼠肉瘤 180 的抑制率为 70%，对艾氏癌的抑制率为 60%	●
9	褐黑口蘑	*Tricholoma ustale*（Fr.：Fr.）Kummer	对小白鼠肉瘤 180 及艾氏癌的抑制率均为 90%	●●
10	硫黄色口蘑	*Tricholoma sulphureum*（Bull.：Fr.）Kummer	对小白鼠肉瘤 180 和艾氏癌的抑制率分别为 90%和 80%	●●
11	乳白口蘑	*Tricholoma album*（Schaeff.：Fr.）Kummer	抗癌，对小白鼠肉瘤 180 及艾氏癌的抑制率分别为 80%和 90%	●●
12	松口蘑	*Tricholoma matsutake*（S. Ito et Imai）Sing.	强身、益肠胃、止痛、理气化痰 对小白鼠肉瘤 180 和艾氏癌的抑制率分别为 91.8%和 70%	●●
13	杨树口蘑	*Tricholoma populinum* J. Lange	治疗过敏性血管炎有辅助作用	▼
14	棒柄杯伞	*Clitocybe clavipes*（Pers.）Fr.	对小白鼠肉瘤 180 的抑制率为 70%，对艾氏癌的抑制率为 60%	●
15	杯伞	*Clitocybe infundibuliformis*（Schaeff.：Fr.）Quél.	对小白鼠肉瘤 180 的抑制率为 70%，对艾氏癌的抑制率为 80%	●
16	角孢离褶伞	*Lyophyllum transforme*（Britz.）Sing.	对小白鼠肉瘤 180 的抑制率高达 100%，对艾氏癌的抑制率达 90%	●●●
17	榆生离褶伞	*Lyophyllum ulmarium*（Bull.：Fr.）Fuhn	对小白鼠肉瘤 180 和艾氏癌的抑制率为 60%	●
18	硬柄小皮伞	*Marasmius oreades*（Bolt.：Fr.）Fr.	治腰腿疼痛、手足麻木、筋络不适	▼
19	灰褐香蘑	*Lepista luscina*（Fr.）Sing.	对小白鼠腺癌 755 有抑制作用	●
20	肉色香蘑	*Lepista irina*（Fr.）Bigelow	对小白鼠肉瘤 180 的抑制率为 80%，对艾氏癌的抑制率为 70%	●●
21	紫丁香蘑	*Lepista nuda*（Bull.：Fr.）Cooke	对小白鼠肉瘤 180 的抑制为 90%，对艾氏癌的抑制率为 100%	●●●
22	黄绿蜜环菌	*Armillaria luteo-virens*（Alb. et Schw.：Fr.）Sacc.	硒的含量很高，是癌症的克星	●
23	蜜环菌	*Armillariella mellea*（Vahl.：Fr.）Karst.	对治疗腰腿疼痛、佝偻病、癫痫病有功效； 对小白鼠肉瘤 S-180 的抑制率为 70%，对艾氏腹水癌的抑制率为 80%	▼ ●●

（续表）

编号	真菌名	拉丁名	药用功效	评价
24	双孢蘑菇	*Agaricus bisporus*（Large）Sing.	对降低血压十分有效；对肺炎有辅助治疗剂作用	▼
			含有抗癌物质和广谱抗生素	●
25	赭鳞蘑菇	*Agaricus subrufescens* Peck	对小白鼠肉瘤180和艾氏癌的抑制率高达100%	●●●●
26	柱状田头菇	*Agrocybe cylindracea*（DC.：Fr.）R. Maire	对小白鼠肉瘤180及艾氏癌的抑制率分别为90%和80%	●●
27	鳞盖韧伞	*Naematoloma squamosum*（Pers.：Fr.）Sing.	对小白鼠肉瘤抑制率为90%，对艾氏癌的抑制率为100%	●●●
28	黄褐环锈伞	*Pholiota spumosa*（Fr.）Sing.	对小白鼠肉瘤抑制率为90%，对艾氏癌的抑制率为100%	●●●
29	黄棕丝膜菌	*Cortinarius cinnamomeus*（L.：Fr）Fr.	对小白鼠肉瘤180的抑制率为80%，对艾氏癌的抑制率为90%	●●
30	荷叶丝膜菌	*Cortinarius salor* Fr.	对小白鼠肉瘤180抑制率为80%，对艾氏癌的抑制率为90%	●●
31	黄丝膜菌	*Cortinarius turmalis* Fr.	对小白鼠肉瘤180抑制率60%，对艾氏癌的抑制率为70%	●
			对某些细菌有抑菌和抗菌作用	▼
32	黏柄丝膜菌	*Cortinarius collinitus*（Pers.）Fr.	对小白鼠肉瘤180抑制率为80%，对艾氏癌的抑制率为90%	●●
33	黏丝膜菌	*Cortinarius mucifluus* Fr.	对小白鼠肉瘤180抑制率为100%，对艾氏癌的抑制率为90%	●●●
34	紫绒丝膜菌	*Cortinarius violaceus*（L.）Fr.	对小白鼠肉瘤180抑制率为100%，对艾氏癌的抑制率为90%	●●●
35	晶盖粉褶菌	*Rhodophyllus clypeatus*（L.：Fr.）Quél	对小白鼠肉瘤180和艾氏癌的抑制率为100%	●●●●
36	血红铆钉菇	*Chroogomphis rutilus*（Schaeff.：Fr.）O. K. Miller	强身，益肠胃，止痛，理气化痰；对小白鼠肉瘤180和艾氏癌的抑制率分别为91.8%和70%	●●
37	点柄黏盖牛肝菌	*Suillus granulatus*（L.：Fr.）O. Kuntce	对小白鼠肉瘤的抑制率为80%，对艾氏癌的抑制率为70%	●●
38	褐环黏盖牛肝菌	*Suillus luteus*（L.：Fr.）Gray	对小白鼠肉瘤180和艾氏癌的抑制率为90%和80%	●●●
39	绒白乳菇	*Lactarius vellereus*（Fr.）Fr.	治疗腰腿疼痛、手足麻木、筋骨不适，四肢抽搐	▼
			对小白鼠肉瘤180及艾氏癌的抑制率均为60%	●
40	翘鳞肉齿菌	*Sarcodon imbricatum*（L.：Fr.）Karst.	有降低血中胆固醇的作用	▼
41	大刺孢树花	*Grifola gigantea*（Pers.）Karst.	对小白鼠肉瘤180及艾氏癌的抑制率分别为80%和99%	●●
42	多孔菌	*Polyporus varius* Pers.：Fr.	祛风寒、舒筋活络及试验抗癌	▼●
43	皱皮孔菌	*Ischnoderma resinosum*（Schaeff.：Fr.）Karst.	对小白鼠肉瘤及艾氏癌的抑制分别为70%和80%	●

（续表）

编号	真菌名	拉丁名	药用功效	评价
44	绒盖干酪菌	*Tyromyces pubscens*（Schumach.）Imazeki	对小白鼠肉瘤 180 的抑制率为 59.5%	●
45	硫黄菌	*Laetiporus sulphureus*（Fr.）Murrill	对小白鼠肉瘤 180 和艾氏癌抑制率分别为 80%和 90%	●●
46	毛栓菌	*Trametes* trogii Berkeley	除风湿、疗肺疾、止咳、化脓、生肌	▼
47	朱红栓菌	*Trametes cinnabarina*（Jacg）Franeh.	清热除湿、消炎、解毒；研末敷于伤口可止血；对小白鼠肉瘤 180 和艾氏癌的抑制率均为 90%	●●●
48	桦剥管菌	*Pipktoporus betulinus*（Bull.：Fr.）Karst.	对小白鼠肉瘤 180 抑制率为 49%	●
49	粗毛黄褐孔菌	*Xanthochrous hispidus*（Bull.）Pat.	对小白鼠肉瘤 180 和艾氏癌抑制效率分别为 80%和 70%	●●
50	篱边粘褶菌	*Gleophyllum saepiarium*（Wulf：Fr.）Karst.	对小白鼠肉瘤 180 和艾氏癌抑制率为 60%	●
51	火木层孔菌	*Phellinus igniarius*（L.：Fr.）Quél	对小白鼠肉瘤的 180 的抑制率为 87%，艾氏癌的抑制率为 80%	●●
52	红肉拟层孔菌	*Fomitopsis rosea*（A. et S.：Fr.）Karst.	对小白鼠肉瘤 180 和艾氏癌抑制率分别为 80%和 60%	●
53	尖顶地星	*Geastrum triplex*（Jungh.）Fisch.	外伤消肿、解毒、止血	★
54	毛嘴地星	*Geastrum fimbriatum*（Fr.）Fisch.	消炎、止血、解毒	★
55	绒皮地星	*Geastrum velutinum*（Morg.）Fisch.	孢子用于外伤止血	★
56	无柄地星	*Geastrum sessile*（Sow.）Pouz.	孢粉药用消炎	★
57	白鳞马勃	*Lycoperdon mammaeforme* Pers	孢粉可作为止血药	★
58	白刺马勃	*Lycoperdon wrightii* Berk. Curt	止血、消炎、解毒	★
59	梨形马勃	*Lycoperdon pyriforme* Schaeff.：Pers.	孢粉可作为止血药	★
60	网纹马勃	*Lycoperdon perlatum* Pers.	消肿、止血、解毒	★
61	小马勃	*Lycoperdon pusillus* Batsch：Pers.	止血、消肿、解毒、清肺、利喉	★
62	赭褐马勃	*Lycoperdon umbrinum* Pers.	孢粉药用，可消炎、止血	★
63	白秃马勃	*Calvatia candida*（Rostk.）Hollos	消炎、解热、利喉、止血	★
64	大秃马勃	*Calvatia gigantea*（Batsch.：Fr.）Lloyd	消肿、止血、清肺、利喉、解毒	★
65	龟裂秃马勃	*Calvatia caelata*（Bull. et DC.）Morgan	消肿、解毒、止血	★

注：●代表抗癌，越多抗癌性越强；★代表止血、消炎、解毒；▼代表其他药理作用。

（三）毒菌资源

有毒和疑似有毒的大型真菌有 40 种，占内蒙古贺兰山大型真菌总数的 15.27%。其中，胃肠道刺激物 11 种，占毒菌总数的 27.5%；有精神异常、幻觉毒素 8 种，占毒菌总数的 20%；疑似有毒 7 种，占毒菌总数的 17.5%；微毒 4 种，占毒菌总数的 10%，这些种类可以通过加工后食用；剧毒 3 种，占毒菌总数的 7.5%；生食有毒性，加工后毒性消失 3 种，占毒菌总数的 7.5%；孢子有毒和与酒同食有毒的各 2 种，占毒菌总数的 5%（表 3-22）。还有部分食毒不明的需进一步研究考证。

表 3-22　内蒙古贺兰山的有毒大型真菌

编号	真菌名称	拉丁名	毒性情况	解决办法
1	碟形马鞍菌	*Helvella acetabulum*（L.）Quél.	微毒	可加工后食用
2	棒柄杯伞	*Clitocybe clavipes*（Pers.）Fr.	微毒	可加工后食用
3	鳞盖韧伞	*Naematoloma squamosum*（Pers.：Fr.）Sing.	微毒	可加工后食用
4	松林小牛肝菌	*Boletinus pinetorum*（Chui）Teng	微毒	可加工后食用
5	马鞍菌	*Helvella elastica* Bull.：Fr.	孢子有毒	洗净孢子后食用
6	弹性马鞍菌	*Helvella elastica* Bull.	孢子有毒	洗净孢子后食用
7	橙黄网孢盘菌	*Aleuria aurantia*（Pers. ex Fr.）Fuck	生食有毒	熟后食用
8	锈色口蘑	*Tricholoma pessundatum*（Fr.）Quél.	生食有毒	熟后食用
9	绒白乳菇	*Lactarius vellereus*（Fr.）Fr.	生食有毒	熟后食用
10	豹斑口蘑	*Tricholoma pardinum* Quél.	胃肠道刺激物	不宜食用
11	赭红拟口蘑	*Tricholomaapsis rutilans*（Schaeff.：Fr.）Sing.	胃肠道刺激物	不宜食用
12	栎小皮伞	*Marasmius dryophilus*（Bull.：Fr.）Karst.	胃肠道刺激物	不宜食用
13	黄斑蘑菇	*Agaricus xanthodermus* Quèl.	胃肠道刺激物	不宜食用
14	肝褐丝盖伞	*Inocybe radiata* Peck	胃肠道刺激物	不宜食用
15	黄褐丝盖伞	*Inocybe flavobrunnea* Wang	胃肠道刺激物	不宜食用
16	疏生丝盖伞	*Inocybe praetervisa* Quél.	胃肠道刺激物	不宜食用
17	毒滑锈伞	*Hebeloma fastibile*（Fr.）Quél.	胃肠道刺激物	不宜食用
18	芥味滑锈伞	*Hebeloma sinapicans* Fr.	胃肠道刺激物	不宜食用
19	大毒滑锈伞	*Hebeloma crustuliniforme*（Bull.：Fr.）Quél.	胃肠道刺激物	不宜食用
20	窝柄黄乳菇	*Lactarius scrobiculatus*（Scop.：Fr.）Fr.	胃肠道刺激物	不宜食用
21	毒杯伞	*Clitocybe cerussata*（Fr.）Kummer	剧毒	致命，决不可食用
22	粉白霜杯伞	*Clitocybe dealbata var. sudorifca* Pk.	剧毒	致命，决不可食用
23	褐红花褶伞	*Panaeolus subbalteatus*（Berk. &Br.）Sacc.	剧毒	致命，决不可食用
24	林地杯伞	*Clitocybe obsolota*（Batsch）Quél.	怀疑有毒	慎食
25	冠状环柄菇	*Lepiota cristata*（Bolt.：Fr.）Quél.	怀疑有毒	慎食
26	白紫丝膜菌	*Cortinarius albovilaceus*（Pers.：Fr.）Fr.	怀疑有毒	慎食
27	红褐丝盖伞	*Inocybe friesii* Heim	怀疑有毒	慎食
28	土黄丝盖伞	*Iinocybe praetervisa* Quél.	怀疑有毒	慎食
29	波状滑锈伞	*Hebeloma sinuosum*（Fr.）Quél.	怀疑有毒	慎食
30	褐黏盖牛肝菌	*Suillus collinitus* Fr.	怀疑有毒	慎食
31	毛头鬼伞	*Coprinus comatus*（Mull.：Fr.）Gray.	与酒同食有毒	切勿与酒同食
32	小孢毛鬼伞	*Coprinus ovatus*（Schaeff.）Fr.	与酒同食有毒	切勿与酒同食
33	大孢花褶伞	*Panaeolus papilionaceus*（Bull：Fr.）Quél.	精神异常、有幻觉	不宜食用

（续表）

编号	真菌名称	拉丁名	毒性情况	解决办法
34	粪生花褶伞	*Panaeolus fimicola* Fr.	精神异常、有幻觉	不宜食用
35	半球盖菇	*Stropharia semiglibata*（Batsch.：Fr.）Quél.	精神异常、有幻觉	不宜食用
36	粪生光盖伞	*Psilocybe coprophila*（Bull.：Fr.）Kummer	精神异常、有幻觉	不宜食用
37	褐光盖伞	*Psilocybe argentipes* K. Yokoyama	精神异常、有幻觉	不宜食用
38	星孢丝盖伞	*Inocybe asterospora* Quél.	精神异常、有幻觉	不宜食用
39	橘黄裸伞	*Gymnopilus spectabilis*（Fr.）Sing.	精神异常、有幻觉	不宜食用
40	绿褐裸伞	*Gymnopilus aeruginosus*（Peck）Sing.	精神异常、有幻觉	不宜食用

第七节　矿产资源

一、种类与分布

贺兰山矿产资源丰富，在古拉本、呼鲁斯太等地蕴藏着优质煤炭资源，在伊克尔地区形成优势矿种石灰岩。另外，还有贺兰石、花岗岩、磷灰岩、石英砂岩、镁、铁、锰、铬、铝、石棉、磷、硅石等矿产资源。

二、重要矿产及储量

铁矿石：主要分布于贺兰山南北两端，生成于距今 18 亿~16 亿年。矿层赋存于元古界长城系含三价铁氧化物，如赤铁矿、褐铁矿；铁矿的黏土岩为紫红、褐红、黄褐等，也称红色泥岩和页岩。

石英砂岩：主要分布在贺兰山中段和北段，属浅海硅质碎屑岩建造，生成于距约 16 亿年。主要有灰白、浅紫、粉红色。

硅质岩：中元古代晚期距今时间 14 亿~16 亿年，硅质岩是指由化学作用以及某些火山作用所形成的富含二氧化硅（一般大于 70%）的沉积岩，包括盆地内经机械破碎再沉积的硅质岩。硅质岩的形态多样，最常见的是层状、透镜状、结合状、团块状。

贺兰石：主要分布于贺兰山中段。颜色以灰紫色为主，嵌以不规则的绿色条块。所谓“紫中嵌绿、绿中附紫、紫绿两色天然交错”构成玉带、云纹、石眼等形状，显得清雅莹润、美妙多姿，是一种用于制作砚台、屏风、镇纸等工艺美术品的上等原料。

无烟煤：主要分布于贺兰山北段古拉本地区，被称为“乌金”“太西煤”。无烟煤煤化程度最高，含碳量高达 90%~98%，含氢量较少，一般小于 4%，储量约 13 亿吨。外观呈黑至钢灰色，因其光泽强，又称白煤。具有燃点高，火焰短，燃烧时无烟，化学反应弱等特点，主要用于生产氮肥和民用。

烟煤：贺兰山均有分布，煤化程度中等，燃烧时冒浓烟，故称为烟煤，是重要的动力燃料和炼焦原料，也可用来干馏石油和制造煤气。

第四章　林业调查与规划设计

第一节　自然保护区功能区划及整合优化

一、保护区类型

贺兰山保护区属森林和野生动物类型自然保护区，1992 年 5 月 13 日，内蒙古自治区人民政府办公厅《关于同意将贺兰山西坡列为自治区级自然保护区的批复》同意将贺兰山西坡列为自治区级自然保护区，同时上报国务院申请升格为国家级综合生态自然保护区。10 月 27 日，国务院《关于同意天津古海岸与湿地等十六处自然保护区为国家级自然保护区的批复》同意建立贺兰山保护区，总面积 67710. 6 公顷。

二、功能区划

1992 年，贺兰山保护区总面积 67710. 6 公顷，其中，核心区面积 12233. 6 公顷，缓冲区面积 12329 公顷，实验区面积 43148 公顷。1996 年 1 月 23 日，林业部同意建设贺兰山保护区，总面积 67710. 2 公顷，其中，核心区面积 10370. 9 公顷，缓冲区面积 8893. 5 公顷，实验区面积 48445. 8 公顷。2001 年 11 月 27 日，国家林业局批准《内蒙古贺兰山国家级自然保护区总体规划》实施，总面积 67709. 8 公顷，其中，核心区面积 20200 公顷，缓冲区面积 10762. 5 公顷，实验区面积 36747. 3 公顷。

三、整合优化

根据国家林业和草原局办公室《关于启动自然保护地整合优化前期工作的通知》、自然资源部国家林业和草原局《关于做好自然保护区范围及功能分区优化调整前期有关工作的函》、内蒙古自治区林业和草原局内蒙古自治区自然资源厅《关于开展自然保护地整合优化工作的通知》，2020 年 3 月，完成保护区勘界立标和整合优化招投标工作，启动贺兰山国家级自然保护区范围及功能分区优化调整。按照《内蒙古自治区自然保护地整合优化工作方案》《自然保护地整合优化预案编制大纲》，2020 年 5 月，提交贺兰山保护区整合优化预案及分述报告，并上报自然资源部和国家林业和草原局审核备案。

（一）森林公园与自然保护区合并

内蒙古贺兰山国家森林公园类型为自然公园，保护级别为国家级，批复面积 3455. 1 公顷，2019 年勘界后面积 3455. 48 公顷。根据自然资源部国家林业和草原局《关于做好自然保护区范围及功能分区优化调整前期有关工作的函》和内蒙古自治区自然资源厅林业和草原局《内蒙古自治区自然保护地整合优化工作方案》中主要任务二“根据整合优化要求，对交叉重叠、相邻、划建不合理的各级各类自然保护地进行归并、整合、调整，对具有保护价值的生态空间划入或新建相应的自然保护地，形成自然保护地范围和功能区矢量数据”，针对内蒙古贺兰山国家森林公园完全重叠于贺兰山保护区内的实际，保留贺兰山保护区，内蒙古贺兰山国家森林公园归并至保护区。转化后的类型为自然保护区，保护级别为国家级。

（二）自然保护区范围及功能分区整合优化

1992 年经国务院批准成立贺兰山保护区，总面积 67710. 60 公顷。其中核心区 10370. 90 公顷，缓冲区 8893. 50 公顷，实验区 48445. 80 公顷。2020 年内蒙古自治区林业和草原局下发界线保护区总面积 67705. 75 公顷，其中，核心保护区 31557. 52 公顷，一般控制区 36148. 23 公顷。并以此作为基础界线开展本次整合优化工作。2022 年保护区整合优化“再完善”后总面积 67917. 55 公顷，其中，核心保护区 31631. 87 公顷，一般控制区 36285. 68 公顷。较整合优化前总面积净增加 211. 80 公顷，其中核心区面积净增加 74. 35 公顷。

1. 调入和调出地块

（1）调出地块。调出地块 2 块，总面积 222. 14 公顷。其中地块 1 为原阿左旗古拉本敖包镇镇区，调出面积 206. 67 公顷，该行政区域范围内原有 2 宗矿权和 3 家小洗煤厂，整合优化前均已从保护区退出，整改完毕，完成环境治理，调整区域不涉及矿权问题。地块 2 为塔尔岭水库，调出面积 15. 47 公顷，已于 2005 年取得水库水管权证。

（2）调入地块。调入地块 2 块，总面积为 433. 94 公顷，转化为一般控制区。其中地块 1 为阿左旗宗别立镇国有林地 423. 48 公顷，森林资源主要以蒙古扁桃等灌木为主，其覆盖度可以达到灌木林地划定标准。地块 2 为保护区北部小松山生态红线范围内天窗（原松塔水泥厂厂区）10. 46 公顷。

2. 功能分区优化情况

（1）原核心区和缓冲区直接转化为核心保护区的面积，原实验区转为一般控制区的面积，三区变两区中原核心区和缓冲区直接合并转化为核心保护区面积 31557. 52 公顷，原实验区直接转化为一般控制区面积 36148. 23 公顷。

（2）原核心区和缓冲区调整到一般控制区面积。原核心区和缓冲区调整到一般控制区的面积 789. 18 公顷，主要位于北寺旅游景区、原缓冲区与一般控制区交界区域。

（3）原实验区调整到核心保护区面积。根据保护强度不降低、保护性质不改变、保护面积不减少的基本原则，将原实验区内森林资源较好，郁闭度达 50% 以上的国有林地补入到核心保护区面积 863. 53 公顷，核心保护区面积净增加 74. 35 公顷。

四、保护对象

贺兰山保护区主要保护对象为青海云杉等野生动植物。

第二节　自然保护区综合科学考察

按照《中华人民共和国自然保护区条例》规定，贺兰山管理局 2009 年编制《内蒙古贺兰山国家级自然保护区综合科学考察可行性研究报告》，2010 年经内蒙古自治区林业厅批准同意开展综合科学考察。

综合科学考察期限：2009 年 11 月至 2014 年 12 月，分为 4 个阶段。

1. 前期准备阶段

2009 年 11—12 月，考察可研报告、实施方案的编制，申报，立项，考察经费筹措。

2. 野外考察阶段

2010 年 8 月至 2013 年 12 月。考察内容：森林昆虫、野生动物、植物、苔藓、大型真菌、地质、地貌、土壤、水文、气象、保护区旅游资源。

3. 内业整理及补充考察阶段

2014 年 1—12 月。

4. 调查报告印刷出版发行阶段

2013—2017 年。

科学考察对保护区内资源、环境状况进行全面综合考察，主要目的是摸清保护区内资源种类和生态环境，以及物种的濒危情况和可开发利用价值等，为保护区建设、发展、管理提供理论依据。

贺兰山保护区于 2010 年 8 月开始与国内 20 余家科研院所及高等院校合作，对贺兰山植物、野生动物、大型真菌、昆虫、苔藓、森林资源地质、水温、气象等 12 项内容进行了考察。事实证明，贺兰山是一个蕴藏着众多珍稀动、植物资源和丰富的生物多样性的物种遗传基因库。先后组织编撰出版了六大类科技文献系列丛书，分别是《内蒙古贺兰山地区昆虫》《贺兰山野生动物图谱》《贺兰山苔藓植物彩图志》《内蒙古贺兰山大型真菌图志》《内蒙古贺兰山自然保护区综合科学考察报告》《内蒙古贺兰山植物多样性》。

据综考统计，保护区有野生维管束植物 87 科 357 属 788 种和 28 个变种，其中特有及近特有种为 61 种，列入中国红色植物名录的贺兰山植物有 17 种。

贺兰山有脊椎动物 4 纲 26 目 78 科 352 种，其中鸟类 279 种，兽类 54 种，两栖爬行动物 19 种，属国家重点保护的有 58 种，国家一级保护动物有 7 种，国家二级保护动物有 51 种。

贺兰山地区昆虫有 25 目 203 科 1016 属 1914 种，占内蒙古地区已知昆虫总数的 30. 01%。新发现 21 种昆虫，其中 7 种在《内蒙古贺兰山地区昆虫》发表，其余 14 种以科技论文发表；中国新纪录属 2 属，中国新纪录种 34 种；内蒙古新纪录 3 目 5 科 52 种，以上发现极大地丰富了中国的昆虫区系。此次考察成果与 1999 年的《内蒙古昆虫》中记录的贺兰山地区昆虫相比较，昆虫种类多出 14 目 84 科 1127 种；与王新谱（2010）的《宁夏贺兰山昆虫》中记录的种类相比较，昆虫种类多出 7 目 38 科 891 种。可为生物多样性保护及合理利用提供科学依据。

贺兰山苔藓植物有 180 种，分属 30 科 80 属，其中苔类植物 7 科 9 属 9 种，藓类植物 23 科 71 属 171 种和变种。

贺兰山大型真菌有 262 种，隶属于 7 目 27 科 79 属，确定有 44 种为内蒙古新记录种。

综合科学考察系列丛书的出版，对贺兰山保护区自然资源和生态环境的有效保护、监测管理、科学研究、合理开发利用及保护区的全面发展建设起到推动作用，为今后贺兰山研究工作奠定了基础。

通过综合科学考察，出版综合科学考察丛书一套（6 本），共 380 余万字，发表学术论文多篇。

（1）《内蒙古贺兰山国家级自然保护区综合科学考察报告》，主编为刘振生，该书 800 千字。该书涵盖了贺兰山保护区的历史沿革、行政区划、保护区类型、生态地位、野生动植物、苔藓、大型真菌、土壤、地质地貌、水文、气象、旅游资源社会经济、保护管理与可持续发展等多个学科方面的内容，由东北林业大学刘振生教授汇总定稿。该书的出版不仅对贺兰山保护区自然环境和生物资源的有效保护、管理监测、科学研究、资源合理开发利用及保护区的全面发展建设起到推动作用，而且对国内外认识和研究贺兰山有一定的帮助和参考意义。

（2）《贺兰山野生动物图谱》，主编为刘振生，该书 350 千字。根据调查共收录陆生脊椎动物 26 目 78 科 352 种，其中有两栖爬行动物共 2 目 8 科 19 种，鸟类 18 目 55 科 279 种，兽类 6 目 15 科 43 属 54 种。保护区中属于国家重点保护的脊椎动物有 58 种，其中国家一级保护野生动物 7 种，国家二级保护野生动物 51 种。此书用精练的文字配以彩色图片对贺兰山地区的野生动物进行了介绍。该书是目前识别贺兰山地区野生动物的一本较全面而翔实的工具书。

（3）《内蒙古贺兰山地区昆虫》，主编为白晓栓、彩万志、能乃扎布，该书 1100 千字。从调查收录的昆虫区系组成、分布类型、特点、区系形成演化等方面进行了详尽阐述，共记录内蒙古贺兰山地区昆虫纲 25 目 203 科 1016 属 1914 种，占内蒙古地区已知昆虫总数的 30. 01%。调查新发现 21 种昆虫，其中 7 种在《内蒙古贺兰山地区昆虫》发表，其余 14 种以科技论文发表；中国新记录属 2 属，中国新记录种 34 种；内蒙古新记录 3 目 5 科 52 种，发表核心期刊科技论文 17 篇，其中包括 SCI 收录文章 1 篇，从而极大地丰富了我国的昆虫区系。

（4）《贺兰山苔藓植物彩图志》，主编为白学良，该书 550 千字。该图志编写体现植物的形态结构特征方面具有真实性更强的特点，在分类鉴定苔藓植物时直观性较强，可补充宁夏贺兰山国家级自然保护区 2010 年出版的《贺兰山苔藓植物志》手绘图版的不足。《贺兰山苔藓植物彩图志》，通过作者 3 次对贺兰山苔藓植物进行考察采集的 500 多号标本及前人采集的 1009 号标本鉴定整理，已知该区有苔藓植物 30 科 80 属、180 种（包括种以下单位，下同），其中苔类植物 7 科 9 属 9 种，藓类植物 23 科 71 属 171 种和变种。书中记录了藓类的 1 个中国新记录属、16 个中国新记录种，藓类 3 个新种，苔类 1 个新种，多于《贺兰山苔藓植物志》藓类 4 个贺兰山新记录种，并且对《贺兰山苔藓植物志》中的 11 种藓的种名重新进行了修正。此书是分类鉴定苔藓植物的重要参考，也为深入研究贺兰山植物区系生态学提供了基础科学资料。《贺兰山苔藓植物彩图志》是目前国内较少有的苔藓彩色图谱，具有较高的学术引领和研究价值。

（5）《内蒙古贺兰山大型真菌图志》，主编为孙丽华、陈立杰，该书 420 千字。该书中记载了贺兰山的大型真菌 262 种，为 2 亚门 2 纲 7 目 27 科 79 属，其中发现新种 1 种，内蒙古新记录种 44 种。书中对贺兰山大型真菌资源多样性进行了详细的统计分析，对食用和药用价值和资源现状给予了科学评价。全书内容丰富，图文并茂，是我国大型真菌研究领域的一项重要成果，为合理开发利用贺兰山的真菌资源、深入研究大型真菌区系特征、保护生态环境等提供了重要的参考文献。

（6）《内蒙古贺兰山自然保护区植物多样性》一书，主编为梁存柱、朱宗元，该书 600 千字。该书记录了贺兰山维管束植物 87 科 357 属 788 个种和 28 个变种，其中特有与近特有种为 61 种，占维管束植物全部物种的 7.5%。同时收录贺兰山植物群系 68 个，对每个群系组成、生活型与水分生态类型组成、区系地理成分等进行了系统论述。系统地对贺兰山森林生态系统及其生物多样性进行了研究，为我国北方森林生态类型自然保护区的植物资源保护与管理奠定了翔实的理论基础，同时也是一本研究干旱、半干旱区山地森林生态系统特有植物集中分布区的基础性资料，有着较高的参考和指导价值。

第三节　自然保护区和国家森林公园总体规划

一、贺兰山保护区总体规划

1995 年 6 月，内蒙古自治区第二林业勘察设计院编制《内蒙古贺兰山国家级自然保护区总体规划》。

1996 年 1 月 23 日，林业部《关于对内蒙古贺兰山国家级自然保护区建设项目的批复》同意建设贺兰山保护区。

2001 年 5 月，内蒙古自治区林业勘察设计院编制《内蒙古贺兰山国家级自然保护区总体规划（2001—2010 年）》。是年 11 月 27 日，国家林业局《关于山东黄河三角洲等 20 个国家级自然保护区总体规划的批复》批准总体规划实施。

2019 年 2 月，《内蒙古贺兰山国家级自然保护区总体规划（续编）》完成政府采购，委托林产工业规划设计院开始编制保护区总体规划。

二、内蒙古贺兰山国家森林公园总体规划

1993 年 5 月 11 日，内蒙古自治区林业局批准开设贺兰山自然保护区北寺（福因寺）旅游小区，旅游区面积 1100 公顷，1995 年 5 月 1 日开始营业。

1998 年 5 月，内蒙古自治区林业厅《关于贺兰山自然保护区开设南寺旅游小区的批复》批准建

立南寺（广宗寺）旅游小区，旅游区面积 2355. 1 公顷，2002 年被评为国家 4A 级景区。

2002 年 12 月 2 日，国家林业局《关于同意建立白草洼等 59 处国家森林公园批复的通知》批准建立内蒙古贺兰山国家森林公园。

2003 年 5 月，内蒙古自治区林业勘察设计院编制《内蒙古贺兰山国家森林公园总体规划设计》。

2004 年 4 月 22 日，内蒙古自治区林业厅《关于内蒙古贺兰山国家森林公园总体规划设计的批复》同意建设内蒙古贺兰山国家森林公园，规划总面积 3455. 1 公顷，建设期限为 2 年。

2019 年 2 月，《内蒙古贺兰山国家森林公园总体规划（续编）》完成政府采购，委托林产工业规划设计院开始编制森林公园总体规划。

内蒙古贺兰山国家森林公园自 2004 年开始建设后，建设专用旅游公路 16 公里，修建景观步道及木栈道 30 公里，建设商务中心、游客服务中心、票务中心等旅游服务设施 21500 平方米，旅游广场 3600 平方米，停车场 50000 平方米。

三、管理区域确权

1990 年 8 月 20 日，阿左旗人民政府核发阿左旗贺兰山林场《内蒙古自治区林权证》，管辖面积 67710. 2 公顷。

1996 年 1 月 23 日，林业部《关于对内蒙古贺兰山国家级自然保护区建设项目的批复》批准同意建设贺兰山保护区，保护区划分为核心区、缓冲区、实验区 3 个功能区，面积分别为 10370. 9 公顷、8893. 5 公顷、48445. 8 公顷，总面积 67710. 2 公顷。

2001 年 5 月 24 日，阿左旗人民政府《关于将贺兰山保护区外围禁牧区划归自然保护区管理的批复》批准将贺兰山自然保护区外围已架设网围栏的禁牧区 20790 公顷宜林荒山荒地划归贺兰山管理局管理。11 月 27 日，国家林业局《关于山东黄河三角洲等 20 个国家级自然保护区总体规划的批复》批准贺兰山保护区属森林和野生动物类型自然保护区，主要保护对象为青海云杉林及野生动植物，总面积 67709. 8 公顷，其中，核心区面积 20200 公顷，缓冲区 10762. 5 公顷，实验区 36747. 3 公顷。

2012 年 11 月 10 日，阿左旗人民政府《决定事项通知》指出，“关于贺兰山保护区土地权属的问题，贺兰山保护区国有土地确权面积约 67710 公顷”。12 月 19 日，阿左旗人民政府核发保护区《中华人民共和国林权证》，权属为国有，面积合计 67709. 8 公顷。

第五章　森林资源保护与管理

第一节　林业行政管理

一、林政管理队伍建设

贺兰山保护区建立管理局–管理站（森林公安派出所）–管护站三级管理体制，资源林政科负责林政执法管理工作，有林政管理人员 120 人。

二、林业法治建设

（一）普法宣传工作

2006 年，贺兰山管理局采取多种形式，广泛宣传“四五”普法依法治理经验和“五五”普法指导思想、工作目标、主要任务，为启动“五五”普法依法治理规划营造舆论氛围。

2007 年，根据阿拉善左旗普法依法治理领导小组部署，结合实际，参照“五五”普法规划，制定贺兰山管理局普法宣传教育规划，确定普法内容，启动保护区“五五”普法工作，保障“五五”普法规划贯彻执行。开展普法宣传，在辖区各主要入山口、哈拉乌、水磨沟、古拉本、腰坝和南北寺旅游区宣传《中华人民共和国自然保护区管理条例》《内蒙古自治区森林草原防火条例》，发放防火警示卡。

2008 年，在巴彦浩特镇开展普法宣传活动，制作“五五”普法专栏，散发宣传单。贯彻“五五”普法精神，举办行政执法培训班，提高全局林业执法人员行政执法水平。

2009 年，组织各科室、中心管理站、管护站开展法律知识学习。举办行政执法培训班，重点学习《林业行政处罚程序规定》《林业行政执法监督办法》法律法规，确保在工作中履行依法管护森林和保护野生动植物的职责。参加旗司法局举办的法律培训班和法律知识考试。

2010 年，结合创先争优活动，完善领导及干部职工学法、用法、执法质量考核等制度建设，加强干部职工法律法规培训，提高干部职工法律素质，改善执法环境，整体推进保护区依法行政和法治化管理水平。以城乡一体化建设为契机，开展“星级”普法创建工作。举办行政执法培训班，开展普法宣传。

2011 年，是“五五”普法工作总结验收之年，是“六五”普法工作开局之年，接受上级部门检查验收。

2012 年，按照国务院《全面推进依法行政实施纲要》和内蒙古自治区政府《“六五”普法依法治理工作规划》要求，制定贺兰山管理局法制宣传教育第六个五年规划，对五年普法依法治理工作目标、任务提出具体要求，启动“六五”普法工作。组织各科室、中心管理站、管护站开展综合业务知识技能及安全生产培训、行政执法专题培训班。

2013 年，是“六五”普法工作中期检查之年，按照旗委、旗政府关于开展法制宣传教育的第六个五年规划的具体要求，推动“六五”普法规划贯彻落实，接受上级相关部门的检查，林业行政执法规范，依法治林能力得到提升。

2014年，举办护林员执法培训班9期、开展集中学法34次、法制讲座13期、参加法律大讲堂3次。利用“3·12”植树节、综治宣传月、“五一”、平安建设宣传月、“十一”“爱鸟周”“12·4”法制宣传日、反邪教法制宣传周等重要节点，开展宣传活动30次，发放宣传资料5000份。执法人员持证上岗及培训合格率100%。

2015年，接受上级部门“六五”普法检查验收。

2016—2020年，开展“七五”普法工作，落实“谁执法谁普法”责任，推进领导干部学法用法，加强法治文化建设。

（二）林业行政执法

1. 行政职能事项

2017年，按照《内蒙古自治区行政权力监督管理办法》《阿拉善左旗2017年推进简政放权放管结合优化服务工作方案》中关于权责清单动态调整的规定和要求，经梳理，保护区承担林业行政职能事项共16项，其中，行政处罚6项、行政监督检查3项、行政征收4项、其他权利3项；12月30日，阿左旗人民政府发布《关于重新公布全旗行政权责清单的通知》，贺兰山管理局权责清单从2017年1月1日起执行。

根据国家林业局发布第50号令《在国家级自然保护区修筑设施审批管理暂行办法》《阿拉善左旗机构编制委员会办公室关于上报承担行政职能事业单位相关材料的通知》要求，经梳理，取消行政征收4项，即林地补偿费、林木补偿费、自然保护区保护管理费、安置补助费。

2. 执法队伍建设

（1）林业行政执法资格。截至2022年，贺兰山管理局53名林业行政执法人员取得内蒙古自治区人民政府颁发的“内蒙古自治区行政执法证”。其中，2017年44名、2018年6名、2020年3名。

（2）林政案件办理情况。2011—2016年，贺兰山管理局共查处林业违法案件353起，结案率100%，打击非法放牧、无证入山、破坏林地资源违法行为。其中，2011年依法查处19起，结案率100%；2012年依法查处45起，结案率100%；2013年依法查处94起，结案率100%；2014年依法查处77起，结案率100%；2015年依法查处91起，结案率100%；2016年依法查处27起，结案率100%。

2017—2020年，贺兰山森林公安局共查处林业违法案件309起，结案率100%，打击非法放牧、无证入山、破坏林地资源违法行为。其中，2017年依法查处45起，结案率100%；2018年依法查处80起，结案率100%；2019年依法查处64起，结案率100%；2020年依法查处120起，结案率100%。

（3）行政执法人员法治培训。每年举办综合业务知识技能及安全生产、行政执法专题培训班。通过理论中心组学习、每周集中学习组织开展《中华人民共和国宪法》《中华人民共和国森林法》《中华人民共和国行政处罚法》《中华人民共和国民典法》《中华人民共和国自然保护区条例》等法律法规学习。

（4）完善保护区行政执法制度。制定《内蒙古贺兰山国家级自然保护区管理局关于保护区行政执法过错责任追究制度》《内蒙古贺兰山国家级自然保护区管理局林业行政执法公示制度》《内蒙古贺兰山国家级自然保护区管理局林业行政执法制度》《内蒙古贺兰山国家级自然保护区管理局关于保护区林业行政执法投诉举报制度》《内蒙古贺兰山国家级自然保护区管理局关于保护区定期轮岗制度》《内蒙古贺兰山国家级自然保护区管理局行政问责制度》等多项制度，管理局、管理站、管护站分别设立举报箱、24小时举报电话，随时受理广大人民群众咨询、投诉、举报及案件查办情况。

3. 行政执法依据（表 5-1）

表 5-1 行政执法依据

类别	序号	名称	制定机关
法律	1	《中华人民共和国行政处罚法》	全国人民代表大会常务委员会
	2	《中华人民共和国环境保护法》	全国人民代表大会常务委员会
	3	《中华人民共和国森林法》	全国人民代表大会常务委员会
	4	《中华人民共和国草原法》	全国人民代表大会常务委员会
	5	《中华人民共和国安全生产法》	全国人民代表大会常务委员会
	6	《中华人民共和国野生动物保护法》	全国人民代表大会常务委员会
行政法规	7	《中华人民共和国森林法实施条例》	国务院
	8	《中华人民共和国自然保护区条例》	国务院
	9	《中华人民共和国森林防火条例》	国务院
	10	《中华人民共和国草原防火条例》	国务院
	11	《中华人民共和国陆生野生动物保护实施条例》	国务院
	12	《中华人民共和国野生植物保护条例》	国务院
	13	《中华人民共和国森林病虫害防治条例》	国务院
	14	《重大动物疫情应急条例》	国务院
	15	《内蒙古自治区森林草原防火条例》	内蒙古自治区人民代表大会常务委员会
	16	《内蒙古自治区行政执法监督条例》	内蒙古自治区人民代表大会常务委员会
规章类	17	《森林和野生动物类型自然保护区管理办法》	国家林业局
	18	《国家级森林公园管理办法》	国家林业局
	19	《内蒙古自治区自然保护区实施办法》	内蒙古自治区人民政府
	20	《内蒙古自治区公益林管理办法》	内蒙古自治区人民政府

4. 行政执法监督

落实保护区主要负责人履行推进法治建设第一责任人职责，推进法治政府建设工作。畅通监督渠道。

（1）按照《中华人民共和国自然保护区条例》赋予的权力，协调配合贺兰山森林公安局，依据有关法律法规依法开展法治政府建设各项工作。

（2）依法加强生态环境日常巡查监管工作。巩固贺兰山保护区环境综合整治成果，依法建立监管长效化制度化机制，严格落实监管责任，防止发生偷挖盗采行为。

（3）加大行政执法监督。开展行政执法监督检查及案卷评查工作，对发现问题，及时督促整改，提高依法行政水平。

三、林长制

根据《阿拉善盟全面推行林长制实施方案》《阿拉善左旗全面推行林长制工作方案》要求，制定林长制工作方案，全面推进林长制工作开展。

（一）工作机构

根据贺兰山保护区森林资源分布情况和生态环境修复恢复需要，设立林长、副林长。林长由贺兰山管理局党组书记、局长担任，副林长由党组成员、副局长担任。根据贺兰山保护区森林资源特点，划分为4个林长责任区域，每个区域分别由一名副林长负责，各管理站负责辖区森林草原保护与管理工作。

林长办公室设在资源林政科，主任由资源林政科科长担任，承担林长制组织实施的具体工作，落实林长确定的事项，定期向上级林长报告贺兰山保护区森林及野生动植物资源保护、发展、管理等情况；制定并组织实施年度工作计划；督促、协调、指导各管理站抓好各项工作；拟定本级林长制的配套制度，开展林长制落实情况督查、检查，组织实施林长制督导考核工作。

（二）工作职责

贺兰山管理局林长领导保护区发展事业，负责组织领导贺兰山保护区的野生动植物资源保护、发展、管理等工作，组织落实贺兰山保护区保护发展目标责任制，组织制定保护区资源保护发展总体规划、专项规划；实施森林防灭火、野生动物疫源疫病防控和森林病虫害监测防治、科普宣传教育、生态修复、深化国有林场改革等方面的工作，落实旗级林长下达的各类目标任务，组织协调解决保护区森林资源保护发展管理中的问题。

（三）工作任务

加强森林及野生动植物资源保护；加强森林防灭火工作；加强森林生态修复；加强森林病虫害监测防治和野生动物疫源疫病监测防控；加强科研监测和科普教育宣传。

第二节　森林公安

一、组织机构

阿左旗贺兰山国家级自然保护区森林公安局前身为阿左旗公安局贺兰山林区派出所，成立于1975年12月，编制8名。隶属于宁夏回族自治区贺兰山林管所管理，业务接受阿左旗公安局指导。

1980年10月，阿左旗公安局贺兰山林区派出所隶属阿左旗贺兰山林场管理，业务工作受阿左旗公安局指导。

2003年7月，阿左旗公安局贺兰山林区派出所更名为阿左旗公安局贺兰山森林公安分局，编制32名，为贺兰山保护区内设机构。

2008年5月，阿左旗公安局贺兰山森林公安分局下设6个警务区整合为4个森林公安派出所。机构规格为股级，政法专项编制32名。

2009年5月，阿左旗公安局贺兰山森林公安分局更名为阿左旗贺兰山国家级自然保护区森林公安局，机构规格为副科级，科级领导指数3名，编制32名，内设机构政工室、刑警队、资源保卫室（森林公安防火信息网络中心）、法制室、装备财务室、督查室6个科室，原隶属关系不变。

2010年6月，隶属于阿左旗林业局领导。

2013年2月，增设办公室和信息通信室2个科室，编制36名。11月增加政法专项编制4名，公安政法专项编制40名。

2017年11月，将8个内设科室整合为党政综合办公室、法制室和刑警治安队3个科室。

2020年1月，内蒙古自治区明确全区森林公安机关领导指挥关系正式划归内蒙古自治区公安厅。

2020年3月，根据森林公安体制改革要求阿左旗贺兰山国家级自然保护区森林公安局整建制划转至阿拉善盟公安局，成立阿拉善盟公安局贺兰山国家级自然保护区森林公安分局。机构规格、领导职数、人员编织、内设机构不变。

阿左旗贺兰山国家级自然保护区森林公安局领导名录如下。

指导员：黄大仁（1980 年 10 月—1992 年 10 月）
马振山（回族，1993 年 5 月—2003 年 7 月）
政　委：马振山（回族，2003 年 7 月—2008 年 8 月）
张保红（2007 年 3 月—2010 年 12 月）
徐世华（2010 年 12 月—2012 年 3 月）
副政委：王晓荣（2003 年 7 月—2009 年 12 月）
张忠永（2009 年 12 月—2021 年 6 月）
所　长：潘存忠（1993 年 5 月—2003 年 7 月）
局　长：潘存忠（2003 年 7 月—2018 年 4 月）
王　波（2018 年 4 月—2021 年 6 月）
副局长：魏雪峰（2008 年 7 月—2018 年 4 月）
徐俊年（2010 年 12 月—2015 年 10 月）
赵贵荣（2018 年 4 月—2021 年 6 月）

二、队伍建设

2003 年 7 月，贺兰山森林公安分局下设古拉本、北寺、南寺、水磨沟、哈拉乌、腰坝 6 个警务区。

2008 年 5 月，贺兰山森林公安局下设的 6 个警务区整合为 4 个森林公安派出所，为古拉本、北寺、哈拉乌、南寺 4 个森林公安派出所。业务工作上与贺兰山管理局各管理站协同配合。

规范森林公安执法工作，制定完善科、所、队岗位职能职责、民警请销假、值班备勤、查山巡护等规章制度；加强监督管理、责任落实，与各派出所、民警签订“年度工作目标考核责任状”“‘五条禁令’责任状”“警用车辆管理责任状”“民警八小时之外管理监督责任状”；根据上级培训学习要求，安排民警参加“三个必训”、法制、刑侦、林业知识、执法、信息化应用培训。开展岗位大练兵活动，每年进行为期 2 个月的体能锻炼和警务技能培训，结合武装清山行动开展一次大规模的林区野外拉练训练活动。

三、主要工作

（一）基础建设

贺兰山森林公安从建所之初 5 名民警的林区派出所发展到现在 38 名民警的森林公安局历经了 46 年的发展历程。队伍壮大，管理规范，执法能力提升，成为保护贺兰山野生动植物资源安全，维护林区社会治安稳定，震慑和打击涉林违法犯罪的重要力量。

2010—2019 年，新建南寺、哈拉乌两个派出所，各占地面积 3000 平方米，建筑面积 810 平方米，投资 580 万元。内蒙古庆华集团置换北寺派出所，建筑面积 1100 平方米。阿左旗政府将原松塔水泥厂办公大楼划拨古拉本派出所，占地面积 5000 平方米，建筑面积 2400 平方米。均按照达标派出所的要求进行“四区”分设，满足派出所日常生活和执法办案的需要。

投资 40 万元购置 3 辆警车、5 辆巡护摩托车；投资 46 万元，为各派出所架设光纤，接通互联网、公安专网，购置了投影仪、电脑、打印机等办公设备，民警电脑配备率、公安网接入率全部 100%；投资 48 万元建成哈拉乌、南寺两个派出所和局机关的视频会议系统；投资 22 万元为全局民警配置防暴头盔、单警装备、执法记录仪等个人执法装备。

根据自治区森林公安局建设园林式派出所的要求，投资 80 万元对哈拉乌、南寺派出所院落进行硬化、绿化和美化，面积 4600 平方米。获内蒙古自治区森林公安命名第一批“园林派出所”。

（二）行政执法

根据工作实际与相关部门协调，明确辖区刑事案件、治安案件、林业行政案件的执法权限；完善管理制度，建立毗邻执法单位执法协作机制；细化行政执法自由裁量权；制定《特情耳目奖励暂行办法》《涉案财务管理制度》；完善执法台账。

贺兰山森林公安局以“保护贺兰山森林资源安全，维护林区社会稳定”为目标，加大辖区治安防范力度，建立人口档案，加强重点人口监管、“三情四网”建设。与地方公安、宁夏贺兰山森林公安等毗邻执法单位建立执法办案、安全防范等协作联防机制；拓宽宣传渠道，利用报纸、电视等媒体宣传森林公安工作；通过日常巡查和专项行动相结合，保持对破坏森林资源违法犯罪活动的高压态势，遏制涉林违法犯罪行为的发生。

1992 年至今，开展打击“盗猎野生动物”“盗伐滥伐林木”“非法占用林地”“缉枪治爆”“保护过境候鸟”“禁毒铲毒”等专项行动，共查处涉林行政案件 422 起，处罚违法人员 493 人次，行政罚款 71070 元，为国家挽回经济损失 150 万元；破获刑事案件 13 起，刑事处罚 17 人；收缴枪支 25 支，管制刀具 52 把，爆炸物 12 公斤。

（三）取得成绩

2002 年，被国家林业局森林公安局评为“全国三项教育先进单位”。

2003 年，被自治区森林公安局誉为“西部第一所”，荣获集体二等功 2 次，集体三等功 2 次，集体嘉奖 1 次；被自治区森林公安局评为“优秀派出所”2 次；被公安部授予“全国优秀基层单位”称号。

2004 年，被阿左旗公安局评为“全旗公安工作先进集体”。

2006 年，被阿拉善盟委行署授予“全盟十佳政法单位”称号。

2010 年，北寺森林公安派出所被公安部授予“全国公安机关爱民模范先进集体”称号。

2012 年，被自治区森林公安局评为“全区森林公安系统优秀公安局”。

2013 年，被自治区森林公安局评为“信息化建设先进单位”，南寺和哈拉乌派出所被自治区森林公安局首批命名为“园林式派出所”；荣获个人一等功 1 人次，荣获个人二等功 3 人次，获得全国优秀人民警察称号 1 人次，荣获三等功 24 人次，获得嘉奖 12 人次，其他荣誉 23 人次。

第三节　林业有害生物监测与防控

一、林业有害生物监测

贺兰山保护区承担森林病虫害监测调查工作职责，贯彻执行《中华人民共和国森林法》《中华人民共和国自然保护区条例》《森林病虫害防治条例》《植物检疫条例》《植物检疫条例实施细则（林业部分）》《森林病虫害预测预报管理办法》等相关法律法规；负责在贺兰山保护区开展林业有害生物的监测调查、预测预报，协助阿左旗林业和草原病虫害防治检疫站开展常发林业有害生物监测调查防治、重大危险性林业有害生物监测调查工作，杜绝重大危险性及外来林业有害生物入侵贺兰山，保护贺兰山森林资源及生态安全。

（一）监测机构及人员培训

1. 监测机构

1992—1994 年，承担林业有害生物监测防治职能的科室为业务科，监测人员 3 名。

1995—2016 年，承担林业有害生物监测防治职能的科室为科研宣传科，监测人员 5 名。

2017—2020 年，承担林业有害生物监测防治职能的科室为科研宣教科，监测人员 5 名。

2021—2022 年，承担林业有害生物监测防治职能的科室为野生动植物保护科，监测人员 5 名。

2. 监测人员培训

组织业务科室及专业技术人员参加国家、内蒙古自治区、阿拉善盟、阿左旗举办的林业有害生物监测防治培训14次。其中，国家级1次，自治区级4次，地方级9次，并参加各类网上业务讲座。

（二）林业有害生物种类及分布

1. 种类

贺兰山保护区林业有害生物种类由危害以青海云杉为主的天然次生林球果和针叶的害虫、少数危害山杨、旱榆和蒙古扁桃等阔叶树种的害虫组成，种类达20种。主要有云杉木虱、松梢螟、球果螟、云杉球果卷叶蛾、云杉异色卷娥、梢斑螟，烟翅腮扁叶蜂、云杉尺蠖、古毒蛾、油松松梢小卷蛾、黄褐天幕毛虫、绢粉蝶、榆紫叶甲、榆蓝叶甲、榆跳象等。

（1）云杉木虱。属于同翅目木虱亚目木虱科木虱属，寄主植物为云杉，在若虫和成虫期刺吸树皮和树叶危害寄主，有时会在刺吸部位形成虫瘿。害虫数量多时，会造成寄主树势衰弱，营养疏导不畅或无法运送营养死亡。20世纪70年代，在保护区内自南向北的云杉林分均有不同程度的发生，根据每年的降水情况在不同地方发生程度不同，分布在贺兰山老树槐、甘树湾、小西沟、小乱柴沟等地。

（2）云杉球果螟，又名松梢螟。属于鳞翅目螟蛾科，寄主植物为云杉、五针松、湿地松、红松等，幼虫蛀食球果影响种子产量，也可蛀食幼树枝干，造成幼树死亡。以幼虫钻蛀主梢，引起侧梢丛生，树冠呈扫帚状，严重影响树木生长。20世纪70年代，在保护区内自南向北的云杉林分均有不同程度的发生，根据每年的降水情况在不同地方发生程度不同，分布在贺兰山老树槐、甘树湾、小西沟、小乱柴沟等地。20世纪90年代，在保护区内自南向北的云杉林分均有不同程度的发生，根据每年降水的分布情况，在不同地方发生程度不同。

（3）云杉球果小卷蛾。属于鳞翅目卷蛾科毡小卷蛾属，寄主植物为云杉，幼虫钻入鳞片内，蛀成虫道，通向幼嫩的种子，食害未成熟的胚乳。当食完1粒种子后，转入邻近的另一粒种子，继续危害。每粒被害种子有2个孔道，幼虫能在种子间来回穿行。被害球果外形无变化。在保护区内自南向北的云杉林分均有不同程度的发生，根据每年降水的分布情况，在不同地方发生程度不同。20世纪90年代，在哈拉乌北沟、青树湾、边渠子沟、大小关沟等地危害较严重。

（4）云杉异色卷蛾。属于鳞翅目卷叶蛾科，寄主植物为云杉，是贺兰山保护区青海云杉主要常发害虫之一。越冬幼虫钻入当年云杉新芽，啃食幼叶及生长点危害寄主。幼虫活泼，震动枝条可吐丝下坠。害虫数量多时，会造成寄主新梢嫩芽无法生长，导致树势衰弱，长势不明显，甚至大面积死亡。在保护区内自南向北的云杉林分均有不同程度的发生，根据每年降水的分布情况，在不同地方发生程度不同。近3年主要发生在贺兰山北寺、哈拉乌南沟、马莲井子、黄渠口、乱柴沟等地。

（5）云杉梢斑螟。属于鳞翅目螟蛾科，寄主植物为云杉，是贺兰山保护区青海云杉主要常发害虫之一，通常与云杉异色卷蛾混合危害。幼虫取食云杉新梢嫩叶，连年受害后树冠秃顶，枯梢密布，危害严重时，会造成寄主新梢嫩芽无法生长，导致树势衰弱，长势不明显，甚至大面积死亡。在保护区内自南向北的云杉林分均有不同程度的发生，根据每年的降水分布的情况在不同地方发生程度不同。近3年主要发生在贺兰山北寺、哈拉乌南沟、马莲井子、黄渠口、乱柴沟等地。

（6）烟翅腮扁叶蜂。属于膜翅目扁叶蜂科，寄主植物为云杉，初孵幼虫群集于针叶基部，吐丝结网，居中取食，将残叶及粪便黏附逐渐变成大虫巢。之后拖回针叶食用，残叶积巢口。虫巢初绿色，后变黄。危害严重时，会造成寄主树势衰弱，营养疏导不畅或无法运送营养死亡。在保护区内自南向北的云杉林分均有不同程度的发生，根据每年降水的分布情况，在不同地方发生程度不同。近3年主要发生在贺兰山乱柴沟、甘树湾、老树槐、中固田、墩子沟、黄渠口、雁洼池等地。

（7）云杉尺蠖。属于鳞翅目尺蛾科，寄主植物为云杉，幼虫取食新梢针叶，贺兰山保护区过去每5~10年暴发一次，近年由于干旱、降水等环境条件，逐渐与云杉异色卷蛾、云杉梢斑螟、烟翅腮扁叶蜂等混合危害。害虫数量多时，会造成寄主树势衰弱，营养疏导不畅或无法运送营养死亡。在保护区内自南向北的云杉林分均有不同程度的发生，根据每年降水的分布情况，在不同地方发生程度不同。近3年主要发生在贺兰山北寺、哈拉乌南沟、马莲井子、黄渠口、乱柴沟等地。

（8）古毒蛾，又名褐纹毒蛾、落叶松毒蛾。属于鳞翅目古毒蛾科，寄主植物在贺兰山地区主要为云杉。在贺兰山保护区幼虫主要危害寄主的针叶，初孵幼虫群集叶片背面取食叶肉，残留上表皮；2龄开始分散活动，从芽基部蛀食成孔洞，使芽枯死；嫩叶常被食光，仅留叶柄，大龄幼虫会拉网幕，不仅啃食针叶，还严重阻碍寄主的光合作用和营养疏导，造成寄主整片林分发黄发枯，树势衰弱死亡。在保护区内南端的云杉林分危害程度较严重，2020年在南寺雪岭子严重发生之后，陆续在冰沟、镇木关、大殿沟、小殿沟、岭湾等地有不同程度的危害。内蒙古贺兰山第一次综合科学考察没有记录，宁夏第二次综合科学考察有记录。

（9）舞毒蛾，又名秋千毛虫。属于鳞翅目舞毒蛾科，寄主植物为蔷薇科、杨、柳、桑、榆、桦、山楂、槭、云杉、油松等500多种植物。幼虫主要危害寄主的叶片，该虫食量大，食性杂，严重时可将全树叶片吃光。危害严重时会造成寄主树势衰弱，营养疏导不畅或无法运送营养死亡。在保护区内自南向北的林分曾有不同程度发生，根据每年降水的分布情况，在不同地方发生程度不同。近年在保护区没有发生危害林分生长情况。

（10）黄褐天幕毛虫，又名顶针虫。属于鳞翅目枯叶蛾科，寄主植物为梨、苹果、海棠、桃、李等果树和杨、柳、榆等，害虫数量多时，幼虫为害嫩叶，在枝杈处吐丝张网，大龄幼虫暴食树叶。会造成寄主树势衰弱，营养疏导不畅或无法运送营养死亡。在保护区内自南向北林分曾有不同程度发生，根据每年降水的分布情况，在不同地方发生程度不同。近年在保护区没有发生危害林分生长的情况。

（11）绢粉蝶。属于鳞翅目粉蝶科绢粉蝶属，寄主植物为山杨、山榆及灌木等，幼虫群集危害取食寄主树叶。害虫数量多时，会造成寄主树势衰弱，营养疏导不畅或无法运送营养死亡。在保护区内自南向北的林分曾有不同程度的发生，根据每年降水的分布情况，在不同地方发生程度不同。近年在保护区没有发生危害林分生长的情况。

（12）榆紫叶甲。属于鞘翅目叶甲科，寄主植物为家榆、黄榆、春榆等榆。幼虫和成虫主要取食寄主叶片，早春易大发生，常将新发叶食光。害虫数量多时，会造成寄主树势衰弱，营养疏导不畅或无法运送营养死亡。在保护区内自南向北的林分曾有不同程度的发生，根据每年的降水分布的情况在不同地方发生程度不同。近年在保护区没有发生危害林分生长的情况。

（13）榆蓝叶甲，又名榆绿毛荧叶甲、榆蓝金花虫。属于鞘翅目叶甲科，寄主植物为榆树，主要是成虫和幼虫取食寄主叶片，并吃成网眼状，严重时，整个树冠一片枯黄。若未及时防治，可将树叶吃光，迫使树体二次发芽。在保护区内自南向北的林分曾有不同程度的发生，根据每年降水的分布情况，在不同地方发生程度不同。近年在保护区没有发生危害林分生长的情况。

（14）榆跳象。属于鞘翅目象甲科，寄主植物为榆树，主要是成虫和幼虫取食寄主叶片，危害较大。2020年首次在跃进墩子沟发现后，保护区内自南向北的旱榆林分都有不同程度的发生，根据每年的降水分布的情况在不同地方发生程度不同，但目前对旱榆长势造成的危害尚不需要进行人工干预。内蒙古贺兰山第一次综合科学考察没有记录，宁夏第二次综合科学考察时有记录。

2. 分布

据1975年资料记载：在贺兰山西坡林区北段设固定点观察研究，初步掌握老树槐、甘树湾、西沟、乱柴沟等地森林虫害分布情况及危害程度。调查结果表明：主要害虫有云杉木虱、松梢螟、球果螟等。云杉木虱分布普遍，危害严重面积0.13万公顷。受害部位主要有嫩梢、嫩枝，树皮也有程度不同危害。

1993—1995年，在哈拉乌北沟、青树湾、边渠子沟、大小关沟、乱柴沟等沟道的青海云杉受云杉球果小卷蛾危害较严重，害虫主要危害寄主球果，导致云杉种子质量下降，产量降低，影响云杉林复壮更新。

1996—2022年，自南向北大部分青海云杉林中发生云杉异色卷叶蛾、梢斑螟和云杉尺蠖，危害严重区域由最初的两端逐渐集中到哈拉乌周围的缓冲区和核心区。

2012—2022年，在古拉本辖区青海云杉林中发生烟翅腮扁叶蜂危害，由甘树湾、乱柴沟逐渐蔓延至中固田、冒勒其克、老树槐、墩子沟、黄渠口等区域。

2020—2022年，在南寺辖区青海云杉林中发生古毒蛾危害，由雪岭子、岭湾、冰沟逐渐蔓延至镇木关、大殿沟、小殿沟等区域。

（三）监测调查

1985年，在北寺和老树槐油松、云杉林有明显受害症状，经设样点调查，松梢螟、云杉尺蠖、卷叶蛾等害虫比较严重，混合发生面积1.8万亩。

1986年，继续设样点监测调查北寺和老树槐的油松、云杉林，松梢螟、云杉尺蠖、卷叶蛾等害虫混合发生面积2.1万亩，范围有所增加，蔓延到乱柴沟等地。

1987年，增设样点调查，监测范围扩大到北寺、老树槐、乱柴沟、甘树湾等重点地区的油松、云杉林，松梢螟、云杉尺蠖、卷叶蛾等害虫危害影响到以上主要受害林分附近，除针叶嫩芽受害之外，也影响了球果的生长和结实量，虫害混合发生面积1.8万亩。

1988年，松梢小卷蛾、云杉梢斑螟、异色卷叶蛾等云杉和油松主要害虫发生普遍，在北寺、老树槐建立测报点和固定观察点，了解掌握其发生规律和生活习性，控制害虫扩散蔓延，监测虫害混合发生面积2.8万亩。

1989年，根据积累的监测数据信息，采集成虫标本93种，数量724个；主要害虫生活史标本10套（5种），包括榆紫叶甲、黄褐天幕毛虫、云杉梢斑螟、松梢螟、刺柏毒蛾。监测虫害混合发生面积0.58万亩。

1990年，监测面积3.5万亩，实际发生面积3.5万亩，中度危害3.5万亩。主要监测对象为云杉梢斑螟、松梢小卷蛾，寄主为青海云杉。

1993年，根据哈拉乌北沟云杉虫情调查表和虫期简报（三期），青海云杉受云杉球果小卷蛾危害严重，寄主受害总面积3.8万亩，其中中度危害2万亩、重度危害1.8万亩（虫口密度为120头/株），占有林地总面积10.8%。

1994年，对哈拉乌北沟、青树湾、边渠子沟、大小关沟等沟道进行监测，根据虫情调查报告和虫期简报（三期），青海云杉受云杉球果小卷蛾危害，轻度危害面积2.03万亩，占有林地总面积5.3%。

1995年，对乱柴沟等沟道进行监测后，根据护林员监测记录卡和虫期简报（三期），青海云杉受云杉球果小卷蛾危害普遍，监测面积10万亩，轻度危害面积2.3万亩，占有林地总面积6.4%。

1996年，对乱柴沟、甘树湾、哈拉乌沟、雪岭子、铁道渠子、老树槐等沟道进行监测，根据虫情调查表和虫期简报（三期），青海云杉受云杉异色卷叶蛾危害呈上升趋势。监测调查显示，寄主有虫株率达87%，监测面积10万亩，轻度危害面积4万亩，占有林地总面积13.3%，虫害发生率33%。

1997年，监测乱柴沟、甘树湾、小松山、老树槐等沟道，云杉虫情调查表和贺兰山管理局云杉异色卷叶蛾幼虫期简报（三期），青海云杉林分受云杉异色卷叶蛾危害逐渐向周围蔓延。监测面积10万亩，占有林地总面积33.3%。

1998年，对铁道渠子、甘树湾、乱柴沟、老树槐、大小东沟、香池子、北寺、水磨沟前后沟等地27万亩云杉林进行标准地调查。结果显示，青海云杉新梢被害率50%以上，虫株率90%，主要害虫为云杉异色卷叶蛾、云杉尺蠖，调查面积19.6万亩，其中中度危害面积4.62万亩，重度危害面积

3.18 万亩，占有林地总面积 21.7%。

1999 年，根据青海云杉异色卷叶蛾幼虫期简报（三期）和贺兰山北部林区异色卷叶蛾分布图，乱柴沟、甘树湾、小松山等青海云杉受云杉异色卷叶蛾危害普遍，监测面积 10.8 万亩，其中中度危害面积 2 万亩，重度危害面积 0.5 万亩，占有林地总面积 7.4%，虫害发生率 31.8%。

2000 年，监测到青海云杉受云杉异色卷蛾、云杉梢斑螟混合危害，中度危害面积 10.8 万亩，占有林地总面积 31.8%，虫害发生率 29%。

2001 年，监测青海云杉林 10.8 万亩，云杉异色卷蛾、云杉梢斑螟混合危害面积 10 万亩，虫害发生率占有林地总面积 29%。

2002 年，监测青海云杉林等寄主面积 27 万亩，主要监测面积 10 万亩，其中云杉异色卷蛾、云杉梢斑螟混合危害轻度危害 2 万亩，中度危害面积 4.5 万亩，重度危害面积 3.5 万亩，虫口密度为 20 只/株，平均被害株率为 38%，虫害发生率占有林地总面积 29.41%。

2003 年，监测青海云杉林等寄主面积 32.6 万亩，主要监测对象云杉异色卷蛾、云杉梢斑螟混合危害面积 20 万亩，实际发生面积 10 万亩，虫口密度 20 只/株，平均被害株率 38%，虫害发生率占有林地总面积 29.41%。

2004 年，监测青海云杉林等寄主面积 32.6 万亩，主要监测对象云杉异色卷蛾、云杉梢斑螟混合危害面积 20 万亩，实际发生面积 10 万亩，其中轻度危害面积 2 万亩，中度危害面积 3.5 万亩，重度危害面积 4.5 万亩，虫口密度 41 头/100 厘米枝，有虫株率 63.5%，虫害发生率占寄主面积 30.67%。

2005 年，监测青海云杉林等寄主面积 32.6 万亩，主要监测对象云杉异色卷蛾、云杉梢斑螟混合危害面积 20 万亩，实际发生面积 10 万亩，其中轻度危害面积 2.5 万亩，中度危害面积 5.5 万亩，重度危害面积 2 万亩，虫口密度 33 头/100 厘米枝，有虫株率 90%，枝梢被害率 52%，虫害发生率占寄主面积 30.67%。

2006 年，监测青海云杉林等寄主面积达 32.6 万亩，主要监测对象云杉异色卷蛾、云杉梢斑螟混合危害面积 20 万亩，实际发生面积 9.8 万亩，其中轻度危害面积 2.5 万亩，中度危害面积 4.3 万亩，重度危害面积 3 万亩，虫害发生率占寄主面积 30.06%。

2007 年，贺兰山管理局作为一般测报点被纳入阿左旗森防站国家级森林病虫害中心测报点监测预报网络体系。监测青海云杉林等寄主面积 32.6 万亩，主要监测对象云杉异色卷蛾、云杉梢斑螟混合危害面积 20 万亩，实际发生面积 9.8 万亩，其中轻度危害面积 5.8 万亩，中度危害面积 4 万亩，虫口密度 33 头/100 厘米枝，有虫株率 33%，平均枝梢被害率 37%，虫害发生率占寄主面积 30.67%。

2008 年，在乱柴沟、火炬、狩猎场、北寺、水磨沟、哈拉乌、南寺配备了虫情监测人员。监测青海云杉林等寄主面积 32.6 万亩，应监测面积 20 万亩，实际发生面积 6 万亩，轻度危害面积 6 万亩。虫口密度为 33 头/100 厘米枝，有虫株率 33%，平均枝梢被害率 37%，虫害发生率占寄主面积 18.4%。

2009 年，监测青海云杉林等寄主面积 32.6 万亩，应监测面积 20 万亩。春季出现倒春寒，气温偏低，云杉异色卷叶蛾等虫害没有发生。

2010 年，监测青海云杉林等寄主面积 32.6 万亩，应监测面积 20 万亩，实际发生面积 2 万亩，其中轻度危害面积 2 万亩，虫害发生率占寄主面积 30.06%。

2011 年，监测自然保护区青海云杉林等寄主面积 32.6 万亩，应监测面积 20 万亩，实际发生面积 10 万亩，其中轻度危害面积 10 万亩。平均枝梢被害率为 19.1%，虫害发生率占寄主面积 30.67%。

2012 年，监测自然保护区青海云杉林等寄主面积 32.6 万亩，应监测面积 20 万亩，实际发生面积 12 万亩，其中轻度危害面积 12 万亩。平均枝梢被害率 18.15%，虫害发生率占寄主面积 36.81%。

2013 年，监测青海云杉林等寄主面积达 32.6 万亩，应监测面积 20 万亩，实际发生面积 12 万亩，其中轻度危害面积 7 万亩，中度危害面积 5 万亩。雪岭子、樊家营子青海云杉林内，发生烟翅腮扁叶蜂、云杉异色卷蛾虫害，混合蔓延危害呈扩散趋势，云杉针叶遭到幼虫聚集蚕食，呈向周边继续加重扩散危害态势。当年平均枝梢被害率2.3%，虫害发生率占寄主面积36.81%。

2014年，监测青海云杉林等寄主面积32.6万亩，应监测面积20万亩，实际发生面积12万亩，其中轻度危害面积9.5万亩，中度危害面积2.5万亩，在甘树湾、乱柴沟、铁道渠子青海云杉林内，发生烟翅腮扁叶蜂、云杉异色卷蛾虫害，混合蔓延危害呈扩散趋势。云杉针叶遭到幼虫聚集蚕食，呈向周边继续加重扩散危害态势。当年平均枝梢被害率12.45%，虫害发生率占寄主面积36.81%。

2015年，监测青海云杉林等寄主面积32.6万亩，应监测面积20万亩，实际发生面积12万亩，其中轻度危害面积8.37万亩，中度危害面积1.13万亩，重度危害面积2.5万亩。在冒勒其克、老树槐、雪岭子等9个林班青海云杉林内，发生云杉尺蠖、云杉异色卷叶蛾、云杉梢斑螟、烟翅腮扁叶蜂虫害，混合蔓延危害呈扩散趋势，云杉针叶遭到不同虫种和虫龄幼虫的集体啃食，该区域云杉林生长受到严重抑制。当年平均枝梢被害率42.57%，虫害发生率占寄主面积36.81%。

2016年，监测青海云杉林等寄主面积达32.6万亩，应监测面积20万亩，实际发生面积12万亩，其中轻度危害面积7.64万亩，中度危害面积0.72万亩，重度危害面积3.64万亩。在甘树湾、乱柴沟青海云杉林内，发生云杉异色卷叶蛾、烟翅腮扁叶蜂虫害，混合蔓延危害并呈扩散趋势。云杉针叶遭到幼虫聚集蚕食，呈向周边继续加重扩散危害态势。当年平均枝梢被害率42.57%，虫害发生率占寄主面积36.81%。

2017年，监测青海云杉林等寄主面积32.6万亩，应监测面积20万亩，实际发生面积10万亩，其中轻度危害面积8.22万亩，重度危害面积1.78万亩。主要发生在乱柴沟雪岭子青海云杉林内，虫害为云杉异色卷叶蛾、云杉梢斑螟和烟翅腮扁叶蜂。当年平均枝梢被害率17.1%，虫害发生率占寄主面积30.67%。

2018年，监测青海云杉林等寄主面积32.6万亩，应监测面积20万亩，实际发生面积11.6万亩，其中轻度危害面积9.25万亩，中度危害面积0.75万亩，重度危害面积2万亩。在乱柴沟、老树槐、铁道渠子青海云杉林内，发生烟翅腮扁叶蜂虫害，蔓延危害呈扩散趋势，云杉针叶遭到幼虫聚集蚕食，呈向周边继续加重扩散危害态势。当年平均枝梢被害率46.6%，虫害发生率占寄主面积35.58%。

2019年，监测青海云杉林等寄主面积32.6万亩，应监测面积20万亩，实际发生面积10万亩，其中轻度危害面积4.15万亩，重度危害面积5.85万亩，在墩子沟、柳门子、三关、长流水青海云杉林内，发生烟翅腮扁叶蜂蔓延危害。云杉针叶遭到幼虫聚集蚕食，呈向周边继续加重扩散危害态势。当年平均枝梢被害率46.6%，虫害发生率占寄主面积35.58%。

2020年，监测青海云杉林等寄主面积32.6万亩，应监测面积20万亩，实际发生10万亩，其中轻度危害面积3.13万亩，中度危害面积5.85万亩，重度危害面积1.02万亩，在甘树湾、乱柴沟、马莲井子、香池子青海云杉林内，发生云杉异色卷叶蛾虫害，蔓延危害并呈扩散趋势。云杉针叶遭到幼虫聚集蚕食，呈加重扩散的危害态势。当年平均枝梢被害率为69.9%，虫害发生率占寄主面积21.07%。

2021年，监测青海云杉林等寄主面积32.6万亩，应监测面积20万亩，实际发生面积10万亩，其中轻度危害7.42万亩，重度危害2.58万亩。在雪岭子、雁洼池、甘树湾、乱柴沟、哈拉乌南沟、岭湾、马莲井子、北寺、香池子青海云杉林内，发生云杉异色卷叶蛾、梢斑螟、古毒蛾、烟翅腮扁叶蜂、云杉尺蠖虫害，混合危害并呈扩散趋势。云杉针叶遭到幼虫聚集蚕食，呈加重扩散的危害态势。当年平均枝梢被害率77.34%，虫害发生率占寄主面积30.67%。

2022年，监测青海云杉林等寄主面积32.6万亩，应监测面积20万亩，实际发生面积12万亩，其中轻度危害10.5万亩，重度危害1.5万亩。在雪岭子、单岭子、雁洼池、甘树湾、乱柴沟、冒勒其克、老树槐、哈拉乌南沟、镇木关、大殿沟、小殿沟、岭湾、马莲井子青海云杉林内，发生云杉异色卷叶蛾、梢斑螟、古毒蛾、烟翅腮扁叶蜂、云杉尺蠖等虫害，混合危害呈扩散趋势，云杉针叶遭到幼虫聚集蚕食，呈加重扩散的危害态势。当年平均枝梢被害率 73.91%，虫害发生率占寄主面积 36.81%。

1985—2022 年，发生各类林业有害生物灾害 267.41 万亩。常发性林业有害生物有云杉异色卷叶蛾、梢斑螟、云杉尺蠖等，突发性虫害有古毒蛾、烟翅腮扁叶蜂等。特别是古毒蛾自 2020 年发生以来，迅速向周边扩散，林业有害生物防控压力增大（表 5-2）。

表 5-2　林业有害生物监测

年度	发生面积/万亩						发生率/%
	监测面积	轻度发生	中度发生	重度发生	合计	有林地	
1985	1.8		1.8		1.8	35	5.14
1986	2.1		2.1		2.1	35	6.00
1987	1.8		1.8		1.8	35	5.14
1988	2.8		2.8		2.8	35	8.00
1989	0.58	0.28	0.05	0.25	0.58	35	1.66
1990	3.5		3.5		3.5	35	10.00
1993	10		2	1.8	3.8	35	10.86
1994	10	2.03			2.03	35	5.80
1995	10	2.3			2.3	36	6.39
1996	10	4			4	30	13.33
1997	10	10			10	30	33.33
1998	10		4.62	3.18	7.8	36	21.67
1999	10.8		2	0.5	2.5	34	7.35
2000	10.8	10			10	34	29.41
2001	10.8		10.8		10.8	34	31.76
2002	10	2	4.5	3.5	10	34	29.41
2003	10				10	34	29.41
2004	10	2	3.5	4.5	10	32.6	30.67
2005	10	2.5	5.5	2	10	32.6	30.67
2006	20	2.5	4.3	3	9.8	32.6	30.06
2007	20	5.8	4		9.8	32.6	30.06
2008	20	6			6	32.6	18.40

（续表）

年度	发生面积/万亩						发生率/%
	监测面积	轻度发生	中度发生	重度发生	合计	有林地	
2009	20					32.6	0.00
2010	20	2			2	32.6	6.13
2011	20	10			10	32.6	30.67
2012	20	12			12	32.6	36.81
2013	20	7	5		12	36	33.33
2014	20	9.5		2.5	12	36	33.33
2015	20	8.37	1.13	2.5	12	36	33.33
2016	20	7.64	0.72	3.64	12	36	33.33
2017	20	8.22		1.78	10	36	27.78
2018	20	9.25	0.75	2	12	36	33.33
2019	20	4.15		5.85	10	36	27.78
2020	20	3.13	5.85	1.02	10	36	27.78
2021	20	7.42		2.58	10	36	27.78
2022	20	10.5		1.5	12	36	33.33
总计	484.98	99.18	66.72	42.1	267.41	1235.4	—

监测结果报送如下。

1985—2000 年，向阿左旗森防站每年度报送虫情调查表一份和虫期简报三期。

2001—2022 年，向阿左旗森防站报送林业有害生物发生防治情况报表，每年 4—9 月每月报送 1 次，以电子邮件统一上报。

二、林业有害生物防控

（一）防控目标管理

1989 年 12 月 18 日，国务院令第 46 号发布《森林病虫害防治条例》。

2008 年，根据《内蒙古林业有害生物综合目标管理工作绩效考核办法（试行）》，贺兰山管理局严格落实，加强保护区森林资源监测管理工作，将林业有害生物监测防治工作纳入相关业务科室及各管护站日常巡护。

2011 年以来，根据阿拉善盟行政公署与阿左旗人民政府签订《2011—2013 年松材线虫病等重大林业有害生物防控目标责任书》，贺兰山管理局协助阿左旗森防站每年开展贺兰山地区松林松木重大林业有害生物监测防控工作，杜绝外来重大林业有害生物随着森林苗木、产品及其制品的调运入侵贺兰山，保证贺兰山森林资源安全。

（二）防控措施

1. 绿色防治

1986年起，贺兰山保护区试验推广人工鸟巢招引鸟类，布设人工鸟巢5万个，色板防治4万亩，人工设置智能太阳能虫情测报灯8台，太阳能诱虫杀虫灯100个，激素诱捕器6100套，高压汞灯诱杀防治1.02万亩。采用生物制剂、天敌招引繁殖等方式，人为干预、利用无公害防治处置成灾害虫，将损害降到最低。

2. 社会化防治

据记载，在20世纪60年代，贺兰山林区在营林生产活动中，部分林区虫害严重。采取“666”烟雾剂熏杀进行局部防治，到1965年共防治0.45万亩。

1975年，在贺兰山林区（西坡）老树槐等地发生较大面积林木虫害，于1976年对林木虫害防治工作做出安排部署，成立林木虫害防治指挥部，筹措专项资金，固定人员，购置设备，集中力量，重点防治。采用“666”烟剂熏杀云杉木虱、松梢螟、球果螟等虫，喷撒粉剂熏杀云杉木虱，防治0.63万亩，杀虫率80%以上，虫害得到控制。

1983年，贺兰山前后山林区联防工作规定：双方分别建立林木病虫害预测预报观测点，成立专业小组，配备人员进行观测，互通情报。在内蒙古古拉本，银川石炭井、汝箕沟重要交通要道设贺兰山林区木材检疫检查站各1处。

1985—1990年，采用“741”“敌马”“敌对”等烟剂和有机氯内吸剂，结合挂鸟巢、黑光灯诱杀成虫等防治云杉异色卷蛾、云杉梢斑螟、云杉尺蠖、松梢螟3.02万亩。

2000年，采用仿生制剂和挂鸟巢防治云杉异色卷蛾和梢斑螟9.80万亩。

2001年，采用挂鸟巢和烟雾剂防治云杉异色卷蛾6.00万亩。

2002年，采用挂鸟巢和烟雾剂防治云杉异色卷蛾10.00万亩。

2003年，采用烟雾剂防治云杉异色卷蛾10.00万亩。

2004年，采用挂鸟巢和生物、人工等防治云杉异色卷蛾5.00万亩。

2005年，采用生物防治云杉异色卷蛾5.00万亩。

2006年，采用生物防治云杉异色卷蛾5.90万亩。

2007年，采用挂鸟巢和生物防治云杉异色卷蛾4.00万亩。

2010年，采用生物防治云杉异色卷蛾5.00万亩。

2011年，采用生物防治云杉异色卷蛾4.50万亩。

2012年，采用挂鸟巢和生物防治云杉异色卷蛾6.00万亩。

2013年，防治大沙鼠2.65万亩。

2012—2013年，采用飞机防治云杉异色卷蛾2.35万亩。

2013—2014年，采用飞机防治云杉异色卷蛾和烟翅腮扁叶蜂3.63万亩。

2014—2015年，采用飞机防治云杉异色卷蛾和烟翅腮扁叶蜂4.36万亩。

2015—2016年，采用飞机防治云杉异色卷蛾和烟翅腮扁叶蜂1.78万亩。

2016—2017年，采用飞机防治烟翅腮扁叶蜂2.74万亩。

2017—2018年，采用飞机防治烟翅腮扁叶蜂2.27万亩。

2018—2019年，采用挂鸟巢和飞机防治云杉异色卷蛾6.87万亩。

2019—2020年，采用挂鸟巢和飞机防治云杉古毒蛾0.37万亩。

2021年，采用挂鸟巢和飞机防治云杉古毒蛾2.31万亩。

2022年，采用飞机防治云杉异色卷蛾、云杉尺蠖、蛸斑螟、古毒蛾2.2万亩。

截至2022年，贺兰山累计防治各类林业有害生物灾害105.02万亩，林业有害生物成灾率逐年下降（表5-3）。

表 5-3　贺兰山林业有害生物发生情况　　单位：万亩

时间	防治面积			
	合计	生物防治	人工防治	其他措施
20 世纪 60 年代	0.45	—	0.45	—
20 世纪 70 年代	0.63	—	0.63	—
20 世纪 80—90 年代	3.02	—	3.02	—
2000 年	9.80	5.80	4.00	—
2001 年	6.00	6.00	—	—
2002 年	10.00	—	—	10.00
2003 年	10.00	—	10.00	—
2004 年	5.00	4.50	0.50	—
2005 年	5.00	2.00	—	3.00
2006 年	5.90	5.90	—	—
2007 年	4.00	—	4.00	—
2010 年	5.00	5.00	—	—
2011 年	4.50	—	—	4.50
2012 年	6.00	6.00	—	—
2012—2013 年	2.35	2.35	—	—
2013—2014 年	3.75	—	3.63	0.12
2014—2015 年	4.36	—	4.36	—
2015—2016 年	2.50	—	1.78	0.72
2016—2017 年	2.74	—	2.74	—
2017—2018 年	2.27	—	2.27	—
2018—2019 年	6.87	—	6.87	—
2019—2020 年	0.37	—	0.37	—
2021 年	2.31	—	2.31	—
2022 年	2.20	—	2.20	—
总计	105.02	35.20	51.48	18.34

（三）防治资金

根据“谁经营，谁防治”的原则，防治资金来源于地方财政拨款和森林保险资金（表 5-4）。

表 5-4　贺兰山林业有害生物防治森林保险资金情况

时间	防治面积/万亩	资金数量/万元	资金来源
2012—2013 年	2. 35	115. 10	森林保险灾后治理资金
2013—2014 年	3. 63	116. 60	
2014—2015 年	4. 36	196. 00	
2015—2016 年	1. 78	139. 60	
2016—2017 年	2. 74	166. 60	
2017—2018 年	2. 27	177. 90	
2018—2019 年	6. 87	352. 30	
2019—2020 年	0. 37	29. 20	
2021 年	2. 31	90. 27	
2022 年	2. 20	117. 30	
合计	28. 88	1500. 87	

第四节　野生动物疫源疫病监测防控

一、野生动物疫源疫病监测

通过监测，及时发现野生动物疫情，对疫情发生、发展趋势做出预测预报，及时采取有效措施，阻断野生动物疫情向人类、家禽家畜传播，将疫情控制在最小范围，保护贺兰山地区野生动物资源和广大人民群众的健康安全。

（一）野生动物主要疫源疫病种类

1. 小反刍兽疫

俗称羊瘟，又名小反刍兽假性牛瘟、肺肠炎、口炎肺肠炎复合症，是由小反刍兽疫病毒引起的一种急性病毒性传染病，贺兰山保护区主要感染岩羊等小反刍动物，特征为发热、口炎、腹泻、肺炎。通过直接接触传染，病畜的分泌物和排泄物是传染源。国内新疆、甘肃、宁夏、内蒙古、辽宁、山东、湖南等省区先后发生。

2. 鼠疫

鼠疫杆菌引起的烈性传染病，主要经鼠蚤传播，属广泛流行于野生啮齿动物间的一种自然疫源性疾病。是我国一类传染病，是人畜共患病。宿主常见有啮齿类动物和野生食肉动物，贺兰山保护区草原黄鼠等。最重要的传播途径，是动物和人之间的传播（以鼠蚤为媒介的，通过鼠蚤的叮咬进行传播、皮肤传播等）。

3. 禽流感

鸟禽类流行性感冒的统称，它是由甲型流感病毒的一种亚型（也称禽流感病毒）引起的急性传染病，通常只感染野生水禽，候鸟是禽流感病毒重要的传播者，分为高致病性和低致病性禽流感。通过消化道、呼吸道、皮肤损伤和眼结膜等多种途径传播，区域间的人员和车辆往来是传播该病的重要途径。

4. 狂犬病

病原为狂犬病毒，在贺兰山保护区的宿主主要有赤狐、沙狐、艾鼬、虎鼬、香鼬及其他野生食肉兽等，人狂犬病主要由带毒的犬、猫咬伤所感染发病。

（二）野生动物主要疫源疫病监测

2018—2022 年，各管理站、管护站疫源疫病监测上报贺兰山野生动物疫源疫病监测防控工作进展、鼠疫监测防控报表累计 1500 期。

2019—2022 年，贺兰山管理局上报国家林业和草原局野生动物疫源疫病监测总站、阿拉善盟林业和草原局和阿左旗疾控中心等相关单位野生动物疫源疫病监测日报表 494 期、周报表 76 期、季报表 12 期。

二、野生动物疫源疫病防控

2019 年 8 月，上报贺兰山岩羊秋季迁徙死亡事件 1 起，按照野生动物疫源疫病规范程序，处置死亡岩羊 1 只，经当地动检部门现场检疫判断，为正常死亡。

2020 年 10 月 30 日至 11 月 25 日，通过国家级陆生野生动物疫源疫病监测防控信息管理系统，上报阿左旗科学技术和林业草原局组织处置的阿左旗巴镇小天鹅湖—天鹅感染禽流感死亡紧急事件。经阿拉善盟疾病控制中心检验确定：小天鹅湖死亡 24 只大天鹅被感染 H5 型禽流感。按照野生动物疫源疫病规范程序，处置感染 H5 禽流感的大天鹅 52 只，赤麻鸭 1 只。

2021 年 8 月 6 日，通过国家级陆生野生动物疫源疫病监测防控信息管理系统，上报阿左旗科学技术和林业草原局组织处置的阿左旗哈什哈苏木 12 只赤麻鸭死亡紧急事件。

2021 年 11 月 1 日，通过国家级陆生野生动物疫源疫病监测防控信息管理系统，上报阿左旗科学技术和林业草原局组织处置的阿左旗特莫图嘎查 28 只大天鹅死亡紧急事件。

2022 年 4 月 16—18 日，将贺兰山保护区乱柴沟内异常死亡岩羊事件报送阿拉善盟林业和草原局、阿左旗科学技术和林业草原局等业务主管部门，并严格按照野生动物疫源疫病处置程序，在阿左旗疾病控制中心指导下，进行了现场样本采集，并对死亡岩羊进行有效处置。

第五节　野生动植物保护

一、保护措施

（一）退牧还林工程

贺兰山在 20 世纪 80—90 年代，作为夏季牧场，为沿山牧民提供大量饲草料。由于过度放牧，贺兰山生态环境遭到破坏，林草植被明显退化，野生动物数量骤减。面对贺兰山生态急剧恶化的状况，在没有国家专项资金的情况下，地方政府自筹资金，组织实施退牧还林工程。坚持“保护与建设并重、保护优先”的工作方针，加强贺兰山自然保护区管理。1999—2001 年，阿左旗政府自筹资金，组织实施退牧还林工程，将长期依赖贺兰山放牧的 1043 户 4300 名牧民搬迁转移，退牧牲畜 23 万头（只），并在保护区外围拉设 115 公里网围栏，保护区实行全面禁牧。2001 年 5 月，阿左旗人民政府为了巩固贺兰山退牧还林成果，加大保护区管理力度，将保护区外围禁牧区 20790 公顷宜林荒山划归贺兰山保护区管理，从根本上解决了长期存在的林牧矛盾，贺兰山生态植被得以休养生息，环境开始逐年恢复，林草自然更新能力不断加强，野生动物群落逐渐扩大。

（二）有害生物防治

在贺兰山保护区开展林业有害生物的监测调查、预测预报和防治，协助阿左旗林业和草原有害生物防治检疫站开展常规林业有害生物监测调查防治、重大危险性林业有害生物监测调查工作，杜绝重大危险性及外来林业有害生物灾害入侵贺兰山，保护贺兰山森林植被资源。

2012—2022 年，每年对受森林病虫等灾害严重的青海云杉林，申请国家公益林森林保险灾后治理及植被恢复项目进行治理防控。

自20世纪60年代开始，对贺兰山发生的云杉异色卷蛾、梢斑螟、烟翅腮扁叶蜂、云杉尺蠖、古毒蛾、黄褐天幕毛虫、绢粉蝶、榆紫叶甲、榆蓝叶甲、榆跳象等林业有害生物进行监测防治。其中烟翅腮扁叶蜂、梢斑螟主要发生在甘树湾、乱柴沟；古毒蛾、云杉异色卷蛾、梢斑螟、云杉尺蠖主要发生在雪岭子、东湾、雁洼池、岭湾、柳门子；云杉异色卷蛾、梢斑螟、云杉尺蠖的主要发生在哈拉乌南沟。根据不同的有害生物和发生区域制订和完善监测调查方案，落实监测人员、监测任务和监测责任，开展监测调查工作。掌握当年林业有害生物发生情况、原因并进行分析研究，预测下一年度林业有害生物发生范围、时间、程度，提出防治对策，为预防林业有害生物的发生提供依据。

（三）野生动物救护

截至2022年，贺兰山保护区野生动物临时救助站共救助野生动物136只（头），其中国家一级保护动物有黑鹳、金雕、草原雕、秃鹫、胡兀鹫、猎隼、蒙古野驴；国家二级保护动物有大鵟、普通鵟、红隼、黄爪隼、雀鹰、雕鸮、长耳鸮、黑鸢、凤头蜂鹰、鸿雁、灰鹤、天鹅、沙狐、岩羊、马鹿；三有保护动物虎斑地鸫、凤头鹇鹇、丘鹬、苍鹭、草鹭、大白鹭、赤麻鸭、绿头鸭、雉鸡、家燕、普通鸬鹚（表5-5）。

表5-5　贺兰山保护区救护动物统计

时间	数量	种类	保护级别			备注
			Ⅰ	Ⅱ	三有	
2018年及以前	24	15	2	12	10	
2019年	21	19	1	13	7	
2020年	25	15	2	9	3	
2021年	32	17	2	7	8	
2022年	34	19	1	11	7	
合计	136	85	8	52	35	

二、保护成效

（一）退牧还林工程实施

2000年，国家西部大开发、天然林资源保护工程启动，保护区停止天然林抚育间伐及采伐，通过封山育林、生态资源保护促进森林资源自然恢复。

据调查统计，天保工程实施后贺兰山森林覆盖率由2001年40.5%提高到现在57.3%，有林地面积由51.83万亩增加到58.2万亩，林区植被盖度80%；野生动物群落壮大，马鹿由2001年2000头增加到7000头，岩羊由1.6万只增加到5万只。

《贺兰山退牧还林对动植物种群变化及水源涵养功能影响的研究》监测结果显示，贺兰山地被物覆盖度由退牧前36.3%增至80%，草本植物平均高度由退牧前6.1厘米增至34厘米，每公顷鲜草量由731.04千克增至2720.74千克；每公顷拦蓄水量由0.6立方米增加到1.7立方米。山涧明流水由退牧前13条增加到21条。林草植被恢复，径流削减率41.6%，泥沙削减率81.7%，分别比退牧前提高19%和35%。

（二）有害生物防治成效

通过综合防治，在雌成虫未产卵前和幼虫初孵化时将其杀灭，快速降低危害林区虫口密度，削弱虫害高发态势，控制害虫向相邻林区扩散蔓延趋势，缓解对青海云杉林木危害，林业有害生物成灾率逐年下降。防治区青海云杉新发枝梢长势较好，平均生长30厘米，促进林分健康生长，提高林分质量，生态功能逐步恢复。通过防治实施增加管护员病虫害防治知识，掌握林业有害生物调查方法和防治技术，增强林业保护与建设的积极性。

（三）野生植物保护成效

在羽叶丁香培植方面，组织开展羽叶丁香人工繁殖、种植及移栽。人工栽植苗木通过野外适应阶段，在环境条件相似或类似区域能够存活，为羽叶丁香研究和保护奠定基础。

（四）野生动物救护驯养

2017年，在哈拉乌沟禁牧区野生动物保护区内救助引入贺兰山野生马鹿、岩羊，进行监测与科研观察，为做好野生动物疫源疫病监测、救助、保护工作提供科学依据。

（五）野生动物疫源疫病监测成效

按照监测要求，将职能职责纳入相关科室，制定各项工作制度、陆生野生动物疫源疫病监测应急预案等工作，将陆生野生动物疫源疫病监测工作落实到各管理站、管护站日常巡护工作中。对野生动物疫源疫病进行严密监测，准确掌握野生动物疫源。在监测野生动物种群中发现行为异常或不正常死亡时，记录信息、科学取样、检验检测、报告结果、应急处理、发布疫情。

贺兰山管理局坚持“保护优先、保护第一”的发展思路，围绕贺兰山保护区生态保护建设发展总目标，突出资源管理、森林防火、环境整治、科研宣教等重点工作，加强保护区的保护管理力度，提高保护区的管理水平。按照“全面保护自然环境、积极开展科学研究、大力发展生物资源、为国家和人类造福”的建设方针，遵循“优先保护、合理布局”“分类建设、分区管理”“因地制宜、讲求实效”的原则，使贺兰山山地森林生态系统得以妥善保护，有利于保护贺兰山以青海云杉为主的水源涵养林，有利于保护珍稀野生动植物和它们赖以生存的生态环境，有利于科学研究和促进科技进步，有利于拯救濒危野生动物物种，促进生物多样性的发展。提高森林涵养水源、保持水土、防风固沙、调节气候的功能，有效遏制风沙东侵。高标准、严要求、有计划、有重点地进行保护区的各项建设，使保护区实现基本建设标准化，保护管理科学化，研究实验现代化，经营利用合理化。建立高效的管理机构，完善管理设施，健全保护法规，提高保护成效，形成完善的保护管理体系，使保护区自身发展功能得到明显的提高。贺兰山生态系统的恢复，改善沿山苏木（镇）群众的生活环境，为阿拉善筑起一道牢固的绿色屏障。

第六节　禁牧封育

一、退牧还林移民搬迁

（一）搬迁背景

20世纪70年代，由于阿拉善持续干旱、降水减少，沿山牲畜数量急剧增加，林牧矛盾突出，贺兰山植被遭到不同程度的破坏，植被明显退化，高山草甸水土流失严重，森林涵养水源能力逐年下降，生态环境日趋恶化，沿山10万人口的生存和8万亩农田的灌溉受到威胁。1999年，根据国务院第46次总理办公会议纪要、朱镕基总理关于生态治理的重要讲话、《全国生态环境建设规划》《内蒙古自治区生态环境建设规划纲要》《内蒙古自治区计划委员会关于下达阿拉善盟生态移民搬迁开发实施计划的通知》《阿拉善盟行署关于贺兰山自然保护区实行退牧还林的通知》《阿拉善盟移民扶贫开发实施方案》等文件精神，阿左旗人民政府作出了《关于贺兰山自然保护区退牧还林的决定》。阿左旗人大常委会于1999年12月23日十一届人大常委会第六次会议上作出《关于贺兰山自然保护区实施退牧还林的决议》，启动实施贺兰山自然保护区退牧还林还草移民搬迁工程。

（二）搬迁方案

（1）阿左旗人民政府关于印发《阿拉善左旗1999年移民扶贫开发实施方案的通知》要求，贺兰山自然保护区内牧民从1999年起到2001年实施移民搬迁。1999年退牧还林搬迁265户1120人。其中搬迁到孪井滩灌区从事种植业85户420人；搬迁转移从事第三产业及其他产业180户700人。

（2）阿左旗人民政府关于印发《阿拉善左旗贺兰山退牧还林二期工程及一水源补水工程移民方案的通知》要求，贺兰山退牧还林一期工程计划搬迁265户1220人。实际搬迁298户1336人。清理牲畜22万头（只），560亩耕地全部退耕还林。退牧还林后植被状况恢复明显，生态明显改善。贺兰山退牧还林二期工程原计划搬迁350户1500人。由于资金及安置困难等问题，2000年计划搬迁88户370人。搬迁户安置去向主要是李井滩、巴音毛道，从事种植业，部分牧户进入几个经济小区和集镇从事工矿业及第三产业。

（三）搬迁情况

1999—2001年合计搬迁812户3216人，其中1999年搬迁转移牧民297户1318人，搬迁范围涉及巴润别立、布古图、木仁高勒、古拉本、宗别立5个苏木（镇）；2000—2001年搬迁转移牧民515户1898人，搬迁范围涉及巴润别立、布古图、木仁高勒、古拉本、宗别立5个苏木（镇）。

（四）移民搬迁安置配套政策

根据《阿拉善盟行署关于贺兰山自然保护区实行退牧还林的通知》，结合阿左旗实际情况，主要采取补偿方式转移安置移民，涉及宅基地划分、住房安居、水电设施、耕地分配、棚圈温棚建设以及教育、就业、医疗保险、养老保险、最低保障优先或补偿等方面政策。

二、禁牧管理及成效

（一）禁牧管理措施

（1）2001年5月24日，《阿左旗人民政府关于将贺兰山自然保护外围禁牧区划归自然保护区管理的批复》批准同意将贺兰山自然保护区外围已架设网围栏的禁牧区约20790公顷宜林荒山荒地划归贺兰山管理局管理。

（2）2001年8月28日，《阿左旗人民政府批转贺兰山自然保护区封山禁牧有关规定的通知》规定：2001年9月11日起，围栏内及保护区界内一律禁止放养圈养牲畜。

（3）2003年5月20日，《关于禁止在贺兰山自然保护区内散放大畜的通知》要求，为了巩固贺兰山退牧还林成果，实现全面封山禁牧，经旗委、政府同意，对在贺兰山自然保护区和旗政府划定的禁牧区散放的大畜，作出限期处理措施，6月20日前全部收圈处理。从6月21日起，保护区及禁牧区一律禁止散放大畜。

（4）2007年4月30日，贺兰山管理局转发《阿拉善左旗人民政府办公室关于集中清理退牧区牲畜的通知》要求，加大巡查力度，对辖区内的大小牲畜进行集中清理，对偷牧者要加大处罚力度，坚决杜绝偷牧现象。

（5）2009年11月28日，贺兰山管理局《关于转发阿左旗禁牧区专项整治工作实施方案的通知》。保护区内严禁放养各种牲畜，对牦牛实行限养政策，限养牦牛总数为150头。组织集中清理整顿，加大巡查管护力度。

（6）阿左旗林业局《关于进一步加强林业生态项目区禁牧工作的通知》。在全旗境内，严禁任何单位和个人饲养的牲畜进入林业生态项目区（贺兰山自然保护区）放牧，严厉打击偷牧等违法行为，从源头上清除偷牧的根源，确保禁得住、不反弹，推动建立禁牧工作长效机制。

（7）贺兰山管理局关于印发《贺兰山管理局2012年禁牧专项行动实施方案》，严格执行“2011年牦牛管理合同”规定的“每年按20%递减养殖数量”，逐步落实旗政府限养150头的政策；对于羊只、马匹、驴骡、骆驼等牲畜，全面禁牧，坚决清理，杜绝保护区内偷牧现象。

（8）阿拉善盟林业局《关于进一步加强公益林区禁牧工作的紧急通知》要求，加大公益林区禁牧管理力度；加强政策宣传引导、制度建设，按照《公益林生态效益补偿实施办法》《禁牧管理办法》、禁牧令贯彻执行；加大禁牧监督巡查力度，推动公益林全面禁牧。

（9）阿左旗林业局关于转发《中共阿拉善左旗委员会办公室、阿拉善左旗人民政府办公室关于进一步加强禁牧工作》的通知要求，研究制定工作措施，利用经济、行政、法律等手段，遏制禁牧反弹，巩固禁牧成果；加强组织领导，完善工作措施，明确目标任务，实行分片包干，把禁牧管理责任落到人头地块，签订禁牧管理责任制。加强监督检查，严格责任追究。

（10）贺兰山管理局《关于加强贺兰山自然保护区禁牧工作的通知》要求，保护区内禁止放养羊、牛、马、骡、驴等牲畜。各中心管理站要提高认识，与派出所协调行动，加强管理，组织管护站加强巡查，密切掌握辖区牲畜偷牧规律，采取入户宣传、重点监管、驱赶牲畜、林政处罚等措施，坚决杜绝保护区内越界放牧现象。对个别有搬迁遗留问题的牧民，限制活动范围，制止回迁现象，加强监管，及时上报和清理。

（11）贺兰山管理局《关于加强自然保护区禁牧工作的紧急通知》要求，加强巡护管理，对辖区围栏沿线每天进行巡护，及时修补破损围栏，对重点监管对象全天候排班盯防，与森林公安派出所配合，开展不定期检查，杜绝保护区内放牧现象。

（12）贺兰山管理局《关于加强贺兰山自然保护区禁牧管理的通知》要求，严格执行旗政府2011年禁牧会议关于“沿山牦牛限养150头”的决定，2016年春季牦牛上山数量仅限150头。要求2015年11月18日前将牦牛全部清理出山，禁止在贺兰山保护区围栏内放养牦牛。2015年12月10日后，开展清理行动，严格按照《自然保护区条例》进行处罚。

（13）贺兰山管理局《关于严格加强贺兰山自然保护区禁牧管理的通知》要求，提高思想认识，加强禁牧巡护管理，与森林公安派出所配合，采取重点盯防监管、组织清理、维修围栏设施等有力措施，杜绝保护区围栏内偷牧现象；加强对沿山牦牛的监管排班；加大执法力度，对故意损坏围栏、私放牲畜进入管护区域放牧等行为依法严肃查处；填写巡护日志，详细记载禁牧管理措施和处理结果；开展不定期检查，重点督查禁牧工作情况。

（14）贺兰山管理局《关于2017年禁牧监督管理工作的通知》要求，加强贺兰山保护区禁牧监督管理及督查工作，并在各主要沟道口设立监督点24小时值班，决不允许牦牛入山。做好保护区巡护工作，及时修补辖区破损网围栏，尤其对牦牛及其他牲畜途径路段加强防范措施。

（二）禁牧成效

保护区内森林面积由建保护区前32.14万亩增加到2011年58.2万亩，森林覆盖率由31.6%提高到2011年57.3%，森林蓄积量达到290万立方米，山涧明流由1999年的13条增加到2022年的21条，林草植被盖度达到80%。

第七节　生态修复治理

一、生态环境整治措施及成效

贺兰山保护区古拉本地区煤炭资源丰富，在20世纪50—60年代开始开采煤炭和石灰岩，至21世纪初期形成了4家煤炭、2家石灰岩规模化矿产资源开采企业，是阿拉善主要税收来源。因矿产资源开采，贺兰山地区生态环境遭到一定程度的破坏。2016—2019年分别启动实施了贺兰山保护区及周边环境整治行动、内蒙古贺兰山地区生态环境隐患集中整治攻坚战和内蒙古贺兰山地区生态环境隐患精准治理攻坚战，按照“关停、拆除、清理、整治、验收、注销”的程序，对保护区内24个建设项目和禁牧区2个治理区进行全面排查整治，生产生活设施设备已全部拆除关闭，环境问题已全部整改完成，整改完成率达 100%。

（一）生态环境整治措施

1. 2017 年开展内蒙古贺兰山地区生态环境隐患集中整治攻坚战

2017 年 6 月 14 日，中共阿左旗委员会办公室、阿左旗人民政府办公室《关于印发内蒙古贺兰山地区生态环境隐患集中整治攻坚战实施方案的通知》，为做好内蒙古贺兰山地区生态环境集中整治工作，按期完成保护区环境整治目标任务，成立生态环境隐患集中整治领导小组，下设 6 个工作组，确保贺兰山区域环境改观。根据自然保护区管理相关法律法规，对贺兰山自然保护区内 14 家经营单位的 24 个建设项目进行全面排查整治。

2. 2018 年开展内蒙古贺兰山地区生态环境隐患精准治理攻坚战

2018 年 4 月 24 日，中共阿左旗委员会办公室、阿左旗人民政府办公室《关于印发内蒙古贺兰山地区生态环境隐患精准治理实施方案的通知》要求，在 2017 年环境隐患集中整治攻坚战的基础上成立贺兰山地区环境隐患精准治理指挥部，下设 4 个工作组。制定方案，对沿路沿线、2017 年整治成果被破坏、新形成的隐患进行排查，提出各区域环境问题整改的意见，建立工作总台账，明确整改内容、整治要求、完成时限和责任单位、责任企业和责任人，立即开展整治和修复工作，做到排查治理、督促检查、精准治理全覆盖。

3. 2019 年开展阿左旗防范化解重大风险生态环境、安全隐患、城乡人居环境整治

2019 年 3 月 15 日，中共阿左旗委员会办公室、阿左旗人民政府办公室《关于印发阿左旗防范化解重大风险生态环境、安全隐患、城乡人居环境整治实施方案的通知》。成立工作领导小组，下设 6 个工作组，制定工作方案，建立台账。抓好中央环保督察“回头看”反馈问题、自治区党委巡视组反馈问题、自治区安全大检查反馈问题整改工作，加大工作推进力度，确保阿左旗重点领域、重点地区风险隐患整治和农牧区人居环境改善工作取得实效。

4. 2020 年开展阿拉善盟“绿盾 2020”自然保护区强化监督工作

（1）2015 年 17 处遥感监测情况。2015 年 6 月 9 日，根据环保部办公厅《关于通报国家级自然保护区人类活动遥感监测与实地核查情况的函》要求，涉及贺兰山保护区人类活动遥感监测点位共有 17 处（位于实验区 13 处，保护区外 4 处），其中，工矿企业类 13 处，人工设施类 3 处，旅游设施类 1 处。已完成整改任务并上报。

2020 年 1 月 21 日，根据内蒙古自治区林业和草原局要求，对 2015 年“绿箭行动”17 处人类活动遥感监测重点问题进行验收申请销号。

（2）2016 年 57 处遥感监测情况。2016 年 8 月 31 日，根据内蒙古自治区环境保护厅《关于实地核查国家级自然保护区人类活动情况的通知》，涉及保护区人类活动遥感监测点共有 57 处，其中，位于核心区内 1 处，位于实验区内 42 处，保护区外 14 处，已完成整改任务。

（3）2017 年 23 处遥感监测上报及申请销号情况。2017 年 8 月 29 日，根据内蒙古自治区国家级自然保护区遥感监测重点问题清单的要求，涉及贺兰山保护区人类活动遥感监测点位共有 23 处，其中，保护区内有 17 处，保护区外有 6 处，已完成整改并上报。

2020 年 9 月 8 日，根据阿拉善盟生态环境局等 7 部门《关于开展阿拉善盟“绿盾 2020”自然保护区强化监督工作任务分解的通知》要求，阿左旗人民政府和旗生态环境、工业信息化、自然资源、水务、农牧、文化旅游、林业和草原、自然保护区 8 部门联合出具“‘绿盾’专项行动反馈问题整改销号单”。

（4）“绿盾 2020”1 处整改及申请销号情况。根据阿拉善盟生态环境局《关于调度“绿盾 2020”专项行动实地核查及整改情况的函》，涉及贺兰山保护区问题点位 1 处，经实地核查，该问题为“6905”工程临时搭建的钢制活动房，工程结束后自行拆除。

2015—2020 年涉及贺兰山保护区内人类遥感监测点共有 98 处，其中，核心区内 1 处，实验区 73

处，保护区外24处，并进行销号。

5. 2021年开展“阿左旗贯彻落实自治区生态环境保护督察反馈意见整改方案”

2021年6月4日，根据中共阿左旗委员会办公室、阿左旗人民政府办公室《关于印发阿左旗防范化解重大风险生态环境、安全隐患、城乡人居环境整治实施方案的通知》要求，制定《内蒙古贺兰山国家级自然保护区生态环境修复治理实施方案》，组织开展内蒙古兰太资源开发有限责任公司伊克田北、塔尔岭石灰岩矿地质环境治理，削坡和清除采区遗留危岩体，消除地质灾害隐患。对阿拉善盟宏力煤炭有限责任公司大岭煤矿，内蒙古太西煤集团古拉本一矿，阿拉善盟顺舸矿业公司二道岭煤矿和阿拉善盟丰源煤炭有限责任公司一矿、三号井、五矿矿区环境进行修复治理，继续实施矿区人工撒播作业，恢复矿区植被；加强保护区森林火灾、有害生物等次生灾害预防和长效监管工作；加强森林资源常态化监管，建立长效化监管机制，加强日常巡护巡查，加大宣传力度，制止破坏生态环境行为的发生。

（二）生态环境整治成效

内蒙古贺兰山保护区生态环境整治，累计出动人员13.57万人次、各类机械7.7万台次，拆除了保护区内5家煤矿、2家石灰岩矿、1家水泥厂和6家洗煤厂全部生产生活设施设备，共拆除各类建筑物4万余平方米、采挖坑回填300余万立方米、治理渣台面积719万平方米，完成治理面积10.89平方公里。矿区播撒草籽植被恢复1万亩，永久性封闭煤矿井硐17处，并由相关部门组织进行了保护区环境综合整治初步验收及煤矿井硐封闭验收。建立长效监管机制，采取拉设网围栏封闭治理区进出口道路9300米，禁止人员车辆进入矿区，划定管护责任区，加强日常巡护巡查等措施，遏制偷挖盗采等破坏生态环境的行为发生，保护区内环境综合整治取得了阶段性成效。

2018年，丰源三矿治理区被阿拉善盟委、行署确定为阿拉善盟环境整治示范基地和环境保护教育基地，保护区内环境综合整治取得了成效。宁夏银川、宁夏石嘴山、内蒙古鄂尔多斯等周边地区及盟内考察团多次组织观摩学习。

二、植被恢复措施及成效

（一）植被恢复措施

根据中共阿左旗委员会办公室、阿左旗人民政府办公室关于印发《内蒙古贺兰山地区生态环境隐患集中整治攻坚战实施方案的通知》要求，结合实际，制定《内蒙古贺兰山国家级自然保护区管理局2017年保护区内工矿企业生态环境隐患集中整治及植被恢复实施方案》，通过自然恢复为主、飞播和人工撒播草籽措施进行矿山植被恢复。

1. 飞播草籽

2017—2018年，实施贺兰山矿山治理区飞播草籽1万亩，草种为披碱草和冰草。

2. 人工撒播草籽

2018—2022年，人工撒草籽1500亩，草种为披碱草和冰草。

（二）植被恢复成效

2017—2019年，连续3年累计实施矿区飞播和人工种草作业。经监测统计，样地区域植被覆盖度较2020年提高7%，达到38%，草本植物新增6种，灌木平均高度增加13.5厘米。区域植被得到恢复，生态系统逐步改善。

第六章　　森林草原防火

据记载，4000年前贺兰山为原始森林，主要树种为油松，占98.6%。历史上曾遭受过3次人为破坏。

第一次是秦、汉、北魏时期。秦蒙恬率兵30万在贺兰山征战，修筑长城；西汉元朔四年（公元前125年），大规模修建水利工程，砍伐木材；北魏太平真君七年（公元446年），太武帝拓跋焘为筹措军粮和制造战船，把贺兰山树木砍伐一空。

第二次是西夏时期。贺兰山是七大重兵驻守地，山上屯兵5万人，砍伐树木建造营房，灌木制作弓箭。大量砍伐木材建皇家园林。大庆七年（1044年）辽夏大战，西夏把“火攻战术”用于战争，贺兰山北部百余里森林化为灰烬。

第三次是清末至民国时期。林区多次发生火灾，特大火灾有3起。第一起清末，东坡苏裕口沟起火，向北烧到鬼头沟，越过分水岭，烧至西坡樊家营子、马蹄坡和马石倾，燃烧2个月，降雨熄灭；第二起民国初，东坡黄渠沟起火，烧到西坡黄渠沟岭下，燃烧1个月，暴雨浇灭；第三起民国十九年（1930年）秋季，西坡镇木关沟发生火灾，过火面积467公顷。

除火灾之外，人为破坏较为严重。据陈国钧1943年所著《西蒙阿拉善旗社会调查》一书中记载：“民国后，贺兰山林木未予积极保护，任人随意砍伐，伐木者每年仅向旗府缴纳砍山税款数元，即可任意伐取，每年伐木约50万株”。

第一节　防火组织建设

一、防火组织机构

1973年2月24日，贺兰山森林经营管理所成立护林防火指挥部，办公室设在大水沟营林区。

1987年，贺兰山林区设护林防火委员会1个，阿拉善盟森林警察大队1个，森林警察中队3个，共90人，分别设置在哈拉乌、水磨沟、古拉本。

1994年4月至2007年10月，贺兰山管理局业务科、管护科、林政资源管理科承担森林防火和管护工作。

2008年，阿拉善左旗机构编制委员会印发《内蒙古贺兰山国家级自然保护区管理局“五定”方案通知》，设立防火办。成立以分管副局长为组长的森林防火领导小组，下设办公室，办公室设在森林公安局，工作人员以森林公安民警为主，设有26个管护点。制定防火预案。成立以管护人员为主要力量的森林防火扑火队。负责保护区森林资源防火和管护工作。

2009年，阿拉善左旗机构编制委员会印发《阿拉善左旗贺兰山国家级自然保护区森林公安局“三定”方案通知》，防火办职能职责归于贺兰山管理局。实行总指挥总负责，副总指挥分工协作机制，负责保护区森林防扑火工作，成立前线防扑火指挥部，指挥部下设办公室，主要负责综合协调、人员调配、物资供应、火场管理、临时通信、火灾统计、舆情管理等工作。根据扑火工作需要成立扑火扑救队、道路抢修队、后勤保障队、火案查处和火灾现场治安管理组、气象交通通信保障组、宣传报道组。

（一）2009—2010 年防火指挥部组成人员

副总指挥：陈晓鹏（阿拉善盟森林警察大队长）

　　　　　陶苏门高（贺兰山管理局副局长）

（二）2011 年防火指挥部组成人员

总 指 挥：徐世华（贺兰山管理局局长）

副总指挥：陶苏门高（贺兰山管理局副局长）

　　　　　贾金山（贺兰山管理局副局长）

（三）2012—2014 年防火指挥部组成人员

总 指 挥：陈立杰（贺兰山管理局局长）

副总指挥：张永祥（宁夏贺兰山管理局局长）

　　　　　张瑞峰（贺兰山管理局副局长）

　　　　　陶苏门高（贺兰山管理局副局长）

　　　　　贾金山（贺兰山管理局副局长）

　　　　　丁玉森（贺兰山管理局副局长）

　　　　　宫　杰（阿拉善盟森林警察大队队长）

　　　　　潘存忠（内蒙古贺兰山森林公安局局长）

（四）2015—2016 年防火指挥部组成人员

总 指 挥：黄天兵（贺兰山管理局局长）

副总指挥：张永祥（宁夏贺兰山管理局局长）

　　　　　张瑞峰（贺兰山管理局副局长）

　　　　　陶苏门高（贺兰山管理局副局长）

　　　　　贾金山（贺兰山管理局副局长）

　　　　　丁玉森（贺兰山管理局副局长）

　　　　　宫　杰（阿拉善盟森林警察大队队长）

　　　　　张廷玉（阿拉善盟森林警察大队队长）

　　　　　潘存忠（内蒙古贺兰山森林公安局局长）

（五）2017—2022 年防火指挥部组成人员

总 指 挥：段志鸿（贺兰山管理局局长）

副总指挥：张永祥（宁夏贺兰山管理局局长）

　　　　　党玉龙（宁夏贺兰山管理局局长）

　　　　　陶苏门高（贺兰山管理局副局长）

　　　　　贾金山（贺兰山管理局副局长）

　　　　　丁玉森（贺兰山管理局副局长）

　　　　　孙　萍（贺兰山管理局副局长）

　　　　　张宝军（贺兰山管理局副局长）

　　　　　任　侠（贺兰山管理局副局长）

　　　　　田建军（武警阿拉善支队副支队长）

　　　　　张廷玉（阿拉善盟森林警察大队队长）

　　　　　尹训防（阿拉善盟森林消防大队队长）

　　　　　潘存忠（内蒙古贺兰山森林公安局局长）

　　　　　王　波（阿拉善盟公安局贺兰山森林公安分局局长）

二、防火联防组织

(一) 森林防火联防机制

贺兰山以分水岭为界，东侧（俗称前山）归宁夏回族自治区管辖，西侧（俗称后山）归内蒙古自治区管辖。

1965 年 10 月 16 日，贺兰山前后山护林防火筹备会议在贺兰山军马场召开。宁夏贺兰山森林经营管理所、军马场、内蒙古贺兰山林场、巴伦别立公社等单位代表参加会议。会议就联防委员会组织、任务、工作制度交换意见，形成会议纪要。翌年行政区划工作正在酝酿，省区护林防火联防工作被搁置。

1980 年 12 月 11 日，宁夏回族自治区林业局在银川市召开贺兰山护林防火第一次前后山联防工作会议，会期 4 天，内蒙古阿拉善盟林业治沙局、贺兰山林场应邀参加了会议。会议就前后山分管的具体工作事宜进行协商。成立联防委员会，商定轮流主持召开一年一次的护林联防工作会议，共同做好护林防火工作。

1981 年 6 月 30 日，宁夏回族自治区林业局、内蒙古自治区阿拉善盟行政公署在苏峪口召开贺兰山林区前后山第二次联防会议，会议草拟了《贺兰山林区前后山护林防火协议》。

1982 年 9 月 15 日，贺兰山林区前后山第三次护林防火会议在内蒙古阿左旗召开，修改完善《贺兰山林区前后山护林防火协议》并宣布实施。

1983 年 11 月 10 日，宁夏回族自治区林业厅、内蒙古自治区阿左旗人民政府联合印发《贺兰山前后山第四次联防会议纪要》。

1985 年 10 月，贺兰山林区前后山第六次联防会议协商解决阿拉善盟微波电视中转台在有林地建立柴油电机房问题，决定双方林区派出所要进一步加强合作，定期召开双方业务会议，每年 6 月 1 日在前山进行检查，11 月 1 日在后山进行检查。确定各联防小组实行每季度会哨一次制度，一季度、三季度在前山，二季度、四季度在后山，时间为每季度最后一个月的 25 日。

1987 年 4 月 14 日，贺兰山林区前后山召开护林防火第八次联防会议，针对近几年林区偷猎野生动物情况较多、火灾隐患十分严重的情况，会议决定前后山派出所组成专案小组，以专职护林人员为骨干，落实任务，分片包干，严肃查处林区毁林、偷猎等非法活动。

1999 年 10 月 9 日，贺兰山保护区前后山第二十次护林防火联防会议在阿左旗召开。内蒙古自治区林业厅副厅长刘荣光和有关处及本局、站主要负责人参加了会议。会议交流经验，形成共识，决定此后贺兰山保护区前后山护林防火联防会议每两年召开一次。12 月开展第一次前后山护林防火互检互查工作。

2003 年 10 月 16 日，贺兰山保护区前后山第二十二次护林防火联防会议在巴音浩特镇召开。内蒙古自治区林业局副局长李月祥、内蒙古阿拉善盟副盟长龚家栋等 60 人参加。会议认为，通过前后山林区干部职工共同努力，保持贺兰山林区连续 54 年无森林火灾给予肯定。“行政有界，防火无界”，护林防火联防效果明显，巩固措施，加强完善，继续搞好联防协作关系。

2007 年 10 月 19 日，内蒙古、宁夏贺兰山保护区第二十四次护林防火会议在阿左旗召开。阿左旗人民政府副旗长徐景春等 30 人参加。会议认为，护林防火联防制度是重要的防火协作机制，双方联检互查是行之有效的交流手段，对应站点定期会哨是具体的联防措施。针对整个贺兰山生态系统不断恢复和改善，组织专家进行评估，探索制定科学管理模式，有效保护和合理利用资源。

2010 年 7 月，与宁夏贺兰山管理局共同制定《宁、蒙贺兰山国家级自然保护区处置重特大森林火灾应急预案》。实行定期“会哨”制度，时间定为每年 4 月 1 日至 10 月 31 日，每月“会哨”一次，对辖区发生情况及时通报。

2011 年 10 月 15 日，内蒙古、宁夏贺兰山保护区第二十六次护林防火会议在阿左旗召开。阿拉善盟行署副盟长徐景春等60人参加。会议对在护林防火联防工作和森林防火协防工作做出突出成绩的管理站和防火成员单位进行表彰。举行106套单兵装备发放仪式。

2015年12月30日，内蒙古、宁夏贺兰山保护区第二十八次护林防火会议在阿左旗召开。阿拉善盟行署副盟长徐景春等30人参加。会议要求，夯实联防会哨制度，定期互通信息，加强资源管理，加强项目合作，构建防火信息、通信资源共享。

2017年11月27日，宁夏·内蒙古贺兰山保护区第二十九次护林防火联防工作会议在宁夏贺兰山管理局召开，表彰了2016—2017年度护林防火联防先进集体，签订“宁夏·内蒙古贺兰山保护区合作共管协议”。

2019年12月，内蒙古·宁夏贺兰山保护区第三十次护林防火联防工作会议在阿左旗召开。会议对内蒙古贺兰山管理局、宁夏贺兰山管理局各工作站，在2018—2019年度森林防火、林地资源管理等各项责任和措施落实上表现突出，给予表彰。

截至2021年12月31日，共召开内蒙古·宁夏贺兰山保护区护林防火联防工作会议30次。

（二）防火协防机制

2003年，贺兰山保护开始建立盟、旗单位森林防火协防机制，与基层护林站共同承担森林草原防灭火责任，检查指导工作，帮助基层护林站人员解决在工作、生活中困难和问题。截至2021年底，共有58家盟、旗防火协防单位。其中有阿拉善盟文化旅游广播电视局、阿拉善盟市场监督管理局、阿拉善盟航空护林站、阿拉善盟发展和改革委员会、阿拉善盟民政局、阿拉善盟委宣传部、阿拉善盟住房和城乡建设局、阿拉善盟扶贫开发办公室、阿拉善盟无线电管理处、阿拉善盟供销合作社、阿拉善盟教育体育局、阿拉善盟水务局、阿拉善盟电业局、阿拉善盟气象局、阿拉善盟财政局、阿拉善盟人力资源和社会保障局、阿拉善盟公安局、阿拉善盟民族事务委员会、阿拉善盟工业和信息化局、阿拉善盟农牧业局、阿拉善盟交通运输局、阿拉善盟外事办公室、阿拉善盟自然资源局、中国石油阿拉善销售分公司、阿拉善盟生态环境局、阿拉善盟林业和草原局、阿拉善盟卫生健康委员会、阿拉善盟检察分院、阿拉善盟司法局、阿拉善盟中级人民法院、阿拉善盟审计局31家盟级单位；阿左旗财政局、阿左旗工业商务和信息化局、阿左旗城市管理综合行政执法局、阿左旗水务局、阿左旗审计局、阿左旗公安局、阿左旗科学技术和林业草原局、阿左旗农牧业局、阿左旗卫生健康委员会、阿左旗生态环境分局、阿左旗教育体育局、阿左旗自然资源局、阿左旗气象局、阿左旗人民武装部、阿左旗退役军人事务局、阿左旗市场监督管理局、阿左旗统计局、阿左旗交通运输局、阿左旗应急管理局、阿左旗住房和城乡建设局、阿左旗司法局、阿左旗发展和改革委员会、阿左旗民政局、阿左旗文化和旅游局、阿左旗农牧区生态管理综合行政执法局、阿左旗人力资源和社会保障局、阿左旗民族事务委员会27家旗级单位。

第二节　火灾隐患及成因

一、火灾隐患

贺兰山山高坡陡，地形复杂，外围直接与草原连接，旅游、农事及工矿企业生产等人为活动十分频繁；每年进入贺兰山国家森林公园的游客10万余人。春节、清明节、“五一”“十一”上坟祭祀、旅游人员逐年增多，野外用火、火险隐患、火源管理难度大。火险等级逐年升高，极易引发火灾。防火设施建设相对滞后，森林草原防火形势严峻。

保护区成立前，贺兰山林区全部属于一级甲类火险区。2003年被列为内蒙古西部防火特殊管理区域。现贺兰山保护区及外围禁牧区88500公顷被划定为森林草原防火区。根据《内蒙古自治区森林草原防火条例》，每年3月15日至6月15日、9月15日至11月15日为森林草原防火期。随着生态建设和保护力度加大，植物的枯枝落叶层不断增厚，可燃物大量积累，部分地段可燃物载量超过临界值的2倍，极易引发火灾。正常年份枯草裸露失火危险期5个月，是防火工作最紧要时期。严格执行阿拉善盟森林草原防火指挥部、阿左旗森林草原防火指挥部防火戒严令。

二、火灾成因

人为火源主要是生产、生活用火，如烧荒、烧炭、老化电路、乱丢烟头、野炊取暖、上坟烧纸等。每年3月、4月、10月是易发生火灾月份。自然火源是雷击火。

1987—2021年，引起保护区森林火情：主要原因是自然火源，其中雷击火占50%、电线打火占50%。

1987—2021年，引起保护区及周边草原火情：主要原因是人为火源；其中智障者弄火占3%、学生玩火占3%、野外吸烟占8%，上坟烧纸占18%，其他原因占68%。

第三节　火灾预防与应急处置

一、火灾预防

（一）制度建设

制作贺兰山保护区森林防火指挥图、森林火灾易发分布示意图；修订完善《贺兰山自然保护区处置一般森林火灾应急预案》《贺兰山管理局火情处置程序》《贺兰山管理局机关消防安全应急预案》《贺兰山管理局基层管理站工作制度》《贺兰山管理局基层管护站工作制度》《贺兰山管理局管理站考核细则》《贺兰山管理局管护员考核办法》《贺兰山管理局临时管护员管理办法》《贺兰山管理局管护站流动红旗评比办法》《贺兰山管理局岗位责任制》以及各项防火制度。实施基层管护站月督查考核、工作站季督查考核制度。

（二）责任落实

成立以局长为组长的防火领导小组，层层落实责任，纵向管理局-管理站-管护站-管护员层层签订森林防火责任状；横向与保护区内企事业单位个人签订防火责任状，职责明确，责任到人。实行领导分片负责，科室包片管理的工作机制。开展防火督查工作，履行防火主体责任。

（三）宣传教育

深入开展防火宣传活动。在镇区、辖区、保护区主要沟道、路口悬挂宣传条幅、贺兰山公众号推送宣传信息、阿拉善电视台民生在线栏目防火字幕宣传、城市魔方LED大屏播放森林防火宣传短片；联合阿拉善电视台、日报社制作森林防火宣传专刊；通过MAS（移动安全联盟）信息发布端口发送防火宣传短信、协同邮政部门通过微信朋友圈发布森林防火宣传信息；组织开展森林防火进社区、进景区、进校园、进嘎查等主题宣传活动，提高社会各界、广大居民防火意识。

（四）火源管控

加强野外火源管控，严禁火种入山，防止人为火灾现象发生。防火期前举办业务培训班，开展业务技能训练，适时开展防火实战演练。进入防火戒严期，管护人员全员上岗，关口前移，靠前驻防，对重点区域、地段进行全面认真的检查清理，查找火灾隐患和薄弱环节，整改存在的问题；保护区辖4个管理站，28个管护站，划分为28个责任区，每个管护站配备3~5名管护员，结合70条深山巡护路线GPS打点定位，按照谷歌地球进行航迹管理，根据实际制定管护站查山巡护任务，要求各管护员每月深山巡查不少于3次，浅山巡护不少于6次，围栏每天巡查，每次至少2名巡护人员进行巡护，并记录巡护日志，确保巡护到位；实行日报日查制度；基层各站与宁夏贺兰山管理局对口站点开展联防会哨，建立双方边界森林防火联防联治机制，落实联防责任；与协防单位做好防火协防工作。

实现“防火就是防人”理念。

（五）火情监测

火情监测分为4个空间层次，即地面巡护、瞭望台观测、视频高清监控和无人机巡护。实行24小时值班制度，明确值班领导、值班人员及值班时间，按照巡护制度、巡护路线、巡护次数以及巡护方案、GPS打点进行野外航迹巡护。利用瞭望台和远程电子监控，随时监测辖区人员出入和火情信息。

（六）防控措施

采取打烧防火隔离带、计划烧除等措施，利用公路、林区道路作为人为或天然防火隔离带阻隔火的蔓延。在林草接合部开设20~50米隔离带，阻止草原火蔓延。开设方式采用机耕和人工割除；在人为活动频繁地区对地表植被、道路两旁杂草进行计划烧除，最大限度地降低火灾隐患。烧除方式采用点烧和人工割除。

二、应急处置

保护区内发生火灾，逐级上报。各站辖区管护站是扑火第一梯队，管理站是第二梯队。一旦发现火情，第一时间上报管理站，管护站迅速出动并扑救。管护站接到报警后及时上报管理站、管理局。根据火情蔓延程度，森林防火总指挥决定是否启动防火预案。火情按以下程序处置：发现火情或接到火警电话（第一时间）—报管理局防火办，辖区扑火队及时赶赴火场—第一时间报防火总指挥—是否启动应急预案，辖区扑火队密切关注火情变化随时汇报—火情处理后及时清理并看守火场—进行现场勘查、调查损失、分析原因—追究责任。

第四节　防火队伍建设及管理

一、半专业防火队伍

1987年前，贺兰山林区有护林防火站13个，专业护林员38人，义务护林防火小组18个36人。

2010年，半专业防扑火队伍106人。

2017年12月，经阿左旗机构编制委员会研究决定设立森林草原专业消防队（配备人员25名）。在武警阿拉善盟森林警察大队、山东省淄博市原山林场进行防火机具维修、火场急救、灭火战法训练、灭火作战综合演练、打烧防火隔离带及野外扑火实战训练等为期25天综合培训。按内蒙古自治区林业厅要求，专业队需要集中食宿、有固定训练场所，因无法达到自治区林业厅要求，2019年专业扑火队解散。

截至2021年12月，保护区有半专业防扑火队1支42人，专职管护员112人。为古拉本、南北寺旅游区义务扑火队配备必要的扑火装备。适时开展防扑火培训、防火演练、打烧防火隔离带，提高实战能力，确保迅速反应，火情处置及时有力。进入防火期，管护员靠前布防，处于临战状态，一旦发生火情，迅速出击，为扑火扑救提供保障。

二、专业防灭火队伍

1981年9月，组建阿拉善盟森林消防大队，建队初期为内蒙古自治区武装森林警察总队阿拉善盟直属中队。

1982年9月，扩编为大队。

1999年2月，森林部队由武警部队实施统一领导，实行军事系统管理体制，部队番号改为“中国人民武装警察部队阿拉善盟森林大队”，承担森林防火、灭火，保护森林资源，维护社会稳定和处置突发事件的任务，部队实行新编制，下辖阿左旗中队、额济纳旗中队。

2018 年 10 月 1 日，转隶为阿拉善盟森林消防大队，承担防范化解重大安全风险、应对处置各类灾害事故的重要任务，主要担负森林（草原）防火灭火、地震（地质）灾害救援、山岳（水域）灾害救援以及冰雪灾害救援等综合性救援任务。

每年春、秋两季防火期，在南寺、北寺辖区驻防。与辖区管护员在森林防火、资源保护、入山人员管理、火源管理等方面共同协作。

第五节　高科技技术应用及防火设施建设

一、高科技技术应用

在预警监测方面，保护区建有森林防火指挥中心 1 处、分控室 4 处、林火监控预警系统 31 套、安防监控系统 26 套、视频会议系统 27 套。通信基站 1 处、瞭望塔 8 座、无人机 36 台。车载电台 5 部、防火专用电话 28 部、对讲机 188 部。北斗手持巡护终端 70 部、GPS120 部。

在物资装备方面，保护区建有物资库 5 处、购置防火指挥车 3 辆、巡护车 8 辆、运兵车 1 辆、装载机 1 台、灭火水车 6 辆、消防摩托车 2 辆、摩托车 55 辆、单兵装备 300 套、野外生存装备 40 套、组合工具 200 套、风力灭火机 230 台、风水灭火机 50 台、往复式灭火水枪 100 把、防火锹 200 把、2 号工具 300 把、油锯 50 台、割灌机 30 台、水泵 30 台、帐篷 64 顶、睡袋 100 个、发电机 32 台、防火罩 150 个。

保护区逐步实现森林防火人防+技防相结合，有效扩大巡护巡查覆盖面。推广使用“防火码”和“互联网+森林草原防火督查”系统，目前“防火码”在贺兰山保护区主要沟道、旅游区、路口得到应用，“互联网+森林草原防火督查”系统在保护区管理局推行应用。将卫星遥感、卫星通信、航空消防、重型机械、信息网络、3S 等现代技术广泛应用于火灾预防和扑救过程。

二、防火设施设备建设

保护区成立前，贺兰山林区护林防火设备差，部分防火通道勉强通车。有巡护摩托车 4 辆，通信电话 8 台，风力灭火器 3 台，所有护林防火站点建筑面积共有 525 平方米。

2001 年，实施贺兰山保护区森林防火建设项目，中央投资 49 万元。资金来源为“2001 年天然林资源保护工程”中央财政预算内专项资金 24 万元、“2001 年黄河上中游地区天然林资源保护工程”中央财政预算内专项资金 25 万元。建设内容为防火检查站 2 处、购置风力灭火机 40 台、无线接入电话 24 部、防火运兵车 1 辆。国家林业局批准贺兰山保护区二期工程建设项目，项目总投资 699.00 万元，其中，国家预算内林业非经营性基本建设投资 407.00 万元，地方配套 292.00 万元。建设内容为管护站用房 920 平方米；瞭望台 1 座；标桩标牌 260 个；生态监测站 2 处；气象站 3 处；科技博物馆 1000 平方米；局址道路 1 公里及科研宣教通信设备等。

2003 年，实施贺兰山保护区森林防火建设项目，中央投资 17 万元。资金来源为“2003 年黄河上中游地区天然林资源保护工程”中央财政预算内专项资金 17 万元。建设内容为购置程控交换机 1 套、防火车 1 辆及制作防火宣传牌。

2005 年 8 月，《国家林业局关于内蒙古阿拉善盟森林重点火险区综合治理项目可行性研究报告的批复》，核定贺兰山国有林区项目区总投资 534 万元。其中，国家预算内林业非经营性基本建设投资安排 427.4 万元、地方配套解决 106.6 万元。截至 2006 年底全部建设完成，实际完成投资 509.71 万元（国家 431.5 万元，地方 78.21 万元）。建设内容为营房 1 处（361.45 平方米）、林火气象站 1 座（80 平方米）、防火瞭望塔 8 座（每座 66 平方米）、防火外站、检查站 5 个（总建筑面积 364 平方米）、车库3个（94.5平方米）、塔路8条（总长度45000米）、开设防火隔离带1万米、防火宣传牌45个、地理信息及影像传输系统。各项建设工程均按照《内蒙古阿拉善盟森林重点火险区综合治理项目初步设计》《内蒙古阿拉善盟森林重点火险区综合治理项目贺兰山项目区实施方案》严格执行。通过项目实施，加强贺兰山保护区森林防火“四网两化”建设，建立科学化、正规化、现代化的森林防火体系，全面提高森林火灾的综合防治能力。

2007年，国家林业局批准实施贺兰山保护区三期工程建设项目，项目总投资1240.00万元。其中，国家投资990.00万元、地方配套250.00万元。建设内容为管理局业务用房1200平方米、访问者中心800平方米、宣教中心600平方米、管理站业务用房262平方米、管理局辅助用房150平方米，配套进行科研、监测、附属设施建设及购置必要的保护、监测等设备。实际投资1401万元，其中，中央投资990万元、地方配套411万元。完成制作指示牌宣传牌176个，扩建管护站用房140平方米，新建哈拉乌、水磨沟防火微波监控系统2处，新建防火巡护道路50公里，维护防火巡护道路32公里，建设防火隔离带30公里；购置防火指挥车1辆、巡护车2辆、扑火服65套、风力灭火机32台、灭火水枪100套及野外调查设备；新建鸟类环志站、宣教中心、访问者中心及附属房、购置科研设备等；新建管理局综合办公楼及附属房、管理站办公用房及附属房、购置配套设备。

2010年，建设林火监测中心1处、扑火物资库1处、电子监控系统4套。购置防火指挥车1辆、巡护车运兵车4辆、车载电台4部、防火专用电话27部、对讲机20部、风力灭火机70台、风水灭火机5台、往复式灭火水枪40把、计算机8台。

2011年9月，内蒙古自治区林业厅批复实施内蒙古自治区贺兰山南寺森林防火监控系统建设项目，投资规模为355万元。其中，国家投资284万元、地方配套71万元。建设内容为监控系统一套，包括采集前端10个、输电线路16.3公里、数字硬盘录像机1台、控制器1台、传输系统设备85台（个）。

2013年8月，实施阿拉善盟贺兰山防火预警系统建设项目，建设资金185万元，建设内容为15块46寸DID液晶显示屏。

2015年，实施贺兰山管理局贺兰山巴音笋布尔至樊家营子防火通道维修改造项目，总投资60.8488万元，是地方配套资金。维修道路5.536公里，路面铺摊20厘米厚天然砂砾石。是年实施《内蒙古贺兰山国家级自然保护区2015年森林生态效益补偿基金》防火通道维修工程，中央投资29.51万元，维修防火通道16.27公里。

2016年，实施《内蒙古贺兰山国家级自然保护区2016年森林生态效益补偿基金》防火通道维修工程，中央投资29.51万元，维修保护区防火通道26.2公里。

2017年，实施《内蒙古贺兰山国家级自然保护区管理局信息化设备采购及安装调试采购项目》，总投资706万元。建设基层管护站安防监控26套、管理局机关视频会议系统1套、工作站视频会议系统4套、管护站视频会议系统22套、管理局机关监测中心管理系统1套、铺设信息传输光缆150公里。

2018年，实施《内蒙古贺兰山国家级自然保护区管理局樊家营子林区防火通道基础设施建设项目》，项目来源为“2018年自治区财政林业专项森林防火及林缘隔离带建设”补助资金，中央投资20万元，维修防火通道5.994公里；实施“内蒙古阿拉善盟森林火灾高风险区综合治理项目（贺兰山项目区）”，总投资1213.4万元。其中，中央投资970.52万元、地方配套242.88万元；完成购置风力灭火机48台、手提式消防泵7台、个人防护装备200套、小型发电机30台、水泵11台、急救箱37套、油桶30个、应急通信车1辆、运兵车5辆、消防水车4辆；新建监控塔及视频监控系统5套及配套附属设施，购置42架望远镜、LED视频监控显示屏1块；新建数字对讲基站8处及配套附属设施、购置数字对讲机88部。

2019年1月16日，根据《内蒙古贺兰山国家级自然保护区管理局关于报审贺兰山樊家营子护林防火检查站等建设工程决算的函》（贺管发〔2017〕70号），按照《阿拉善左旗财政投资评审管理办法》（阿左政办发〔2017〕263号），投资95.6554万元。其中，管护站1座（建筑面积268.47平方米）、工程造价70.2142万元，敖包、界碑制作安装工程，工程造价25.4412万元；实施“镇木关防火通道建设工程”，项目来源为“2019年自治区财政林业和草原专项补助资金森林防火及林缘隔离带开设”补助资金，中央投资6.9469万元，新建混凝土山路便道150米及配套工程。

2020年，实施“内蒙古贺兰山国家级自然保护区管理局通信设备采购项目”，资金来源为“内蒙古贺兰山国家森林公园保护利用设施建设项目”结余资金，中央投资61.41万元，更新林火监控5台。

2021年，实施“内蒙古贺兰山国家级自然保护区管理局采购管护设备购置项目”，资金来源为天保公益林历年结余管护费，中央投资83.67万元。购置背负式风力灭火机64台、便携式风力灭火机64台、油锯30台、便携式帐篷50顶、防火铁锹130把、2号工具150把等防灭火设备；实施“内蒙古贺兰山国家级自然保护区2020年国家森林草原防火补助资金建设项目”，资金来源为2020年中央财政林业改革发展森林防火补助资金，中央投资270万元。新建林火视频监控3座，更新林火监控5台；实施“内蒙古贺兰山国家级自然保护区2020年中央财政林业补助资金项目”，资金来源为2020年中央财政林业改革发展保护区能力补助资金，中央投资100万元。新建林火视频监控2座。是年，阿左旗交通运输局投资4200万元，在保护区黄渠口、柳门子、碱渠子等地新建四级标准水泥混凝土防火通道55公里。

贺兰山森林防火从人为严看死守模式，逐渐将科技应用到森林资源保护和防火工作中。防火高清监控系统的应用，解决了森林防火期看护难、工作强度大的问题。一旦有火情能早发现、早报告、早处置，提高预防森林火灾的效率。将贺兰山资源保护和森林防火工作从单一的“人防”逐渐转向“人防+技防”立体防火模式。

截至2022年12月，内蒙古贺兰山取得连续73年无较大森林火灾的成绩。

第七章　林业改革与发展

第一节　产业发展

一、贺兰山鹿场

鹿场建于 1966 年，占地面积 100 亩，建有鹿舍 70 间，办公房 20 间，共计 90 间。

负责人：李永德、武玉宝、孙兆林、李峰

技术员：阿古拉

兽医员：牛福明、李兴珠

养殖马鹿、梅花鹿 200 余头，养殖少量的马麝，主要来源于宁夏军马场和贺兰山野生鹿，从事养殖、鹿茸加工等产业。1995 年 12 月贺兰山养鹿场交由宁夏大通公司承包经营。

二、贺兰山腰坝饲草料基地

1971 年在腰坝滩建立饲料基地，解决鹿场养殖饲料。

负责人：魏富广、曹长明、赵宝山

有职工及知青 20 人经营种植，开发种植地 300 亩，年产玉米等饲料 30 万千克，产值 20 万元。1998 年在李井滩购置农田 400 亩。2002 年国有林场改革，土地分配于改制职工。腰坝农场所有生产资料和 44 名安置职工全部划交巴润别立镇人民政府管理，李井滩农田全部由个人承包经营。

三、贺兰山劳动服务公司

公司成立于 1986 年，1997 年 4 月撤销。

负责人：赵玉录（1986 年—1993 年 3 月）

魏玉彪（1993 年 3 月—1997 年 4 月）

主要从事林木抚育间伐、木材加工、销售、商店经营等。初期人员为 5 人，后期达 30 人，实行自收自支，年创产值 14 万元。

四、贺兰山地毯加工厂

地毯厂成立于 1986 年，2002 年撤销。

负责人：郗国斌、赵秀兰、石桂珍

主要为原阿左旗地毯厂从事地毯加工，供给原料。安置女职工及家属子女 30 人就业，解决女职工及家属子女就业等问题。

五、贺兰山木材加工厂

木材厂建于 20 世纪 70 年代中期，1998 年撤销。

负责人：郗国斌、柴尔晋、王继平

主要从事门窗、床板、桌椅、棺木等木材制品加工，从业人员10人，后厂址从哈拉乌迁至巴彦浩特镇。

六、贺兰山林场煤矿

贺兰山林场煤矿1985年经阿左旗经委（旗经委字〔1985〕166号）于1985年7月20日批准设立，位于古拉本八仙沟。

负责人：徐建军（1985年8月—2001年3月）

康林喜（2001年4月—2005年12月）

2001年3月贺兰山林场煤矿承包合同期满，以31万元转让康林喜承包经营。合同规定，康林喜每年无偿供给管理局取暖用煤50吨。根据阿拉善盟行政公署《关于2005年底前取缔关闭矿井名单的函》，贺兰山林场煤矿于2005年底前被取缔关闭，2020年8月26日经阿左旗市场监督管理局核准注销。

第二节　国有林场改革

贺兰山管理局前身为阿左旗贺兰山林场。贺兰山林场成立于1953年4月，以护林防火、封山育林、自然更新为主，抚育间伐、卫生伐、病虫害防治等多种经营并存的国有林场，是阿左旗8个国有林场中经营范围面积最大的林场。管辖面积67710.2公顷，有林地面积20360.65公顷，森林覆盖率31.6%，森林总蓄积量208万立方米。

一、改革背景

贺兰山林场建场初期按照“以林为主，多种经营”工作思路全面发展，到20世纪70—80年代，贺兰山林场建有学校、医院、商店等公共服务设施和木制品加工厂、劳动服务公司、地毯加工厂、农场等多种经营单位。20世纪90年代初，受自然条件和林业行业自身特点制约，加之国家投资逐年减少等因素影响，林场经济出现危困，生产发展举步维艰。1992年林场转变发展观念，开始走上深化改革、保护发展之路。

二、改革做法

1992年，贺兰山林场为解决林场发展困境，开始探索林场体制机制改革。经阿左旗逐级争取，贺兰山林场被列为贺兰山国家级自然保护区，1993年成立贺兰山管理局，事业单位差额化补贴管理，保留国有林场建制。

1995年，阿左旗对国有林场经营管理体制深入改革，打破干部、职工界限，压缩行政管理人员，实行定岗定编，建立和完善竞争激励机制与林业生产承包经营责任制。

2000年，天然林资源保护工程一期在阿左旗启动实施，贺兰山林场有职工312人。作为林场主要经济来源的木材采伐逐年减少，收入大幅缩减，导致入不敷出，困难时期的干部职工工资长达10个月没有着落。人员过多的矛盾逐渐在林场凸显。2002年，结合天保工程职工一次性安置政策和阿左旗实际，根据阿左旗国有林场（站）改革实施方案，结合贺兰山国家级自然保护区的特殊性，按照“保留机构，转变职能，分流安置富余人员”原则，贺兰山林场转移安置富余职工44名。安置办法是工龄补助费（1000元/年）加生产资料（农田15亩）。将富余职工纳入社会保险范围，解决林场人员冗余问题。核定贺兰山管理局编制126人（行政管理14人，专业技术11人，森林公安25人，护林员76人）。贺兰山林场由差额拨款事业单位管理转变为全额拨款事业单位，实行管理局、国有林场一套人马、两块牌子管理体制。贺兰山林场由生产经营型向生态保护型转变，由以林为主、多种经营发展模式开始转向对天然林、公益林的保护，承担起林业生态建设和自然保护区管理任务。把所经营的二三产业等企业剥离，抓森林资源的培育和保护，将原林场经营的农场移交当地苏木（镇），木材加工厂、劳动服务公司等企业予以关停，盘活资产，完成工作重心的转移。

2017 年，根据事业单位改革要求，将贺兰山管理局（贺兰山林场）纳入生态公益一类事业单位，核定人员编制，2018 年、2019 年分别通过自治区和国家验收。

三、改革成效

坚持国有林场生态公益性的改革定性，明确贺兰山林场生态公益属性，纳入财政全额预算管理，保证贺兰山国有林场改革工作顺利完成。

通过改革，林场经济逐步壮大，职工生活水平稳步提高，职工工作生活条件得到明显改善，林场整体功能逐步增强，干部职工工作积极性明显提高，发挥生态环境保护主力军作用，实现林场“绿起来、活起来、富起来”的发展目标。

通过国有林场改革转变职责职能，将主要精力集中到森林资源保护和培育上来，野生动植物种群数量扩大，为保护生物多样性、涵养水源、保持水土、改善环境等方面发挥了重要的骨干、示范和带动作用。

改革强化管理，大力推进制度建设。推行目标管理考核责任制，完善林场内部岗位责任制、管护责任制，划定管护责任区，实行目标管理，责任落实到人，建立月考核、半年和年终综合督查考核机制；建立健全完善各项工作管理制度，形成用制度管人、管事、管物的良好运行机制；打破干部工人身份界限，实行竞聘上岗，建立干部能上能下、能进能出的管理机制提高工作效率。

改革前，林场职工收入低，生活困难，加之林场无稳定收入来源，存在拖欠职工工资现象，导致干部职工不安心工作。改革为全额拨款事业单位后，干部职工工作积极性提高，职工收入得到有效保障。

第三节 林业机构改革

2017 年 5 月，阿左旗旗委、政府决定将贺兰山管理局作为全旗林业事业单位改革试点。贺兰山管理局结合实际，按照要求，经过调研、广泛征求意见，制定完善《内蒙古贺兰山国家级自然保护区机构改革方案》。此次机构改革以实施精细化管理为目标，以强化护林防火工作为中心，精简合并机构、缩减机关人员，切实改变机构臃肿、人浮于事现状。通过改革，将原有 6 个内设科室精简合并为综合办公室、防火办、科教科、资源林政科 4 个科室，机关人员由 42 人缩减为 22 人；撤销原有 6 个中心管理站，设立哈拉乌、北寺、古拉本、南寺 4 个工作站，28 个管护站。缩减人员充实到基层管护站，基层管护一线人员达到全局在岗人员 80%，着力增强一线管护力量。

2021 年 2 月，根据事业单位改革要求，贺兰山管理局内设综合办公室、规划财务科、资源林政科、防火办公室、野生动植物保护科、科研宣教科、南寺管理站、哈拉乌管理站、北寺管理站、古拉本管理站 10 个内设机构。核定人员编制 94 名（专业技术人员 33 名，行政后勤人员 61 名），领导职数 5 名（1 正 4 副。其中，2 名正科级、2 名副科级）内设科级领导职数 10 名（副科级）。

第八章　自然保护区建设

第一节　重点工程

一、天然林资源保护工程二期（2011—2020 年）

内蒙古自治区从 1998 年开始实施天然林资源保护工程试点，天保工程一期（1998—2010 年），天保工程二期（2011—2020 年），2000 年全面启动。阿左旗于 2000 年启动实施。贺兰山保护区于 2012 年开始实施。

2012 年，根据阿拉善盟财政局《关于下达 2012 年天然林保护工程财政资金的通知》，下达中央资金 150 万元。贺兰山保护区完成森林管护 90.62 万亩，其中国有林管护 60.62 万亩、集体地方公益林管护 30 万亩，共划分为 50 个管护责任区，聘用专职护林员 50 人。

2013 年，根据阿拉善盟财政局《关于下达 2013 年天然林保护工程财政资金的通知》，下达中央资金 150 万元，主要用于管护人员工资支付，部分资金用于管护站房设施建设维护。贺兰山保护区完成森林管护 90.62 万亩，其中国有林管护 60.62 万亩（管护补助面积 14.27 万亩）、集体地方公益林管护 30 万亩，共划分为 50 个管护责任区，聘用专职护林员 50 人。根据阿拉善盟发展和改革委员会《关于下达阿拉善盟天然林资源保护工程二期 2013 年中央预算内投资计划的通知》，下达中央资金 70 万元，完成封山育林 1 万亩。

2014 年，根据阿拉善盟财政局《关于下达 2014 年天然林保护工程财政资金的通知》，下达中央资金 161.4 万元。主要用于管护人员工资支付，部分资金用于管护站房设施建设维护。贺兰山保护区完成森林管护 90.62 万亩，其中国有林管护 60.62 万亩（管护补助面积 14.27 万亩、集体地方公益林管护 30 万亩，共划分为 50 个管护责任区，聘用专职护林员 50 人。9 月，阿拉善盟发展和改革委员会《关于下达阿拉善盟天然林资源保护工程二期 2014 年中央预算内投资计划的通知》，下达中央资金 70 万元，完成封山育林 1 万亩。

2015 年，根据阿拉善盟林业局《关于内蒙古贺兰山自然保护区天然林资源保护工程二期 2014 年森林管护实施方案的批复》，下达中央资金 161.35 万元。主要用于管护人员工资支付，部分资金用于管护站房设施建设维护。贺兰山保护区完成森林管护 90.62 万亩，其中国有林管护 60.62 万亩（管护补助面积 14.27 万亩）、集体地方公益林管护 30 万亩，共划分为 50 个管护责任区，聘用专职护林员 50 人。根据阿拉善盟林业局《关于内蒙古贺兰山国家级自然保护区 2014 年天然林资源保护工程二期封山育林建设项目作业设计的批复》，投资 70 万元，完成哈拉乌门洞子封山育林 1 万亩。

2016 年，阿拉善盟财政局《关于提前下达 2016 年天然林保护工程财政专项资金的通知》，下达资金 175.62 万元。

2017 年，根据阿拉善盟林业局《关于内蒙古贺兰山国家级自然保护区天然林资源保护工程二期 2016 年森林管护实施方案的批复》，总投资 204.16 万元。主要用于管护人员工资支付，部分资金用于管护站房设施建设维护。聘用专职护林员 57 人，共划分为 50 个管护责任区，完成森林管护 90.62 万亩，其中国有林管护 60.62 万亩（管护补助面积 14.27 万亩）、集体地方公益林管护 30 万亩。

2018 年，根据阿拉善盟林业局《关于内蒙古贺兰山国家级自然保护区天然林资源保护工程二期 2017 年森林管护实施方案的批复》，批准贺兰山保护区中央资金 232.7 万元。共划分为 50 个管护责任区，聘用专职护林员 64 人，完成森林管护 90.62 万亩，其中国有林管护 60.62 万亩（管护补助面积 14.27 万亩）、集体地方公益林管护 30 万亩。

2019 年，根据阿拉善盟林业局《关于内蒙古贺兰山国家级自然保护区天然林资源保护工程二期 2018 年森林管护实施方案的批复》，批准贺兰山保护区中央资金 232.7 万元。共划分为 50 个管护责任区，聘用专职护林员 64 人。完成森林管护 90.62 万亩，其中国有林管护 60.62 万亩（管护补助面积 14.27 万亩）、集体地方公益林管护面积 30 万亩。

2020 年，根据阿拉善盟林业和草原局《关于内蒙古贺兰山国家级自然保护区天然林资源保护二期工程 2020 年度森林管护项目实施方案的批复》，总投资 232.7 万元，共划分成 35 个管护责任区，聘用专职护林员 35 人，完成森林管护 44.27 万亩，其中国有林管护 14.27 万亩、集体地方公益林管护 30 万亩。

二、林业自然保护区补助资金项目

2008 年，根据阿拉善盟财政局《关于拨付 2008 年林业国家级自然保护区能力建设补助资金的通知》，下达中央补助资金 60 万元。开展贺兰山保护区本底资源调查、数据库和信息系统建设、宣传教育。

2009 年，根据阿拉善盟财政局《关于拨付 2009 年林业国家级自然保护区补助资金的通知》，下达中央补助资金 80 万元。开展贺兰山保护区第一次综合科学考察、生态监测、森林防火监控设备维修、管理业务人员培训和宣传教育。

2013 年，根据阿拉善盟财政局《关于下达 2013 年林业国家级自然保护区补助资金的通知》，下达中央补助资金 150 万元。开展贺兰山保护区自然资源本底调查、自然资源和生态监测、维修管护站房 5 处及 5 处院落和给排水配套维护、管理业务人员培训 150 人、制作宣传折页等材料 5000 份。

2014 年，根据阿拉善盟财政局《关于拨付 2014 年中央财政湿地保护和林业国家级自然保护区补助资金的通知》，下达中央补助资金 200 万元。开展贺兰山保护区自然资源本底调查、自然资源和生态监测、维修管护站房 4 处和院落硬化建设 4 处，购置电脑、档案柜及档案制作，在电视台、报刊等媒体开展宣传教育等。

2015 年，根据阿拉善盟财政局《关于下达 2015 年中央财政湿地保护和林业国家级自然保护区补贴的通知》，下达中央补助资金 200 万元。维护中心管护站 3 处，面积 1265 平方米；修建水窖 2 个，30 立方米；铺设供水管道 6.5 公里；生物多样性保护建设购置红外相机 20 部；制作宣传短片 1 部、制作宣传画册 500 本、宣传及人员培训 50 人次。

2016 年，根据阿拉善盟财政局《关于下达 2016 年中央财政林业专项转移支付资金的通知》，下达中央补助资金 100 万元。开展专项调查与监测购置红外相机 50 部；管护设施维护院面硬化 3000 平方米、围墙 250 米；制作宣传教育片 1 部、培训 70 名管护人员、电视台等媒体宣传；建设数字同播基站 1 套、购置数字对讲机 36 部。

2018 年，根据阿拉善盟财政局《关于下达 2018 年自治区财政林业专项补助资金的通知》，下达中央财政林业补助资金 100 万元。开展专项调查与监测购置 GPS40 部；管护设施维护，对贺兰山保护区古拉本工作站办公楼进行维修；对贺兰山管理局供电设施进行维修改造，包括购置安装 200 千伏安箱变 1 台及配套设备等）；宣传教育。

2019 年，根据阿拉善盟财政局《关于下达 2019 年第二批中央财政林业专项资金预算的通知》，下达中央财政林业补助资金 100 万元。完成设备购置［资源宝智能移动终端设备 2 部（资源宝系统 2 套，平板电脑 2 台）、笔记本电脑 1 台］；管护设施维护改造（供电设施：新建 10 千伏架空高压输电线路 8.75 千米，新建钢筋混凝土电杆（ϕ190×12）174 基，新建钢筋混凝土电杆（ϕ190×15）2 基，安装 30 千伏安/10 千伏配变电装置 1 套。供暖设施：购置安装智能电采暖炉 6 台。制作安装管护站铭牌 26 块）；宣传教育（制作安装宣传牌 30 块，印制宣传材料 1 批）；其他投资（勘察设计、监理费用）。

2020 年，根据阿拉善盟财政局《关于提前下达 2020 年中央财政林业专项资金预算的通知》，下达中央财政林业补助资金 65 万元。完成管护设施维护改造、管理局设施改造；宣传教育、勘察设计；根据阿拉善盟财政局《关于下达 2020 年中央财政林业专项资金预算的通知》，下达保护区补助资金 100 万元。开展专项调查与监测、宣传教育。在保护区碱渠子和塔尔岭各建设林火视频监控一套，建设预警监测系统 2 套，主要包括前端视频采集系统 2 套、智能控制系统 2 套、基站防盗系统 2 套、信息传输光缆 2 千米、光伏电源 2 套、12 米四角铁塔 2 座等。开展干部职工培训、宣传教育 20 人次；媒体宣传费 1 年以及印刷宣传材料。

2021 年，根据阿拉善盟财政局《关于提前下达 2021 年中央财政林业改革发展资金预算的通知》和阿拉善盟财政局《关于下达 2021 年林业改革发展资金预算的通知》，分别下达中央财政林业改革发展资金 20 万元和 68 万元。开展林火监控维护、巡护及培训宣传；开展林火监控网络通信、巡护巡查、野外监测装备、动植物资料购置、宣传培训。

三、森林生态效益补偿

2009 年，根据内蒙古自治区林业厅、内蒙古自治区财政厅《关于下达国家重点公益林新增补偿面积的通知》，贺兰山保护区于 2009 年开始纳入国家生态效益补偿范围。

按照《贺兰山国家级自然保护区 2009 年重点公益林生态效益补偿基金实施方案》，补偿总面积 46.35 万亩。其中，有林地面积 34.92 万亩、疏林地面积 6.21 万亩、灌木林地面积 0.46 万亩、灌丛地面积 4.76 万亩；全部为国有林；涉及 112 个林班 1941 个小班。

2010 年，根据阿拉善盟林业局、阿拉善盟财政局《关于 2009 年新增重点公益林森林生态效益补偿实施方案的批复》，批准贺兰山保护区 2009 年重点公益林生态效益补偿总面积 46.35 万亩，补偿基金 220.16 万元。

2011 年，根据阿拉善盟林业局、阿拉善盟财政局《关于 2011 年森林生态效益补偿实施方案的批复》，批准贺兰山保护区 2011 年国家级公益林生态效益补偿基金 220.16 万元，补偿总面积 46.35 万亩，并组织实施。

2012 年，根据阿拉善盟林业局、阿拉善盟财政局《关于 2012 年森林生态效益补偿实施方案的批复》，批准贺兰山保护区国家级公益林总面积 46.35 万亩，补偿基金 220.2 万元。

2013 年，根据阿拉善盟财政局《关于下达 2013 年森林生态效益补偿基金的通知》，贺兰山保护区国家级公益林生态效益补偿面积 46.35 万亩，补偿基金 220.2 万元。

2014 年，根据阿拉善盟林业局、阿拉善盟财政局《关于 2014 年森林生态效益补偿实施方案的批复》，批准贺兰山保护区 2014 年国家级公益林生态效益补偿总面积 46.35 万亩，补偿基金 220.16 万元。

2015 年，根据阿拉善盟林业局、阿拉善盟财政局《关于 2015 年森林生态效益补偿实施方案的批复》，批准贺兰山保护区 2015 年国家级公益林生态效益补偿总面积 46.35 万亩，补偿基金 220.16 万元。

2017 年，根据阿拉善盟林业局、阿拉善盟财政局《关于 2016 年森林生态效益补偿实施方案的批复》，批准贺兰山保护区 2016 年国家级公益林生态效益补偿总面积 46.35 万亩。其中，有林地面积 34.91 万亩、疏林地面积 6.21 万亩、灌木林地面积 5.23 万亩、全部为国有林。补偿基金 360.00 万元。

2018年，根据阿拉善盟林业局、阿拉善盟财政局《关于2017年森林生态效益补偿实施方案的批复》，批准贺兰山保护区2017年国家级公益林森林生态效益补偿总面积46.35万亩，补偿基金452.00万元。

2019年，根据阿拉善盟林业和草原局、阿拉善盟财政局《关于2018年森林生态效益补偿实施方案的批复》，批准贺兰山保护区2018年国家级公益林森林生态效益补偿总面积46.35万亩，补偿基金452.00万元。

2020年，根据阿拉善盟林业和草原局《关于2019年森林生态效益补偿实施方案的批复》，批准贺兰山保护区2019年国家级公益林森林生态效益补偿总面积62.26万亩，补偿基金607.00万元。

2021年，根据阿拉善盟林业和草原局《关于2020年森林生态效益补偿实施方案的批复》，批准贺兰山保护区2020年国家级公益林森林生态效益补偿总面积62.26万亩，补偿基金607.00万元。

四、内蒙古贺兰山国家森林公园保护利用设施建设项目

根据阿拉善盟林业局《关于实施内蒙古贺兰山国家森林公园保护利用设施建设项目》的批复和阿拉善盟发展和改革委员会《关于下达2018年文化旅游提升工程——国家文化和自然遗产保护利用设施中央财政预算内投资计划》的通知，项目总投资1200万元。其中，中央投资960万元、地方配套投资240万元。完成建设内容：道路交通设施投资646万元；保护设施和保护工程投资496万元；宣传教育设施投资20万元；其他费用38万元。建设规模：贺兰山国家森林公园（南寺旅游区）木栈道3800米；火险预警监测系统6套（三道沟北沟、北寺叉叉沟、北寺状元峰、冰沟1号、冰沟小八段、云天）；展示用房设施维修440米（贺兰山展览馆）；管理设施维修改造510平方米（雪岭子管护站、森警营房）；标志牌、警示牌200块（国家森林公园南等、北寺旅游区）；其他费用（勘察设计费、监理费、咨询费、招标费）。

第二节　基础设施建设

一、保护区基础设施建设工程

（一）保护区一期项目建设（1995—2000年）

1996年1月23日，根据林业部《关于对内蒙古贺兰山国家级自然保护区建设项目的批复》，工程总投资为424.2万元。其中，国家预算内非经营性基本建设投资安排210万元、214.2万元由林业厅自筹解决。林业部于1997年下达投资60万元，1998年下达投资60万元，1999年下达投资90万元，林业部210万元投资分3年全部投资到位。由内蒙古自治区林业厅组织的地方配套资金以拨付木材的形式进行了部分投资，木材变卖后折现24万元。工程资金到位后，按照投资计划分3年即1997年、1998年、1999年实施了该项工程。贺兰山保护区一期基本建设项目总体上是按照林业部批复项目开展的，并完成国家投资计划。项目实施过程中，根据保护区实际情况，在个别项目上作了部分调整。

建设内容：道路工程30千米、标桩标牌122个、管护站舍建设920平方米、站舍维修860平方米、围栏3.2千米、汽车1台、小客车1台、三轮摩托车3辆、二轮摩托车8辆、风力灭火机20台、对讲机20台、发电机19台、望远镜20架、医疗设备1套。

实际完成：道路工程35千米、界碑150个、管护站舍建设418平方米、站舍维修673平方米、小客车1台、二轮摩托车6辆、防火通信基地台1套、手机1部、望远镜30架。

2000年9月17—18日，内蒙古自治区林业厅、阿拉善盟行署、阿左旗人民政府、阿拉善盟林业局、阿左旗林业局、贺兰山管理局对贺兰山保护区一期基本建设项目进行竣工验收。

（二）保护区二期工程（2001—2006年）

2001年6月18日，国家林业局《关于内蒙古贺兰山国家级自然保护区二期建设工程可行性研究报告的批复》同意建设贺兰山保护区二期建设工程项目，工程总投资为699万元。其中，国家预算内林业非经营性基本建设投资安排407万元，地方配套解决292万元。同年12月28日，国家投资407万元一次性到位。

建设内容：土建工程1920平方米。其中，管护站用房920平方米、科教馆1000平方米。建设各类监测站5处，瞭望台1处，动物圈舍3600平方米，并购置科研、宣教、交通、信息等设施设备25项。

实际完成22项，完成投资663.9万元。其中，国家投资407万元、地方配套投入256.9万元（自筹87.48万元、地方财政以禁牧区围栏的形式配套169.42万元），配套未到位35.1万元。

2005年12月6日—7日，国家林业局委托内蒙古自治区林业厅对贺兰山保护区二期工程进行竣工验收，2006年4月7日，内蒙古自治区林业厅《关于对贺兰山国家级自然保护区2002年建设工程竣工验收的批复》同意对贺兰山国家级自然保护区2002年建设工程竣工验收并交付使用，纳入固定资产。

（三）保护区三期工程（2007—2018年）

2007年7月17日，国家林业局《关于内蒙古贺兰山国家级自然保护区三期建设工程可行性研究报告的批复》同意建设贺兰山保护区三期建设工程项目，工程总投资为1240万元。其中，中央财政预算内专项投资990万元、地方配套250万元。国家林业局于2008年下达投资计划260万元（国家投资200万元），2009年下达投资计划492万元（国家投资400万元），2010年下达投资计划488万元（国家投资390万元），国家投资990万元分3年全部投资到位，地方配套资金250万元已自筹解决87万元。

建设内容：新建贺兰山管理局业务用房1200平方米、访问者中心800平方米、宣教中心600平方米，管理站业务用房260平方米、管理局辅助用房150平方米；配套进行科研、监测附属设施建设；购置必要的保护、监测等设备。

2018年11月6日，内蒙古自治区林业厅《关于贺兰山国家级自然保护区基础设施三期建设项目竣工验收的批复》，原则上通过验收。

二、办公大楼设施建设

（一）基本情况

贺兰山管理局综合办公大楼由保护区三期工程办公用房及国家林业局批复立项，阿拉善盟行政公署《关于贺兰山管理局乌力吉苏木办公楼建设事宜的批复》批准贺兰山管理局办公大楼建设项目。工程总投资850万元，建筑面积4627.77平方米。建设内容：办公楼、宣教中心、访问者中心及辅助用房。

（二）工程建设期限

2007年9月开工建设，2008年10月竣工。

（三）工程竣工验收

2008年11月30日，阿左旗发展和改革局牵头，阿拉善盟建设局、阿左旗纪检监察机关、财政局、审计局、林业局、贺兰山管理局及设计、监理、施工等部门组成的验收小组对贺兰山管理局综合办公楼工程进行竣工验收并交付使用。

三、管护站房设施建设

20世纪末，在贺兰山一线常年驻守50名森林管护员。各管护站老旧狭小，设施简陋，没有生活用电供水。历届贺兰山管理局领导班子多渠道筹措资金，加大管护站房设施建设，累计投入资金1860.4万元，新建管护站房5556.74平方米，维修改建（扩建）管护站房3318平方米，水、电、暖、路、信等基础设施完善，从根本上改变了管护人员居住环境，基层管护员能够安心守山，放心护林，促进贺兰山保护事业发展。

1996—2000年，投资87.5万元，新建峡子沟、碱渠子、黄渠口、雪岭子、镇木关、马莲井子、香池子、乱柴沟、塔尔岭管护站486平方米。

2001—2006年，投资307.4万元，新建前进、跃进、金星、大西沟、腰坝、哈拉乌、水磨沟、长流水管护站1537平方米。

2011年，投资324.45万元，新建7处管护站，总建筑面积1406平方米，其中，南寺（冰沟）中心管理站497平方米，长流水管护站199平方米，峡子沟、碱渠子、黄渠口、塔尔岭、伊克尔管护站各142平方米，包括土建、装饰安装工程、设备购置等。

2012年，投资153.145万元，新建管护站5处，总面积710平方米，甘树湾、水泥厂、火炬、跃进、三关5处管护站各142平方米，包括土建、装饰、给排水、采暖和电气等工程。

2013年，投资46万元，完成水磨沟管理站院落改造，新建给水管道280米，安装水磨沟、腰坝管理站橱柜18.5米，水磨沟、古拉本、腰坝3处管理站供暖设施改造1900平方米，维修腰坝管理站238平方米。

2014年，投资94.57万元，完成镇木关、门洞子、马莲井子、金星、前进、香池子、大西沟、乱柴沟8处管护站房屋维修扩建1040平方米。

2015年，投资138万元，完成哈拉乌、水磨沟、腰坝3处管护站维修改造1265平方米。其中，哈拉乌管理站房屋维修改造326.51平方米，包括更换门窗、铺地、刮腻子、吊顶、供暖设施、新建80.2平方米的砖混结构走廊；水磨沟管理站房屋维修改造393.04平方米，包括更换门窗、铺地、刮腻子、吊顶、供暖设施、新建83平方米砖混结构走廊；腰坝管理站房屋维修改造546.45平方米，包括更换门窗、地板、吊顶、装饰工程、新建6.17平方米的雨棚。

2016年，投资202.5411万元，完成古拉本管理站异地新建房屋483.8平方米，院面硬化3000平方米、铁艺围墙250米等附属工程。投资75万元，完成新建岭湾管护站151平方米。

2017年，投资142.82万元，完成哈拉乌管护站新建一层砖混结构业务用房436平方米，包括土建、装饰、采暖、电照、给排水、院落建设等。投资79万元，完成中固田管护站新建一层砖混结构200.94平方米及院落硬化、供水管道、渗水井等。

2018年，投资50万元，完成新建柳门子管护站一层砖混结构管护站房146平方米，包括装饰工程、电气工程、采暖工程、给排水工程、消防及室外附属工程院落建设等。投资60万元，完成北寺管护站安装铁艺栏杆、院面硬化、管护站业务用房基础加固；完成水泉子管护站503平方米业务用房及附属设施维修加固。

四、野生动物救护设施建设

2022年1月7日，阿拉善盟林业和草原局关于《2021年国家重点野生动植物保护补助资金项目实施方案的批复》，批准《内蒙古贺兰山国家级自然保护区2021年国家重点野生动植物保护补助资金项目实施方案》，投资10万元，建设内容：救助处置室拆除改建工程面积90平方米，包括拆除、建筑与装饰给排水、电气设备安装、采暖等工程。

第九章　森林旅游资源

第一节　景观资源

一、自然景观

1. 乔木林景观

青海云杉林：青海云杉是保护区内特有的针叶树种，境内面积20903.2公顷，树干笔直，枝繁叶茂，一般生长在高山陡坡。

山地油松林：山地油松是高大针叶乔木，境内面积5196.4公顷，树冠繁茂，树干通直，构成著名油松景观。

山杨林：山杨为落叶乔木，境内面积213公顷，生长迅速，树体高大，林相整齐。

杜松林：杜松林是保护区境内独有的森林类型，境内面积1394公顷，多生长在高山陡角，树干通直，生长缓慢，是少见的树种。

榆树林：榆树林是保护区境内常见的森林类型，境内面积6762.3公顷，多生长在沙地上，是落叶乔木，树干较通直，生长缓慢，是常见树种。

2. 灌木林景观

金露梅：境内面积1542.8公顷，落叶灌木，叶小翠绿，常分布于林缘、滩地，林下草本以棉花沙草、小白花地榆等组成，境内还分布有绣线菊、丁香、蒙古扁桃、叉子圆柏、沙冬青、小叶忍冬等灌木林景观。

野生紫丁香：是落叶灌木或小乔木。生长海拔1700~1900米的山谷喜阴地带，高1.5~4米，圆锥花序，花淡紫色、紫红色或蓝色，是中国的名贵花卉。花期通常在5—6月，植株丰满秀丽，枝叶茂密。它是贺兰山稀有的景观资源。

蒙古扁桃：蔷薇科稀有种。落叶灌木，高1~2米。主要分布于内蒙古、甘肃及宁夏部分地区海拔1000~2400米荒漠，喜光性树种，根系发达，耐旱、耐寒、耐瘠薄。花期在4—5月，果熟在7—8月。

二、人文景观

1. 摩崖石刻

从南寺景区大门入口到南寺寺庙区1公里山路两侧的石崖上，布满了石刻、彩绘佛像以及大量的梵语经文，是内蒙古地区最大的宗教摩崖石刻和岩画群。

2. 蛇崖

景区西北的山峰上有一块巨大的白色石头，山顶部位形似蛇头，山脊形似蛇身，蜿蜒向上，似长蛇爬行，由此得名蛇崖，有人称其为吉祥崖。

3. 双白塔

双白塔是南寺现存的古迹之一，较高的是菩提塔，较低的是尊胜塔。现存的菩提塔是2003年7

月因雨水侵蚀坍塌后重新修缮。

4. 悬空寺

位于毡帽山半山腰，人称悬空寺。始建于1780年前后，利用天然溶洞，在外部构建了藏式门脸，使自然天成与人工建筑有机结合，浑然一体，显示设计者和建筑者的智慧。现在悬空寺里供奉着宗喀巴法王和一些护法神，并设有专门的罗汉堂。

5. 三十九敖包

南寺毡帽山东南的山坡上筑有大小39座敖包，中间最大的叫将军敖包，它的两侧分别是阿拉善王爷敖包和巴彦笋布尔敖包，其余36座小敖包分别代表阿拉善盟36个苏木（镇）。

6. 明长城遗址

明朝为抵御北方游牧民族南进，加强军事防御体系，修建东起辽宁虎山，西至嘉峪关的明代万里长城，在长城沿线设立九镇。

7. 贺兰山岩画

贺兰山在古代是匈奴、鲜卑、突厥、回鹘、吐蕃、党项等北方少数民族驻牧游猎、生息繁衍的地方。他们把生产生活的场景，凿刻在贺兰山的岩石上，表现对美好生活的向往与追求，再现他们当时的审美观、社会习俗和生活情趣。在南北长250公里的贺兰山腹地，有20多处遗存岩画，贺兰山岩画是中国游牧民族的艺术画廊。

8. 三关石刻

三关石刻发现于贺兰山腹地三关口石壁上，故命名为三关石刻，位于阿左旗巴润别立镇上海嘎查东7.61公里、乌兰泉吉2号烽火台东北0.94公里处，是明长城沿线的相关遗存。三关石刻的发现，对研究区域明长城具有考古价值。

第二节 国家森林公园

一、机构建设

内蒙古贺兰山国家森林公园2002年12月2日经国家林业局批准成立，包括贺兰山广宗寺（俗称南寺）旅游景区和贺兰山福因寺（俗称北寺）旅游景区，总经营面积为3455.1公顷。具有丰富的森林旅游资源和人文景观，以自然生态、森林康养、民族风情、藏传佛教文化方面诠释景区生态旅游内涵。

二、南寺旅游小区

阿拉善广宗寺旅游区（南寺旅游小区），1998年5月14日，内蒙古自治区林业局《关于贺兰山自然保护区开设南寺旅游小区的批复》（内林护函字〔1998〕122号），批准“鉴于贺兰山自然保护区南寺的历史和现状，在贺兰山自然保护区开设南寺旅游小区”。该区位于贺兰山西麓，在巴彦浩特镇东南30公里处，东西长8.5公里，南北宽5.4公里，总面积2355.1公顷，境内巴彦笋布尔峰3198米。旅游区内建有阿拉善第一大寺——广宗寺（南寺）。广宗寺始建于乾隆二十二年（1757年），建成后，从超格图呼热庙（昭化寺）请来六世达赖喇嘛遗体供奉在庙中，尊为该寺的第一代葛根（活佛），时称“潘代加木措林寺”，藏文称作“噶旦丹吉林”。乾隆二十五年（1760年）清廷御赐蒙、汉、满、藏四种文字书写的“广宗寺”匾额，也称“兜率广宗州”。寺中珍藏有甘丹赤巴斗篷、唐代高僧玄奘铃钎、六世达赖喇嘛五佛冠、八世班禅所赐银壶、章嘉国师制定寺规，光绪皇帝封迭斯尔呼克图时御赐的藏袍、朝珠，以及各种大小印章等稀世文物。广宗寺旅游景区由瞻卯山、寺庙区、森林生态景区3部分组成。旅游区具有温带干旱和半干旱山地的典型特点，系草原至荒漠的过渡地带，有复杂多样的动植物区系和比较完整的山地生态系统。南寺旅游区被国家旅游局正式批准为国家“4A”级景区。

1998—2003 年，由巴润别立镇政府下设南寺管委会经营管理。

2003—2011 年，由阿左旗贺兰山旅游有限责任公司经营管理。

2011—2013 年，由旅游风景区管委会经营管理。

2013—2016 年，由阿左旗人民政府招商引资，与内蒙古庆华集团签订了合作开发经营协议，由该企业经营管理。

2017 年，由阿左旗人民政府主导，完成内蒙古贺兰山国家森林公园经营权转让，现由阿左旗国资公司负责经营。

三、北寺旅游小区

贺兰山福因寺旅游区（贺兰山北寺旅游小区），1993 年 5 月 11 日，内蒙古自治区林业局《关于贺兰山自然保护区开设旅游小区的批复》，批准“在贺兰山国家级自然保护区内开设旅游小区”。该区位于贺兰山麓中部，距巴彦浩特镇大约 25 公里，乌巴公路南侧，东西长 5.7 公里，南北宽 3.7 公里，总面积 1100 公顷，是阿拉善盟最早开发的旅游景区。福因寺是阿拉善王之子在皈依六世班禅后创建的，建于清嘉庆九年（1804 年）。嘉庆十一年（1806 年），阿拉善第五代王玛哈巴拉以工程告竣上报于理藩院，嘉庆皇帝赐名“福因寺”，从此，便函以“福因寺”之名著称于世。对蒙、藏文化发展作出重大建树和卓越贡献的历史文化名人阿旺丹德尔在此授业修行，并圆寂于此。北寺旅游区不仅有悠久的历史和深厚的文化底蕴，还有着得天独厚的秀丽的自然风光。

2001 年 8 月，发生山洪将大部分基础设施冲毁，旅游区陷于关闭状态。

2003 年，阿左旗政府将北寺旅游区收回交由阿左旗旅游风景区管委会经营管理。

2008 年，北寺发生火灾，包括大殿在内的主要庙宇均被烧毁，自此旅游区一直处于关闭状态。

2009 年 10 月，阿左旗政府招商引资与内蒙古庆华集团签订“福因寺（北寺）项目开发经营协议书”，由内蒙古庆华集团投资对北寺旅游区进行维护和修缮，并于 2014 年 7 月 1 日正式对外开放。

2014—2016 年，由内蒙古庆华集团经营管理。

2017 年至今，由阿左旗人民政府主导，完成内蒙古贺兰山国家森林公园经营权转让，现由阿左旗国资公司负责经营。

第三节　贺兰草原国家草原自然公园

内蒙古贺兰草原国家草原自然公园位于银巴高速公路以东，贺兰山以西，哈拉乌沟南北延伸出的两条平整山脉之间，总面积 6 万亩。2016 年 7 月，阿拉善盟利用贺兰山哈拉乌沟以西得天独厚的地势、原生态植物资源及天然灌草植物资源，通过人工修复建设贺兰草原，总投资 4 亿元，经过为期 1 年的建设，于 2017 年 7 月正式建成。先后完成草原内部环路、蒙古大帐、贺兰湖改造、补植补造、大门景观等工程建设，进行自然恢复 3 万亩，补播花草类 3 万亩，增加丰富草原植物种类数量，恢复巩固现有天然草原功能，保护和提升草原元素，建成观光环路 13.8 公里，铺设人行漫步木栈道主干道 6.4 公里，对贺兰湖坝体进行美化。

2018 年，贺兰山管理局牵头成立贺兰草原管理工作组，通过精心管理，为驼城新添一处城郊生态美景。贺兰草原的建成，完善盟府所在地巴彦浩特的城市生态布局结构、提升城市品位，成为广大居民群众以及外来游客休闲、娱乐、观光、旅游的好去处。

2020 年 9 月 17 日，国家林业和草原局发布《国家林业和草原局关于公布首批国家草原自然公园试点建设名单的通知》（林草发〔2020〕85 号）文件，批准该草原开展国家草原自然公园试点建设。

第十章　科研宣教

第一节　科研合作交流

一、科研监测

1995 年，与阿拉善盟林业研究所联合开展“自然保护区云杉天然更新与人工促进生长更新对比研究”调查。探索林区人工与天然更新在森林恢复过程中的各种机能，寻求有效技术措施，缩短森林恢复的时间，对林区抚育间伐迹地上的云杉林人工促进与天然更新成活率、生长状况进行综合试验研究，为云杉林尽快恢复提供理论依据。

1996 年，与内蒙古师范大学、华东师范大学、内蒙古自治区林业勘察设计院、阿拉善盟林业研究所等单位合作开展“贺兰山野生动物普查、野生动植物资源调查与综合利用”等调查研究，掌握贺兰山野生动植物基本概况。

1997 年，与内蒙古师范大学合作组织实施“贺兰山生物资源综合调查利用”调查研究。

2003—2007 年，与内蒙古师范学院合作开展“贺兰山西坡岩羊种群现状调查研究”，设置了 14 条调查样带，西坡岩羊总量为 29144 只，种群数量趋于增长。

2003—2006 年，与内蒙古农业大学合作开展“贺兰山马鹿种群动态与保护对策研究”，以实体观测垂距法对贺兰山马鹿数量进行了调查，结果显示种群密度为 0. 16~2. 15 只/平方公里。

2005—2009 年，开展“贺兰山西坡退牧还林对野生动植物种群及水源涵养功能影响的研究”野外调查，逐步掌握了贺兰山生态发展变化趋势，该课题作为常规监测项目，开展连续监测，进行项目验收和成果鉴定。

2006—2008 年，开展贺兰山保护区水资源调查，对贺兰山地下水和山涧明流进行定点测量，掌握贺兰山水文动态变化情况。

2007—2009 年，组织实施“内蒙古贺兰山西坡珍稀濒危植物保护与研究”，完成贺兰山珍稀濒危野生植物标本采集及生存环境拍摄工作，编写成果报告并通过鉴定验收。

2008 年，完成“贺兰山西坡野生动物岩羊、马鹿种群数量调查”研究，制作动物标本 13 件，收集植物标本 360 件。

2008—2009 年，恢复调查退牧还林建立野外固定样地监测工作，记录资源消长变化，收集相关数据。

2010 年，完成贺兰山展览馆标本的制作和整理，包括资源标本 700 种，其中植物类馆藏标本 421 种，昆虫类馆藏标本 200 种，真菌类标本 25 种，动物类标本 50 种。

2011 年，根据天然林保护工程封山育林区病虫鼠害防治方案，在保护区南部马莲井子至门洞子之间 3 万亩封育区内进行人工灭鼠。

2011 年，利用红外相机在贺兰山保护区雪岭子、哈拉乌沟分别拍摄到马麝实体。

2012 年，实施内蒙古贺兰山自然保护区苗圃建设工程建设包括苗圃、蓄水池、输水管道等建设工程，地点为哈拉乌沙塘子，苗圃基地面积为 160 亩，蓄水池面积 300 平方米。

2013 年，申报实施阿左旗科技计划项目“内蒙古贺兰山马麝生存现状的调查与研究”，在贺兰山 35 条沟道内对马麝的实体、粪便、足迹进行调查，并架设红外相机 18 部进行拍摄，基本掌握了贺兰山西坡马麝分布范围及生存现状。

2011—2013 年，组织实施了阿左旗科技项目“贺兰山紫蘑菇林地人工驯化栽培研究”。在哈拉乌北沟沙塘子林区，通过人为干预实现紫蘑菇生长，并提出保护和合理利用措施。经过 2 年调查研究，对紫蘑子实体进行组织分离并得到母种。菌丝体在纯培养基条件下生长良好，但不形成子实体，其中贺兰山紫红丝膜菌母种最适生长温度是 18~20℃，高于 20℃和低于 18℃菌丝生长速度较慢。研究结果显示，贺兰山紫蘑菇是共生性菌类。

2012—2014 年，内蒙古自治区林业厅批准实施极小种群野生动植物资源拯救项目暨“大叶细裂槭极度濒危野生植物拯救保护设施设备建设项目”。在贺兰山大叶细裂槭分布较集中地段峡子沟建立保护点一处，经调查在贺兰山中仅生长有大叶细裂槭 104 株，并设 3 块标准样地，进行挂牌编号 50 珠，建档建立原生境保护基地，进行不定期观测。同时进行大叶细裂槭人工繁育实验研究。

2013 年，展开贺兰山林木种质资源调查工作。普查面积共计 58340 公顷，分属 133 个林班，3620 个小班。调查树种总计 75 种，其中珍稀濒危树种 14 种、乔木树种 7 种、乡土树种 54 种、引进树种 1 种、古树名木 1 株，采集并制作植物标本 225 份。

2013—2014 年，组织实施“贺兰山保护区块菌调查与研究”项目，对哈拉乌、水磨沟、甘树湾、北寺等区域按照不同海拔、不同林分采集标本。采集到了一定数量古氏地孔菌和块菌标本。标本通过中国科学院昆明植物研究所相关专家鉴定，确定其为自然界的新种，命名为“贺兰山瘤孢地菇”，此属确定为我国新记录属，并收录到刘培贵主编的《中国的块菌》一书中。

2014 年，实施阿左旗科技局批准“贺兰山羽叶丁香的保护与引种开发”项目。对贺兰山羽叶丁香资源进行全面普查，掌握羽叶丁香分布范围与分布面积。集中分布于峡子沟，面积 510 公顷。建立羽叶丁香保护点，固定围封 18000 平方米，监测自然环境下生长动态变化，并采集种子 50 克进行育种试验。

2014—2015 年，与东北林业大学野生动物系合作完成“贺兰山国家级自然保护区岩羊和马鹿疫源疫病本底调查”项目研究工作，结果显示，岩羊、马鹿携带寄生虫，未发现携带小反刍兽疫、口蹄疫、布鲁氏杆菌、结核杆菌。

2015—2016 年，实施阿拉善盟科技局、阿左旗科技局批准“贺兰山森林生态监测系统建设”项目，重点对典型森林生态系统保护与管理进行长期观测研究，在哈拉乌设立气象监测站一台，在贺兰山不同功能区共设立植物监测样地 7 块，森林系统监测样地 3 块，野生动物监测点 12 处，病虫害监测点 12 处。

2015—2016 年，开展“贺兰山扁叶蜂（待定种）生活史及生物学特性与可持续控制技术研究”，重点研究贺兰山扁叶蜂的越冬虫态，贺兰山扁叶蜂的生活史，调查清楚各个虫态的发育期，制定贺兰山扁叶蜂的无公害可持续控制措施。

2016 年，在古拉本中固田建立贺兰山珍稀濒危植物研究繁育基地 1 处，面积 5 亩。对贺兰山珍稀濒危植物以及优势树种进行人工繁育，共繁育成活青海云杉 425 棵、杨树 156 棵、蒙古扁桃 370 株、紫丁香 1600 株。

2016—2018 年，实施“内蒙古贺兰山岩羊、马鹿种群数量调查与研究”，采用样线法与全球定位系统和地理信息系统相结合的方法，对内蒙古贺兰山岩羊、马鹿种群动态变化规律进行研究，并分析影响其种群数量变化的生境因子。

2016 年，在东子沟首次发现内蒙古贺兰山自然更新大面积野生丁香幼苗。据调查鉴定 70% 为紫丁香，面积为 1000 亩，多为 3~8 年生幼株，伴生少量荀子、小叶忍冬、蒙古绣线菊、灰榆、蒙古扁桃、小叶金露梅、单瓣黄刺玫等。

2019 年，联合北京大学在贺兰山西坡架设小型气象监测仪 5 台，设置位置为主峰（可实时传输）、沙塘子、水泉子、小松山、巴彦笋布尔峰，实现林区局部区域气象数据自主监测。

2018—2020 年，联合东北林业大学实施国家极小种群拯救项目“内蒙古贺兰山马麝调查监测与救护”。完成马麝在贺兰山西坡的分布和栖息环境调查并更新分布图，在贺兰山保护区西坡南、北、中段马麝分布范围（栖息地）设定 9 块样方，悬挂红外线相机 81 部，对种群数量实施拍摄调查，共鉴定 17 只独立马麝个体，根据公式可得红外相机监测范围内马麝密度为 0.1699～0.4081 只/平方公里。

2020 年，繁育贺兰山珍稀药用植物羽叶丁香 1000 株实生苗，完成真叶后的第一次换床，成活率保持在 70%以上，移栽至宏魁苁蓉实验基地。

2020—2021 年，利用智能内窥镜对贺兰山人工鸟巢筑巢情况进行调查研究，通过对保护区内近 1000 只人工鸟巢筑巢率 2 年跟踪调查结果显示，筑巢率约为 42%，旧巢重复利用率达 70%以上。主要筑巢鸟类有北红尾鸲、大山雀、黑头䴓、褐头山雀、柳莺 5 种，筑巢占 75%以上。

2021 年，与内蒙古大学合作开展“内蒙古贺兰山生物多样性保护研究”项目，该项目是内蒙古自治区科技计划项目，并被列入“科技兴蒙”签约项目。拟通过详细的生物多样性综合考察所获得的基础数据，建立相关生物多样性数据库与信息系统数据库；建立主要生态系统及珍稀濒危植物长期监测样地，构建长期监测网络。

2021 年，配合宁夏大学生态学院开展“贺兰山典型小流域生态功能提升及其应对气候变化技术试验示范研究”项目课题中贺兰山西坡相关外业调查工作。

2022 年，贺兰山森林生态系统监测被纳入“内蒙古生态监测网络运行项目”，设置 16 处植被监测样地，监测森林指标 79 个。

二、合作项目

贺兰山管理局与国内知名科研院所及大专院校合作实施项目（表 10-1）如下。

一是与东北林业大学、内蒙古大学、内蒙古师范大学、内蒙古科技大学包头师范学院等 20 家高等院校、科研院所合作完成“内蒙古贺兰山第一次综合科学考察”项目，考察项目共有 12 项，包括野生动物、植物、植被、昆虫、大型真菌、苔藓植物、土壤、水文、气象、土壤、森林资源、旅游、社会经济、区划管理，并出版《内蒙古贺兰山地区昆虫》《贺兰山野生动物图谱》《内蒙古贺兰山自然保护区植物多样性》《内蒙古贺兰山大型真菌图志》《贺兰山苔藓植物彩图志》《内蒙古贺兰山国家级自然保护区综合科学考察报告》系列丛书一套（6 本）。通过综合科学考察显示，贺兰山地区昆虫种类增加 889 种，发现新种 20 种；野生脊椎动物种类增加 134 种；大型真菌增加 262 种，发现新种 1 种，内蒙古新记录种 44 种。

二是与东北林业大学合作，完成“内蒙古贺兰山岩羊马鹿种群数量调查与研究”“内蒙古贺兰山马麝生存现状调查与研究”“内蒙古贺兰山国家级自然保护区岩羊和马鹿疫源疫病本底调查”等项目及珍稀濒危极小种群项目“贺兰山马麝栖息地与种群数量调查”。

三是与中国科学院昆明植物研究所合作，完成“贺兰山块菌调查与研究”项目，并发现一新种，并定名为“贺兰山瘤孢地菇”。

四是与内蒙古大学合作，完成了“贺兰山森林生态系统建设”项目，并建成气候监测系统一套，建立永久植物监测样地 5 块。

五是与西南林业科技大学合作，完成“贺兰山扁叶蜂（待定种）生活史及生物学特性与可持续控制研究”项目，并给新发现种定名为“烟翅腮扁蜂”。

六是与内蒙古大学合作开展“内蒙古贺兰山生物多样性保护研究”项目。

表 10-1　科研合作项目

项目名称	项目建设单位	参与人员	完成时间	研究成果
极小种群野生动植物资源拯救	贺兰山管理局	陈立杰、丁玉森、杨云天、徐建国、王兆锭、苏　云、王晓勤	2013 年	
贺兰山紫蘑菇林地人工驯化栽培研究	贺兰山管理局、内蒙古师范大学	徐世华、白晓栓、贾金山、杨云天、徐建国、赵永文、胡成业、萨日娜、白　瑞、陈雪娇	2013 年	
内蒙古贺兰山马麝生存现状的调查与研究	贺兰山管理局	陈立杰、丁玉森、杨云天、王兆锭、苏　云、徐建国、胡成业	2013 年	发表论文《贺兰山西坡马麝生存现状研究》(2017 年)
贺兰山保护区块菌调查与研究	贺兰山管理局、内蒙古包头师范学院生物科学与技术学院	陈立杰、孙丽华、丁玉森、杨云天、徐建国、王兆锭、苏　云、胡成业、王晓勤、袁丽丽	2014 年	发现一新种，并定名为“贺兰山瘤孢地菇”，并被 SCI 数据库收录
贺兰山国家级自然保护区岩羊和马鹿疫源疫病本底调查	贺兰山管理局、国家林业局野生动物保护生物学重点实验室	陈立杰、段志鸿、刘振生、丁玉森、杨云天、徐建国、王兆锭、苏　云、王晓勤	2015 年	
贺兰山扁叶蜂(待定种)生活史及生物学特性与可持续控制技术研究	贺兰山管理局、西南林业科技大学	陈立杰、丁玉森、杨云天、王晓勤、王兆锭、徐建国、苏　云	2016 年	发表论文《危害青海云杉的腮扁蜂属（膜翅目：扁蜂科）一新种》(2018 年)
贺兰山森林生态监测系统建设	贺兰山管理局	黄天兵、丁玉森、杨云天、徐建国、王兆锭、苏　云、王晓勤	2016 年	建成气候监测系统一套，建立永久植物监测样地 5 块
内蒙古贺兰山岩羊、马鹿种群数量调查与研究	贺兰山管理局、东北林业大学	孙　萍、刘振生、苏　云、王兆锭、徐建国、王晓勤、高　惠、姚绪新、朱泽宇	2018 年	发表论文《内蒙古贺兰山马鹿的种群数量及种群结构》(2021 年)
内蒙古贺兰山马麝调查监测与救护	贺兰山管理局、东北林业大学	段志鸿、刘振生、张致荣、孙　萍、徐建国、苏　云、王晓勤、多海英	2020 年	
内蒙古贺兰山生物多样性保护研究	贺兰山管理局、内蒙古大学	段志鸿、苏　云、王晓勤、袁丽丽、娜荷芽、多海英	2021 年至今	
贺兰山典型小流域生态功能提升及其应对气候变化技术试验示范研究	贺兰山管理局、宁夏大学	苏　云、王晓勤、袁丽丽、娜荷芽	2021 年至今	
内蒙古生态监测网络建设项目	贺兰山管理局、内蒙古自治区生态环境监测总站	任　侠、任振强、王晓勤、袁丽丽、娜荷芽	2022 年至今	

第二节　科学技术研究

一、论文论著（表 10–2）

表 10–2　论文论著

论文名称	撰写人员	发表刊物	发表时间	获奖等级	获奖时间
《中国小蚁蛛属（蜘蛛目：平腹蛛科）1 新种及 1 新记录》	唐贵明、乌力塔、宋大祥、赵永文	《蛛形学报》	1997 年 3 月		
《内蒙古贺兰山狂蛛 1 新种及 2 新纪录种（蜘蛛目：平腹蛛科）》	唐贵明、乌力塔、宋大祥、赵永文	《蛛形学报》	1997 年 3 月		
《内蒙古贺兰山平腹蛛科蜘蛛记述（蜘蛛目）》	唐贵明、赵永文、宋大祥、郝　俊	《内蒙古师范大学学报》	1997 年 12 月		
《贺兰山油松林生态特点与天然更新初探》	赵玉山、贾金山、沈学芳	《内蒙古林业调查设计》	1998 年 6 月		
《内蒙古贺兰山国家自然保护区蜘蛛名录》	唐贵明、赵永文	《蛛形学报》	1998 年 9 月		
《中国拟赛蛛属 1 新种（蜘蛛目：平腹蛛科）》	唐贵明、赵永文	《蛛形学报》	1998 年 9 月		
《内蒙古贺兰山掠蛛 1 新种（蜘蛛目：平腹蛛科）》	唐贵明、额尔敦图、赵永文、宋大祥	《动物分类学报》	1999 年 1 月		
《贺兰山异色卷蛾生物学特性及防治试验》	郝　俊、陈章太、赵永文、牛春花、牛立忠、赵戍平	《内蒙古林业科技》	2000 年 12 月		
《贺兰山异色卷蛾生物学特性及防治》	郝　俊、陈章太、赵永文、牛春花、牛立忠、赵戍平	《中国森林病虫》	2002 年 12 月		
《贺兰山森林岛野生动物多样性》	赵登海	《野生动物》	2003 年 3 月		
《贺兰山自然保护区植物旅游资源及其开发利用》	哈斯巴根、赵登海	《内蒙古师范大学学报》	2003 年 3 月		
《封山育林对贺兰山生态环境的作用》	赵玉山、孙　萍、周兴强、崔东娟	《内蒙古林业调查设计》	2004 年 12 月		
《贺兰山退牧还林后森林植被调查及应采取的对策》	孙　萍、王胜兴、赵玉兰、周兴强	《内蒙古林业调查设计》	2004 年 12 月		
《贺兰山森林火警规律及对策探讨》	赵玉山、任振强、孔芳毅	《内蒙古林业调查设计》	2004 年 12 月		
《贺兰山保护区蜘蛛名录》	吴素芳、赵永文、吴文俊	《内蒙古林业调查设计》	2004 年 12 月		
《贺兰山自然保护区实施围封转移的生态发展战略分析》	张小芬、陈士超、孙　萍	《内蒙古农业大学学报》	2005 年 9 月		

（续表）

论文名称	撰写人员	发表刊物	发表时间	获奖等级	获奖时间
《内蒙古贺兰山国家森林公园建设条件与效益浅析》	赵玉山、王梅兰、常桂芳、曹燕丽、盛晋华	《内蒙古科技与经济》	2006年3月		
《阿拉善沙漠化防治及沙产业开发》	孙　萍、赵玉兰、王晓红、周兴强	《内蒙古林业调查设计》	2006年4月		
《贺兰山高山草甸的群落生态学研究》	康慕谊、朱　源、刘全儒、苏　云、江　源	《中国草地学报》	2007年1月		
《贺兰山针叶林结构特征与种类组成的比较》	朱　源、康慕谊、刘全儒、苏　云、江　源	《地理研究》	2007年3月		
《退牧还林对贺兰山保护区森林植被及生态环境的影响》	赵登海、徐建国、王兆锭、苏　云、胡成业	《内蒙古林业》	2007年3月		
《贺兰山保护区南、北寺旅游景区实现电子监控》	赵登海、任振强	《森林防火》	2007年3月		
《西北地区的生态屏障——贺兰山国家级自然保护区》	马振山、任振强	《内蒙古林业》	2007年3月		
《贺兰山针叶林物种密度的通径分析》	朱　源、康慕谊、刘全儒、江　源、苏　云、赵登海、和克俭、陶　岩、朱恒峰、徐广才、王聪锐	《山地学报》	2007年7月		
《贺兰山紫蘑菇的资源现状及保护对策》	胡天华、苏　云	《农业科学研究》	2007年12月		
《贺兰山高山草甸生物多样性和地上生物量的关系》	朱　源、康慕谊、刘全儒、苏　云、江　源、和克俭、徐广才、王耿锐、陶　岩、朱恒峰	《应用与环境生物学报》	2007年12月		
《贺兰山西坡岩羊种群现状调查研究》	赵登海、贾金山、张保红、王兆锭、徐建国、苏　云、梁来柁	《内蒙古石油化工》	2008年9月		
《贺兰山生态系统保护中潜在问题与对策探讨》	赵登海	《内蒙古林业》	2008年11月		
《围封条件下贺兰山西坡植被恢复生态效益研究》	郑敬刚、殷学永、赵登海、徐建国、苏　云、李新荣	《安徽农业科学》	2008年12月		
《贺兰山生态系统保护中潜在问题与对策探讨》	赵登海	《内蒙古林业科技》	2008年12月		
《贺兰山保护区的现状及保护对策》	沈学芳、张保红、娜布其玛、苏　云、贾金山	《中国科技博览》	2009年8月		

（续表）

论文名称	撰写人员	发表刊物	发表时间	获奖等级	获奖时间
《内蒙古贺兰山自然资源的合理利用与保护》	苏　云、周兴强、张战文、陈中秋	《内蒙古高原及其邻近地区资源环境与可持续发展研究》	2009 年 10 月	阿拉善盟自然科学优秀论文三等奖	2012 年 10 月
《贺兰山森林防火形势分析和应对策略建议》	任振强、孔芳毅、孙　萍	《自然科学学术年会》	2009 年 11 月	阿拉善盟自然科学学术年会优秀论文三等奖	2009 年 11 月
《贺兰山保护区野生水果资源及其保护》	张保红、赵登海、王兆锭、哈斯巴根	《内蒙古师范大学学报》	2010 年 3 月		
《贺兰山野化牦牛冬春季食性》	姚志诚、刘振生、王兆锭、胡天华、李志刚	《生态学报》	2011 年 2 月		
《贺兰山毛翅目两新种记述（毛翅目，幻沼石蛾科，沼石蛾科）》	杨莲芳、陶苏门高、贾金山	《动物分类学报》	2011 年 4 月		
《金色蝗属的分类研究及 1 新种记述（直翅目：剑角蝗科）》	郑哲民、张红利、曾慧花、苏　云	《昆虫学报》	2011 年 4 月		
《中国西北贺兰山区原尾虫首记（六足总纲，原尾纲）》（英文）	卜　云、苏　云、尹文英	《动物分类学报》	2011 年 7 月		
《贺兰山野化牦牛冬季昼间行为的时间分配》	赵宠南、郭文德、滕丽微、孔芳毅、王晓勤、刘振生	《野生动物》	2011 年 11 月		
《放牧和围封对干旱区草地生态系统的影响》	郑敬刚、何明珠、苏　云、徐建国、李新荣	《河南农业科学》	2011 年 12 月		
《内蒙古贺兰山自然保护区蝗虫的调查（直翅目）》	郑哲民、曾慧花、张红利、陶苏门高、苏　云	《陕西师范大学学报》	2012 年 1 月		
《贺兰山阿拉善的圣山》	徐世华、梁来柁、赵登海、斯　琴、袁丽丽、王晓勤	《内蒙古画报》	2012 年 1 月		
《中国内蒙古贺兰山地区拟埃蝗属二新种（直翅目，剑角蝗科）》	张红利、曾慧花、郑哲民、杨云天	《动物分类学报》	2012 年 1 月		
《贺兰山国家重点保护野生动物的现状及分析》	胡天华、李元刚、王兆锭	《农业科学研究》	2012 年 6 月		
《贺兰山国家级自然保护区寄蝇科昆虫区系调查》	赵　喆、王诗迪、林　海、侯　鹏、苏　云、张春田	《中国媒介生物学及控制杂志》	2012 年 6 月		

（续表）

论文名称	撰写人员	发表刊物	发表时间	获奖等级	获奖时间
《西北地区城市绿化的景观配置和树种选择》	赵玉兰、沈学芳、赵玉山、贾金山、周会玉、何永东、王 亮	《现代园艺》	2012 年 9 月		
《简述文冠果的生物特征、经济价值及发展前景》	孙 萍、南 定、金廷文、赵玉山、赵玉兰	《农业科技与信息》	2012 年 12 月		
《内蒙古贺兰山国家森林公园建设条件与效益浅析》	孙 萍、陶苏门高、赵玉山、王 亮	《内蒙古林业》	2013 年 1 月		
《转基因技术应用对保护生物多样性的影响》	任振强、白晓栓	《内蒙古石油化工》	2013 年 2 月		
《贺兰山保护区环境评价》	贾金山、沈学芳	《内蒙古石油化工》	2013 年 3 月		
《内蒙古贺兰山紫蘑菇生态管理的对策》	苏 云、王晓勤	《内蒙古石油化工》	2013 年 5 月	阿拉善盟自然科学优秀论文二等奖	2013 年 10 月
《阿左旗沙漠治理及取得的成效》	赵玉山、贾金山、沈学芳、孙 萍、周兴强	《内蒙古林业调查设计》	2013 年 5 月		
《关于内蒙古贺兰山天然次生林区可持续发展的思考》	袁丽丽、哈斯朝格图、王 亮、张雅丽、赵玉兰	《内蒙古石油化工》	2013 年 5 月		
《基于 MAXENT 模型的贺兰山岩羊生境适宜性评价》	刘振生、高 惠、滕丽微、苏 云、王晓勤、孔芳毅	《生态学报》	2013 年 11 月		
《贺兰山封山育林工程的生态恢复功能与作用分析》	徐 皓、郝淑香	《中国科技博览》	2013 年 12 月	第九届内蒙古自治区自然科学学术年会优秀论文三等奖、阿拉善盟自然科学优秀论文三等奖	2014 年 3 月
《啮齿动物消化器官长度研究进展》	燕永彬、刘振生、滕丽微、杨云天、王晓勤、苏 云、王 亮	《安徽农业科学》	2014 年 4 月		
《贺兰山林区油松种群结构与空间分布特征研究》	杨跃文、段玉玺、季 蒙、曾 宇、李银祥、任建民、周兴强、张凤鹤	《林业资源管理》	2014 年 6 月		
《林业生态保护的可持续发展分析》	多海英	《北京农业》	2014 年 7 月		

（续表）

论文名称	撰写人员	发表刊物	发表时间	获奖等级	获奖时间
《贺兰山野化牦牛春季昼间行为时间分配和活动规律》	刘振生、孙兆惠、庞　博、赵宠南、滕丽微、杨云天、王晓勤、苏　云、王　亮	《安徽农业科学》	2014年8月		
《贺兰山紫蘑开发利用初探》	胡成业、孙　萍、任振强、赵永文、赵玉山	《内蒙古林业》	2014年8月	中国科学发展与人文社会科学优秀创新三等奖	2014年11月
《内蒙古贺兰山：野生物种基因库》	周兴强、袁丽丽	《森林与人类》	2014年9月		
《贺兰山西坡珍稀濒危植物资源简介》	孔芳毅、苏　云、王晓勤、白晓栓	《内蒙古林业》	2014年11月	第十届内蒙古自治区自然科学学术年会优秀论文二等奖、阿拉善盟自然科学优秀论文一等奖	2015年8月、2015年3月
《淡析草原退化的治理措施及管理对策》	额尔登、娜荷芽	《科学种养》	2015年4月		
《森林病虫害防治技术体系研究分析》	杨玉萍	《中国科技博览》	2015年5月		
《探讨自然保护区的森林防火工作》	杨玉萍、袁丽丽、哈斯朝格图	《农业与技术》	2015年11月		
《提高林业技术创新促进林业快速发展步伐》	袁丽丽、哈斯朝格图、杨玉萍、袁奋兰	《农业与技术》	2015年11月		
《基于传统形态分类学和DNA条形码技术确定东方田鼠在贺兰山的新分布》	庞　博、侯志军、柴洪亮、滕丽微、刘振生、杨云天、王晓勤、王　亮	《经济动物学报》	2015年12月		
《谈贺兰山大安全观的构建》	胡成业	《同行》	2016年5月		
《内蒙古贺兰山某块菌的形态解剖学与分子生物学研究》	赵艳玲、王海峰、王兆锭、樊永军	《西北植物学报》	2016年9月		
《不同地域云杉表面蜡质的润滑性能研究》	马婧雯、夏延秋、冯　欣、孙　萍	《机械工程学报》	2017年2月		
《贺兰山西坡马麝生存现状研究》	杨云天、杨玉萍、娜荷芽、额尔登、袁丽丽	《农业与技术》	2017年4月		

（续表）

论文名称	撰写人员	发表刊物	发表时间	获奖等级	获奖时间
《野生动植物保护工作的现状、问题及对策研究》	多海英	《山西农经》	2018 年 1 月		
《危害青海云杉的腮扁蜂属（膜翅目：扁蜂科）一新种》	张　宁、杨云天、王晓勤、刘萌萌、魏美才	《林业科学》	2018 年 2 月		
《林业资源保护和森林防火技术的思考》	袁丽丽	《农业与技术》	2018 年 2 月		
《自然保护区林业资源保护利用及可持续发展对策研究》	多海英	《山西农经》	2018 年 3 月		
《内蒙古贺兰山半翅目昆虫区系组成分析》	王旭娜、白晓栓、赵永文	《内蒙古大学学报》	2018 年 11 月		
《贺兰山西坡主要山地灌丛群落的基本特征》	苏　闯、马文红、张芯毓、苏　云、闵永恩、张晋元、赵利清、梁存柱	《植物生态学报》	2018 年 10 月		
《加强林业自然保护区野生动植物保护区的对策》	娜荷芽、额尔登、徐　皓	《防护工程》	2019 年 2 月		
《自然保护区林业资源保护及利用对策》	额尔登、娜荷芽	《防护工程》	2019 年 3 月		
《关于林业自然保护区发展状况的探究》	娜荷芽、额尔登、张雅丽	《基层建设》	2019 年 4 月		
《林区护林防火措施及成效研究》	杨玉萍、袁丽丽	《魅力中国》	2020 年 8 月		
《对新形势下森林防火预防问题的探讨》	王　亮、孔芳毅、张雅丽、王继忠	《农家科技》	2020 年 9 月		
《贺兰山自然保护区生态环境保护成效及存在问题与对策建议》	袁丽丽、杨玉萍	《内蒙古林业》	2020 年 11 月		
《森林资源管理与生态林业的发展分析》	杨玉萍	《农村科学实验》	2021 年 1 月		
《内蒙古贺兰山马鹿的种群数量及种群结构》	孙　萍、黄师梅、苏　云、孟德怀、张致荣、滕丽微、刘振生	《野生动物学报》	2021 年 4 月		
《自然保护区可持续发展策略探讨》	杨玉萍	《农业开发与装备》	2021 年 6 月		
《内蒙古贺兰山自然保护区古毒蛾危害规律调查》	唐汉尧、苏　云、王晓勤、郝淑香、王义哲	《林业科技通讯》	2021 年 9 月		

二、著作名录（表 10–3）

表 10–3　著作名录

著作名称	撰写人员	出版社名称	出版时间	获奖等级	获奖时间
《内蒙古贺兰山地区昆虫》	白晓栓、彩万志、能乃扎布、陈立杰、丁玉森、张瑞峰	内蒙古人民出版社	2013 年 4 月		
《贺兰山野生动物图谱》	刘振生、滕丽微、丁玉森、王兆锭、张瑞峰、杨云天、徐建国、苏　云、王晓勤、汤玉蓉、赵玉兰、王　亮、杨玉萍、王晓红	黄河出版传媒集团、阳光出版社、宁夏人民出版社	2014 年 12 月		
《内蒙古贺兰山大型真菌图志》	孙丽华、陈立杰、丁玉森、苏　云	科学技术文献出版社	2014 年 12 月		
《贺兰山苔藓植物彩图志》	白学良、贾金山、杨云天、王晓勤、任振强、孙　萍	黄河出版传媒集团、阳光出版社、宁夏人民出版社	2014 年 12 月		
《贺兰山本色》	韩宝花、巴图朝鲁、陈君来、黄天兵、丁玉森、贾金山、杨云天、王兆锭、周兴强、徐建国、王晓勤	内蒙古人民出版社	2015 年 11 月		
《贺兰山保护区综合科学考察报告》	刘振生、陈立杰、黄天兵、丁玉森、杨云天、周兴强、史　麟、苏　云	黄河出版传媒集团、宁夏人民出版社	2015 年 12 月		
《内蒙古贺兰山自然保护区植物多样性》	梁存柱、朱宗元、丁玉森、贾金山、陶苏门高、杨云天、徐建国、王兆锭、王晓勤、胡成业、金廷文、袁丽丽、孔芳毅、赵永文、张雅丽、梁金林、徐　皓、李云霞、多海英、娜荷芽	黄河出版传媒集团、宁夏人民出版社	2017 年 2 月		
《阿拉善植物图鉴》	邱华玉、赵永文、徐建国	中国农业科学技术出版社	2019 年 12 月		
《阿拉善荒漠植物图鉴》	达　来、布日古德、王　芳、王晓勤、苏　云	科学出版社	2021 年 5 月		

（续表）

著作名称	撰写人员	出版社名称	出版时间	获奖等级	获奖时间
《贺兰山植物图谱》	胡永宁、段志鸿、徐建国、邱华玉、孙　萍、张宝军、郝淑香、徐　皓	中国农业科学技术出版社	2021 年 6 月		
《贺兰山鸟类图谱》	胡永宁、段志鸿、王志芳、代　瑞、刘　东、苏　云、王晓勤	中国农业科学技术出版社	2021 年 7 月		

三、获奖成果（表 10-4）

表 10-4　获奖成果

项目名称	项目建设单位	参与人员	完成时间	获奖等级
贺兰山油松松梢小卷蛾生物学特性预测预报防治研究	贺兰山林场	赵永文、张保儒、祁生林	1991 年 6 月	阿拉善盟科技进步奖二等奖
贺兰山青海云杉异色卷蛾生物学特性观察及防治试验研究	阿拉善盟林业研究所	郝　俊、陈章太、赵永文、牛春花、牛立忠、赵成平	2001 年 12 月	内蒙古自治区林业厅林业科技贡献奖二等奖
内蒙古自治区第四届林业青年科技奖	个人	赵永文	2004 年 5 月	内蒙古自治区林业厅青年科技奖
贺兰山紫蘑开发利用研究	贺兰山管理局	胡成业、孙　萍、任振强、赵永文、赵玉山	2005 年 10 月	阿拉善盟科学技术进步奖三等奖
贺兰山青海云杉异色卷蛾生物学特性观察及防治试验研究	阿拉善盟林业研究所	郝　俊、陈章太、赵永文、牛春花、牛立忠、赵成平	2005 年 10 月	阿拉善盟科学技术进步奖三等奖
贺兰山退牧还林对动植物种群变化及水源涵养功能影响的研究	贺兰山管理局	赵登海、徐建国、王兆锭、胡成业	2007 年 6 月	阿拉善盟科学技术进步奖二等奖
贺兰山退牧还林对动植物种群变化及水源涵养功能影响的研究	贺兰山管理局	赵登海、徐建国、王兆锭、苏　云、胡成业	2007 年 6 月	阿拉善盟科学技术进步奖二等奖
胡杨林在巴彦浩特镇地区引种技术试验的研究	巴彦浩特镇林工站	梁守华、曹明东、李　琳、赵永文、聂金婵	2008 年 10 月	阿左旗优秀科技成果奖
内蒙古贺兰山西坡濒危植物保护与研究	贺兰山管理局	赵登海、贾金山、徐建国、王兆锭、胡成业、苏　云、王晓勤	2010 年 8 月	阿拉善盟科学技术奖一等奖
金雕、野兔组合	个人	苏　云	2012 年 3 月	首届中国动物标本大赛优秀奖

（续表）

项目名称	项目建设单位	参与人员	完成时间	获奖等级
贺兰山紫蘑开发利用初探	贺兰山管理局	胡成业、孙 萍、任振强、赵永文、赵玉山	2014 年 11 月	中国科学发展与人文社会科学优秀创新成果三等奖

第三节 教育宣传

一、自然教育

内蒙古贺兰山保护区自然科普教育工作始于 2010 年，建立贺兰山展览馆（现名称：贺兰山科普展览厅）732 平方米。贺兰山丰富的野生动植物资源和良好的森林生态环境为开展科普活动提供了广阔的空间平台，每年开展送科普进校园、进社区，组织参观贺兰山科普展览馆进行环境保护实践教育等科普教育活动。年平均受教育青少年 500 人次以上。2011 年被阿拉善盟科协确立为“阿拉善盟青少年科普教育示范基地”；2012—2015 年被内蒙古自治区科协确立为“内蒙古科普教育基地”；2015 年确定为阿拉善盟委党校“教学科研实践基地”；2018 年在“走进贺兰山”微信公众号开设贺兰山科普专栏，定期发布科普知识，常态化开展科普宣传，截至目前共发布 150 期科普。2020 年拍摄制作贺兰山科普宣传短视频“贺兰山多样的生命体”获内蒙古自治区科技厅优秀科普微视频作品奖。

2017 年 6 月 12 日，阿拉善盟林业局、阿左旗林业局、贺兰山管理局共同组织在阿左旗第九中学开展“依法保护候鸟、守护绿色家园”“森林防火人人有责”宣传进校园活动，该校 1500 名师生积极踊跃参与，共有数百名师生在倡议横幅上签字。

2019 年 5 月 23 日，贺兰山管理局组织干部职工到阿左旗明德小学开展“森林防火宣传进校园”活动，受众师生 200 人。

2021 年 4 月 16 日，贺兰山管理局在阿拉善职业技术学院开展送科普教育活动，受众师生 50 人。4 月 26 日，阿拉善盟职业技术学院 50 名学生走进贺兰山科普大讲堂，通过多媒体讲座、观看视频、参观标本展览等方式让学生们身临其境地学习贺兰山科普知识。11 月 5 日，贺兰山管理局生态科普知识宣讲活动走进阿左旗明德小学，受众师生 200 人。

2022 年 4 月 27 日，阿拉善博物馆、贺兰山管理局联合西花园社区开展《守护“母亲山”——正确认识和科学保护贺兰山》社会科普及专题讲座，受众群众 100 人。5 月 18 日，贺兰山管理局联合阿拉善盟博物馆以送科普、送科技进校园的方式走进阿左旗第四小学，通过科普讲座、互动体验的方式为学生讲解贺兰山生物多样性知识，以实践体验的方式引导青少年从小树立保护生物多样性意识，共宣讲 5 场次，受众师生 300 余人。5 月 22 日，贺兰山管理局联合阿拉善 SEE 生态协会组织 20 名“小小巡护员”在贺兰山保护区雪岭子管护站与管护员开展一天日常巡护工作体验。“小小巡护员”学习了解并使用森林防扑火机具设备、观看有害生物监测设施、识别野生动物活动痕迹，并分享巡护体验活动中的趣闻趣事、解读生物多样性保护知识。

二、对外宣传

2008 年，拍摄制作《走进贺兰山》宣传片，制作《走进贺兰山》宣传画册。

2010 年，创办《内蒙古贺兰山》内部刊物，共出版 5 期。

2015 年，制作《贺兰山本色》宣传画册。首次将每年农历六月初三、初六设定为贺兰山生态环境保护宣传日，常态化开展大型环境保护宣传活动。

2015—2019 年，拍摄制作《四季贺兰》《贺兰山的守护者》。

2017 年，拍摄制作《贺兰山脊椎动物》，开通“走进贺兰山”微信公众号。

2018 年，拍摄制作《贺兰山生态环境治理》宣传片。

2021 年，开通“走进贺兰山”微信微视频账号（表 10-5）。

表 10-5　2016—2022 年国家、自治区级媒体宣传统计

序号	宣传主题	媒体	日期
1	贺兰山以省际交流促防火能力提升	中国绿色时报	2016. 4. 14
2	内蒙古贺兰山建永久性植物监测样地	中国绿色时报	2016. 11. 7
3	贺兰山建立永久植物监测样地	正北方、光明日报、内蒙古自治区林业厅网站	2016. 10. 24
4	内蒙古自治区推进“四个全面”加强重点工作落实	内蒙古自治区报刊	2016. 7. 10
5	贺兰山管理局真抓实干助推贺兰山下的美丽乡村建设	调研督导工作简报	2016. 9. 15
6	守护贺兰山西麓	CCTV-10	2017. 9. 8
7	改革开放 40 年·印记	CCTV-9	2018
8	贺兰山自然保护区 68 年无火灾	新华网、中国林业网、中国绿色时报	2018. 10. 10
9	砥砺奋进 5 年的阿拉善	CCTV-13、CCTV-1 焦点访谈	2018. 8. 17
10	生态中国——沙中绿脊	CCTV 老故事频道	2018. 10. 16
11	内蒙古阿拉善：禁采修复还草木	新华网	2019. 5. 14
12	《走遍中国》专题片《沙漠方舟　绿色屏障》上、下	中央电视台	2019. 7. 19 2019. 7. 21
13	全国首处林业英雄林贺兰山林业英雄林在阿拉善盟落成	中国林业网、中国林业政研会、中国林学会、中国绿色时报、中国林业新闻网、绿色中国、新华网、中国网	2019. 10. 16
14	内蒙古贺兰山 70 年无森林火灾	绿色时报	2019. 11
15	防火就是防人！内蒙古贺兰山连续 70 年未发生森林火灾，没有秘密	中国森林草原防火微信平台	2019. 11. 19
16	贺兰山管理局开展“以鸟治虫”筑巢率调查	中国湿地、国家林业和草原局政府网	2020. 4. 27
17	国有林场改革	158 套老故事	2017. 8
18	生态树	中央电视台	2017. 7
19	生态治理	CCTV-8	2018. 8. 8
20	贺兰山植被逐年恢复“奔驰的骏马”回归绿色草原	新华网、中国草原	2020. 10. 28
21	贺兰山放归雪豹疑似捕食到岩羊，网友：吃上特产了！	新华视点	2021. 11. 2
22	巍巍贺兰山生物大宝库	内蒙古日报社融媒体	2021. 11. 12
23	贺兰山放归雪豹疑似捕食到岩羊	新华网	2021. 12. 2
24	加快构建自然保护地体系	腾格里新闻	2021. 12. 17
25	探访贺兰山保护区	新华网	2022. 7. 12

（续表）

序号	宣传主题	媒体	日期
26	放归贺兰山的雪豹在宁蒙两界贺兰山里来回“度假”	腾讯网	2022. 7. 13
27	在时光里感悟坚韧不拔欣欣向荣的中国	内蒙古广播电视台新闻联播	2022. 1. 1
28	马鹿“误闯”景区管护员及时救助	内蒙古自治区林业和草原局官网	2022. 1. 4
29	新春走基层　走进贺兰巡山人家	《内蒙古新闻广播》官方微信	2022. 2. 12
30	贺兰山管理局党组召开党史学习教育总结会议	内蒙古自治区林业和草原局官网	2022. 2. 21
31	守护一座山，守望一片绿，守卫六十载	中央广播电视总台央广中国之声《新闻进行时》《你的样子》栏目	2022. 2. 24
32	三代人六十余年如一日守护一座山	中国之声官方微博	2022. 2. 24
33	奋进新征程建功新时代　贺兰山下的绿色样板	内蒙古卫视新闻联播	2022. 3. 28
34	近危物种香鼬现身贺兰山保护区又添萌宠	草原客户端	2022. 4. 24
35	近危物种香鼬现身贺兰山保护区又添萌宠	内蒙古日报	2022. 4. 28
36	贺兰山、大青山两个国家级自然保护区获评国优	内蒙古日报	2022. 5. 10
37	贺兰山管理局救助国家“三有”保护动物赤麻鸭	内蒙古自治区林业和草原局官网	2022. 5. 16
38	巍巍贺兰山展现秀美新容颜	内蒙古日报第 1 版阿拉善新闻网	2022. 5. 18
39	内蒙古宁夏共同推动贺兰山国家公园创建前期工作	中国绿色时报第 1 版：要闻	2022. 5. 25
40	天高任鸟飞　小“萌”禽康复回家啦！	新华社客户端	2022. 6. 28
41	Three raptors under national protection released into wild	新华社客户端	2022. 6. 28
42	4 只国家二级保护动物红隼放归贺兰山	草原全媒	2022. 7. 16

第十一章　林业计划　统计　财务

第一节　资金管理

一、资金来源

林业投资是指用于林业生态建设与保护、林业支撑与保障、林业产业发展、林业民生工程等全部投资。贺兰山管理局林业投资主要来源于中央、内蒙古自治区财政及林业主管部门。1992—2021 年，各级财政及林业主管部门共投入保护区基础设施、林业工程、林业事业机构运转以及相关专项投资等方面的资金共 38275.41 万元。其中，具有专门用途 10999.03 万元、地方配套林业事业机构经费 26130.83 万元、自主经营收入 1145.55 万元（表 11-1）。

（一）林业资金按年度投入

贺兰山管理局林业资金主要包括中央和自治区、盟、旗各级财政安排的行政事业经费和林业专项资金。行政事业经费包括各级行政事业单位的人员经费、公用经费和专项业务费等；林业专项资金包括自然保护区和湿地保护工程、森林防火和林业有害生物防治、天然林保护补助、森林抚育补助、自然保护区补助、森林防灾减灾等。随着保护区事业的不断发展，各级财政部门对林业的投资逐步增加。

表 11-1　贺兰山管理局 1992—2021 年收入决算　　单位：万元

年份	财政拨款收入	专项收入	事业收入	小计
1992	—	—	74.49	74.49
1993	—	—	85.37	85.37
1994	14.00	2.00	79.71	95.71
1995	49.00	6.60	44.86	100.46
1996	97.00	—	29.96	126.96
1997	168.61	3.00	106.11	277.72
1998	111.00	—	77.93	188.93
1999	122.23	5.00	80.65	207.88
2000	142.55	—	27.01	169.56
2001	234.68	36.00	—	270.68
2002	99.70	—	39.24	138.94
2003	128.80	—	179.77	308.57
2004	273.57	—	110.47	384.04
2005	442.14	—	150.03	592.17
2006	522.80	2.64	59.95	585.39

（续表）

年份	财政拨款收入	专项收入	事业收入	小计
2007	973.81	100.00	—	1073.81
2008	1043.28	350.00	—	1393.28
2009	1153.52	460.00	—	1613.52
2010	1269.89	674.00	—	1943.89
2011	1658.04	85.00	—	1743.04
2012	1816.63	5.00	—	1821.63
2013	1845.74	60.00	—	1905.74
2014	2278.29	208.00	—	2486.29
2015	1964.72	510.26	—	2474.98
2016	2010.93	502.90	—	2513.83
2017	2009.74	1083.74	—	3093.48
2018	996.09	2640.00	—	3636.09
2019	1547.27	1187.29	—	2734.56
2020	1586.56	1454.00	—	3040.56
2021	1570.25	1623.60	—	3193.85
合计	26130.83	10999.03	1145.55	38275.41

其中，1994—2021 年上级专项资金共 10999.03 万元（表 11-2）。

表 11-2　专项资金拨款统计

序号	年度	项目名称	金额/万元
1	1994	贴息款	2.00
2	1995	防火专项	5.60
3		腰坝自来水补助	1.00
4	1997	防火专项	3.00
5	1999	封育补助	5.00
6	2001	防火经费	15.00
7		公益林专项补助	21.00
8	2006	石油价格改革财政补贴	2.64
9	2007	森林防火	100.00
10	2008	森林培育	8.00
11		森林生态效益补偿	30.00
12		林业自然保护区补助	260.00
13		林业有害生物防治	2.00
14		森林植被恢复费	50.00

（续表）

序号	年度	项目名称	金额/万元
15	2009	森林培育	2.00
16		林业自然保护区补助	400.00
17		森林植被恢复费	28.00
18		林业救灾	30.00
19	2010	林业自然保护区补助	390.00
20		森林防火	284.00
21	2011	森林防火	85.00
22	2012	草原植被恢复费安排的支出	5.00
23	2013	动植物保护	60.00
24	2014	森林生态效益补偿	5.00
25		林业自然保护区	170.00
26		其他森林植被恢复费安排的支出	33.00
27	2015	森林管护	35.45
28		森林培育	67.00
29		森林生态效益补偿	34.81
30		林业自然保护区	373.00
31	2016	森林管护	189.90
32		森林生态效益补偿	313.00
33	2017	森林培育	80.00
34		森林生态效益补偿	478.00
35		林业自然保护区	100.00
36		林业防灾减灾	30.00
37		天保管护补助	395.74
38	2018	其他文化体育与传媒支出	960.00
39		其他自然生态保护支出	5.00
40		森林资源管理	233.00
41		森林生态效益补偿	10.00
42		林业自然保护区	100.00
43		林业防灾减灾	825.00
44		其他林业支出	507.00

（续表）

序号	年度	项目名称	金额/万元
45	2019	其他生态保护支出	1.77
46		森林资源管理	233.00
47		生态效益公共管护	627.00
48		林业自然保护区	100.00
49		林业防灾减灾隔离带	40.00
50		有害生物防治	5.00
51		高风险综合治理	170.52
52		极小种群调查	10.00
53	2020	草原生态修复治理	60.00
54		生态效益公共管护	627.00
55		林业自然保护区补助	165.00
56		保护区补助经费	10.00
57		重点野生动植物保护补助	30.00
58		防火经费	10.00
59		有害生物防治	49.00
60		森林防火补助	270.00
61		天保管护补助	233.00
62	2021	保护区专项补助	20.00
63		森林防火及林缘隔离带建设补助	5.00
64		国家重点野生动植物保护补助	25.00
65		国家重点地质遗迹及自然保护补助	50.00
66		林业草原防灾减灾	693.60
67		生态效益公共管护	607.00
68		有害生物防治	10.00
69		生态效益公共管护	10.00
70		天保管护补助	143.00
71		生物多样性保护研究	60.00
		合计	10999.03

（二）林业资金按项目投入

1. 森林生态效益补偿

内蒙古贺兰山保护区于2009年开始实施中央财政森林生态补偿效益基金，面积为46.35万亩，补偿标准为国有国家级公益林每年每亩5元。2016年提高至每年每亩8元。2017年提高至每年每亩10元。2019年公益林面积增加15.91万亩，面积增加到62.26万亩。

2001—2021年专项投资共计3269.81万元（表11-3）。

表 11-3　专项投资

序号	年度	项目名称	金额/万元
1	2001	公益林专项补助	21.00
2	2008	森林生态效益补偿	30.00
3	2014	森林生态效益补偿	5.00
4	2015	森林生态效益补偿	34.81
5	2016	森林生态效益补偿	313.00
6	2017	森林生态效益补偿	478.00
7	2018	森林生态效益补偿	10.00
8		其他林业支出	507.00
9	2019	生态效益公共管护	627.00
10	2020	生态效益公共管护	627.00
11	2021	生态效益公共管护	607.00
12		生态效益公共管护	10.00
		合计	3269.81

2. 森林资源管护补助

天保工程区管护补助是天然林资源保护工程二期实施方案确定的国有林管护、集体和个人所有的地方公益林管护所发生的支出。

1999—2021 年专项投资共计 1625.09 万元（表 11-4）。

表 11-4　专项投资

序号	年度	项目名称	金额/万元
1	1999	封育补助	5.00
2	2008	森林培育	8.00
3	2009	森林培育	2.00
4	2015	森林管护	35.45
5		森林培育	67.00
6	2016	森林管护	189.90
7	2017	森林培育	80.00
8		天保管护补助	395.74
9	2018	森林资源管理	233.00
10	2019	森林资源管理	233.00
11	2020	天保管护补助	233.00
12	2021	天保管护补助	143.00
		合计	1625.09

3. 国家级自然保护区补助资金

国家从2008年开始下达林业国家级保护区能力建设补助资金，2009年更名为林业国家级自然保护区补助资金。补助用于林业国家级自然保护区的生态保护、修复与治理，特种救护、保护设施设备购置和维护，专项调查和监测，宣传教育，以及保护管理机构聘用临时管护人员所需的劳务补助等支出。

1994—2021年专项投资共计3471.41万元（表11-5）。

表11-5　专项投资

序号	年度	项目名称	金额/万元
1	1994	贴息款	2.00
2	1995	腰坝自来水补助	1.00
3	2006	石油价格改革财政补贴	2.64
4	2008	林业自然保护区补助	260.00
5		森林植被恢复费	50.00
6	2009	林业自然保护区补助	400.00
7		森林植被恢复费	28.00
8	2010	林业自然保护区补助	390.00
9	2012	草原植被恢复费安排的支出	5.00
10	2013	动植物保护	60.00
11	2014	林业自然保护区	170.00
12		其他森林植被恢复费安排的支出	33.00
13	2015	林业自然保护区	373.00
14	2017	林业自然保护区	100.00
15	2018	其他文化体育与传媒支出	960.00
16		其他自然生态保护支出	5.00
17		林业自然保护区	100.00
18	2019	其他生态保护支出	1.77
19		林业自然保护区	100.00
20		极小种群调查	10.00
21	2020	草原生态修复治理	60.00
22		林业自然保护区补助	165.00
23		保护区补助经费	10.00
24		重点野生动植物保护补助	30.00
25	2021	保护区专项补助	20.00
26		国家重点野生动植物保护补助	25.00
27		国家重点地质遗迹及自然保护补助	50.00
28		生物多样性保护研究	60.00
		合计	3471.41

4. 林业防灾减灾补助

林业防灾减灾补助包括林业有害生物防治补助、森林防火补助（防火隔离带补助）和林业生产救灾补助。森林防火补助用于预防和扑救突发性重特大森林火灾支出，包括开设边境森林防火隔离带、购置扑救工具和器械、物资设备、租用防火所需交通工具、租用森林航空消防飞机、航站地面保障以及重点国有林区防火道路建设与维护等支出。

1995—2021 年专项投资共计 2566.72 万元（表 11-6）。

表 11-6　专项投资

序号	年度	项目名称	金额/万元
1	1995	防火专项	5.60
2	1997	防火专项	3.00
3	2001	防火经费	15.00
4	2007	森林防火	100.00
5	2009	林业救灾	30.00
6	2010	森林防火	284.00
7	2011	森林防火	85.00
8	2017	林业防灾减灾	30.00
9	2018	林业防灾减灾	825.00
10	2019	林业防灾减灾隔离带	40.00
11		高风险综合治理	170.52
12	2020	防火经费	10.00
13		森林防火补助	270.00
14	2021	森林防火及林缘隔离带建设补助	5.00
15		林业草原防灾减灾	693.60
		合计	2566.72

5. 林业有害生物防治补助

林业有害生物防治补助设立于 20 世纪 80 年代。2002 年财政部印发《林业病虫害防治补助费管理规定》。2005 年，财政部会同国家林业局修订出台《林业有害生物防治补助费管理办法》，明确林业有害生物防治补助用于对危害森林、林木、种苗正常生长的病、虫、鼠（兔）等重大灾害和有害植物的预防和治理等相关支出。

2008—2021 年专项投资共计 66 万元（表 11-7）。

表 11-7　专项投资

序号	年度	项目名称	金额/万元
1	2008	林业有害生物防治	2.00
2	2019	有害生物防治	5.00
3	2020	有害生物防治	49.00

（续表）

序号	年度	项目名称	金额/万元
4	2021	有害生物防治	10.00
		合计	66.00

二、资金使用

为发挥林业资金在生态建设中的作用，贺兰山管理局在资金使用过程中，加强资金管理，提高资金使用效益，促进林业事业稳步发展。

（一）林业事业机构费

它是指本级财政部门和林业主管部门用于保护区内并纳入预算管理的事业单位的人员经费、事业机构费（公用经费）等日常运转经费，使用范围如下。

1. 工资福利支出

用于在职职工的基本工资、津贴补贴、绩效工资、机关事业单位基本养老保险缴费、职业年金缴费、职工基本医疗保险缴费、其他社会保障缴费、住房公积金、其他工资福利支出等支出。

2. 商品和服务支出

用于贺兰山管理局正常运转的办公费、印刷费、公务费、手续费、水电费、取暖费、设备购置费、修缮费、公务接待费、公务用车运行维护费以及用于开展业务工作所发生的其他相关支出。

3. 对个人和家庭的补助

用于按规定支付给离退休人员的离（退）休费、退职（役）费、遗属的生活补助费以及其他对个人和家庭的补助金等支出。

（二）林业专项资金（上级财政）

它是指各级财政部门及林业主管部门投入的具有专门用途的资金。贺兰山管理局专项资金主要下达，一是基本建设资金；二是财政专项资金（含林业改革发展资金和林业草原生态保护恢复资金）。贺兰山管理局拨款主要用于生态保护与恢复、高风险综合治理、天保工程区森林管护、森林生态效益补偿、国家森林公园保护利用、森林培育、森林防火、林业有害生物防治、林业防灾减灾，高风险综合治理、珍稀濒危野生动物和极小种群野生植物保护、地质遗迹保护、野生动物疫源疫病监测和保护区补偿等。

在项目资金的管理使用上，贺兰山管理局严格按照国家和内蒙古自治区的有关规定进行资金的使用和管理，并建立健全单位内部控制制度，做到工程项目管理职责公开透明，分工明确，责任到人。对林业重点资金实行专项管理，严格执行《林业重点工程资金的管理办法》，杜绝一切形式的挤占、挪用，对所有专项资金建立“预算编制有目标、预算执行有监控、预算完成有评价、评价结果有反馈、反馈结果有应用”的全过程预算绩效管理机制。同时加强对专项资金的申请、分配、使用、管理情况的监督检查，发现问题及时纠正。

截至目前，1992—2021 年共支出 36676.86 万元，现将资金使用情况分述如下（表 11-8）。

1992 年共支出 96.79 万元，全部为本部门基本支出，包括人员工资及公务费支出。

1993 年共支出 100.73 万元，全部为本部门基本支出，包括人员工资及公务费支出。

1994 年共支出 145.82 万元，其中基本支出 143.82 万元，贷款贴息支出 2 万元。

1995 年共支出 141.78 万元，全部为本部门基本支出，包括人员工资及公务费支出。

1996 年共支出 171.25 万元，其中基本支出 164.65 万元，专项支出 5.6 万元，腰坝自来水补助支出 1 万元。

1997年共支出191.65万元，其中基本支出185.15万元，专项支出6.5万元，主要用于森林防火支出。

1998年共支出204.77万元，其中基本支出202.17万元，专项支出2.6万元，主要用于森林防火支出。

1999年共支出184.40万元，其中基本支出179.40万元，专项支出5万元。主要用于封育补助支出。

2000年共支出212.04万元，全部为本部门基本支出，包括人员工资及公务费支出。

2001年共支出434.86万元，其中基本支出411.79万元，专项支出23.07万元。主要用于森林防火支出。

2002年共支出203.12万元，全部为本部门基本支出，包括人员工资及公务费支出。

2003年共支出212.69万元，全部为本部门基本支出，包括人员工资及公务费支出。

2004年共支出384.04万元，全部为本部门基本支出，包括人员工资及公务费支出。

2005年共支出643.88万元，全部为本部门基本支出，包括人员工资及公务费支出。

2006年共支出522.80万元，其中基本支出520.16万元，专项支出2.64万元，主要用于石油价格改革财政补贴支出。

2007年共支出1055.43万元，其中基本支出955.43万元，专项支出100万元，主要用于森林防火支出。

2008年共支出1264.15万元，其中基本支出1064.15万元，专项支出200万元，主要是用于森林培育、森林植被恢复、林业防灾救灾、自然保护区补助项目。

2009年共支出1586.54万元，其中基本支出1186.54万元，专项支出400万元，主要是用于森林培育、森林植被恢复、林业防灾救灾、自然保护区补助项目。

2010年共支出1943.89万元，其中基本支出1269.89万元，专项支出674万元，主要用于森林防火专项支出。

2011年共支出1743.04万元，其中基本支出1658.04万元，专项支出85万元，主要用于森林防火专项支出。

2012年共支出1721.63万元，其中基本支出1716.63万元，专项支出5万元，主要用于草原植被恢复费安排的支出。

2013年共支出1655.74万元，其中基本支出1595.74万元，专项支出60万元，主要是用于动植物保护补助支出。

2014年共支出1907.69万元，其中基本支出1699.69万元，专项支出208万元，主要是用于森林植被恢复费安排的支出、公益林管护区公共管护、自然保护区补助项目。

2015年共支出2403.68万元，其中基本支出1893.42万元，专项支出510.26万元，主要用于天保、公益林管护区公共管护、森林培育、自然保护区补助项目。

2016年共支出2408.54万元，其中基本支出2010.93万元，专项支出397.62万元，主要用于天保、公益林管护区公共管护、自然保护区补助项目等。

2017年共支出2514.64万元，其中基本支出2009.74万元，专项支出504.90万元，主要用于天保及公益林管护区公共管护、森林培育、环境治理、国有林场改革、自然保护区补助项目等。

2018年共支出2876.93万元，其中基本支出2015.66万元，专项支出861.27万元，主要用于天保及公益林管护区公共管护、森林培育、环境治理、国有林场改革、自然保护区补助项目等。

2019年共支出4129.54万元，其中基本支出1558.09万元，专项支出2571.44万元，主要用于天保及公益林管护区公共管护、森林培育、森林防火、国有林场改革、环境治理、自然保护区补助项目等。

2020 年共支出 3133. 80 万元，其中基本支出 1521. 62 万元，专项支出 1612. 18 万元，主要用于高风险综合治理、天保及公益林管护区公共管护、国家森林公园保护利用、森林培育、森林防火、林相改造、国有林场改革、自然保护区补助项目等。

2021 年共支出 2481 万元，其中基本支出 1599. 80 万元，专项支出 881. 20 万元，主要用于高风险综合治理、天保及公益林管护区公共管护、国家森林公园保护利用、森林培育、森林防火、自然保护区补助项目等。

表 11-8　1992—2021 年支出决算

单位：万元

年份	基本支出	项目支出	支出合计
1992	96. 79	—	96. 79
1993	100. 73	—	100. 73
1994	143. 82	2. 00	145. 82
1995	141. 78	—	141. 78
1996	164. 65	6. 60	171. 25
1997	185. 15	6. 50	191. 65
1998	202. 17	2. 60	204. 77
1999	179. 40	5. 00	184. 40
2000	212. 04	—	212. 04
2001	411. 79	23. 07	434. 86
2002	203. 12	—	203. 12
2003	212. 69	—	212. 69
2004	384. 04	—	384. 04
2005	643. 88	—	643. 88
2006	520. 16	2. 64	522. 80
2007	955. 43	100. 00	1055. 43
2008	1064. 15	200. 00	1264. 15
2009	1186. 54	400. 00	1586. 54
2010	1269. 89	674. 00	1943. 89
2011	1658. 04	85. 00	1743. 04
2012	1716. 63	5. 00	1721. 63
2013	1595. 74	60. 00	1655. 74
2014	1699. 69	208. 00	1907. 69
2015	1893. 42	510. 26	2403. 68
2016	2010. 93	397. 62	2408. 54
2017	2009. 74	504. 90	2514. 64

（续表）

年份	基本支出	项目支出	支出合计
2018	2015.66	861.27	2876.93
2019	1558.09	2571.44	4129.54
2020	1521.62	1612.18	3133.80
2021	1599.81	881.20	2481.00
合计	27557.58	9119.28	36676.86

三、财务审计

1992—2021年各级部门各类审计包括本单位费用列支情况，专项资金使用情况，财务收支、上缴、截留、利润情况，核查财务账表、账账、账实是否相符，检查会计工作规范化工作；审计基本建设程序，有无违反基本建设管理规定，搞计划外工程；审计向基层摊派费用，将本级支出转移到下级单位情况；设置“小金库”情况，检查出租、出借银行账号情况，检查多头开户，公款私存情况；检查“账外账”情况，审计化公为私、低价变卖和转移固定资产情况；审计流动资金使用情况，审计乱发“奖金、红包”现象，检查非法占用国家资产情况，检查其他财务日常支出不合理情况，检查公款吃喝、公款送礼情况，接受审计和监督，确保资金分配合理，各项收支真实、可靠。共收到9份审计报告：

《阿拉善左旗审计局关于贺兰山森林防火基础建设项目的审计报告》；

《阿拉善左旗审计局关于马振山同志任职期间经济责任的审计报告》；

《阿拉善银兴会计师事务所关于资产清查专项的审计报告》；

《阿拉善左旗审计局关于内蒙古阿拉善盟重点火险区综合治理项目（贺兰山项目区）的审计报告》；

《阿拉善左旗审计局关于徐世华同志任职期间经济责任的审计报告》；

《阿拉善左旗审计局关于陈立杰同志任职期间经济责任的审计报告》；

《阿拉善左旗审计局关于内蒙古贺兰山南寺森林防火监控系统建设项目资金的审计报告》；

《阿拉善左旗审计局关于贺兰山国家级自然保护区三期建设工程专项资金的审计决定》；

《阿拉善左旗审计局关于贺兰山国家级自然保护区三期建设工程专项资金的审计》。

第二节　林业统计

一、林业统计管理办法

依据《中华人民共和国统计法》《中华人民共和国统计法实施细则》，国家林业局于2005年印发《林业统计管理办法》，明确从事林业统计调查、统计分析，提供林业统计资料和统计咨询意见，进行林业统计监督等活动的要求、规范及责任。

二、林业重点工程完成情况

2008—2010年保护区三期建设工程实施，2018年通过竣工验收。

2009—2021年按照天然林资源保护工程二期实施方案，逐年实施。

2010—2021 年按照中央财政森林生态补偿效益基金管理办法，逐年实施。

2008—2020 年内蒙古阿拉善盟森林火灾高风险区综合治理项目按方案实施，并于 2021 年 10 月竣工验收。

2018—2022 年国家森林公园项目按方案实施，并于 2022 年全部完成。

三、从业人员和劳动报酬

1992—2021 年决算报表（表 11-9）。

表 11-9　1992—2021 年决算报表——人员信息统计

年度	总人员/人	在编在岗/人	离休/人	退休/人	财政供养人员/人	遗属/人	在职年工资/元	在职年平均年工资/元
1992	309	257	3	49	—	—	386425.43	1503.60
1993	313	252	3	58	—	—	337321.49	1338.58
1994	309	239	4	66	—	—	781663.23	3270.56
1995	304	226	3	75	—	—	691538.35	3059.90
1996	302	212	3	87	—	—	545895.86	2574.98
1997	301	208	2	91	—	—	523624.47	2517.43
1998	301	203	3	95	—	—	684576.19	3372.30
1999	292	194	3	95	—	—	586876.29	3025.14
2000	300	194	3	103	—	—	719083.24	3706.61
2001	296	182	3	111	—	—	164163.01	846.20
2002	127	126	1	社保发	—	—	969500.80	7128.68
2003	137	136	1	社保发	—	—	1204086.33	9556.24
2004	253	125	1	126	1	—	1927633.00	15421.06
2005	298	162	1	129	6	—	2901142.02	17908.28
2006	300	166	1	127	6	—	2818142.16	16976.76
2007	268	123	1	129	15	—	3864459.51	31418.37
2008	263	129	1	125	8	—	3261761.13	25284.97
2009	254	127	1	121	5	—	3781530.41	29775.83
2010	258	95	1	116	46	—	5635989.00	59326.20
2011	257	93	1	116	47	—	7186803.78	77277.46
2012	228	93	1	114	20	—	8028822.99	86331.43
2013	211	97	1	113	—	—	7522654.58	77553.14
2014	250	97	1	109	43	—	8801093.24	90732.92
2015	270	98	1	109	44	18	10465939.40	106795.30
2016	265	96	1	107	46	15	10923774.72	113789.32
2017	259	86	—	113	46	14	10881421.76	126528.16

（续表）

年度	总人员/人	在编在岗/人	离休/人	退休/人	财政供养人员/人	遗属/人	在职年工资/元	在职年平均年工资/元
2018	283	87	—	115	68	13	14023135.02	161185.46
2019	215	87	—	116	—	12	13811071.65	158747.95
2020	264	89	—	114	49	12	14169012.71	159202.39
2021	299	97	—	116	75	11	14530281.84	149796.72

四、林业固定资产

1992—2021年固定资产统计表（表11-10）。

表11-10　1992—2021年固定资产统计　　单位：万元

年度	年末余额
1992	119.02
1993	119.76
1994	120.52
1995	128.17
1996	144.47
1997	190.02
1998	218.97
1999	224.64
2000	216.82
2001	216.82
2002	303.99
2003	417.59
2004	410.38
2005	443.58
2006	446.62
2007	512.62
2008	582.08
2009	615.64
2010	552.76
2011	501.40
2012	501.40
2013	287.58
2014	1391.31

（续表）

年度	年末余额
2015	1433.21
2016	1452.78
2017	2124.09
2018	2345.41
2019	3564.77
2020	4218.45
2021	5241.25

第三节　财务管理制度

1992—2002 年，贺兰山管理局为企业化经营，差额补助拨款事业单位。实行“以林为主、多种经营”的经营管理模式，创办的劳动服务公司、木材加工厂、木材厂、鹿场实行自主经营，自负盈亏，地毯厂属阿左旗地毯厂加工点，以计件发工资；北寺旅游区及各中心管理站实行自收自支管理，采取“核定收支、包干补贴、节余留用、超亏不补”的办法，实行财务包干，自负盈亏。

2002 年阿左旗国有林场改革，贺兰山林场由差额拨款事业单位转为全额拨款事业单位。各管理站实行报账制财务管理。

贺兰山管理局会计核算根据《财政部关于贯彻实施政府会计准则制度的通知》（财会〔2018〕21 号）精神，自 2019 年 1 月 1 日起，政府会计准则制度正式施行，财务核算具备财务会计与预算会计双重功能，全面、清晰地反映单位财务信息和预算执行信息。贺兰山管理局同步实现财务会计与预算会计适度分离并相互衔接，财务会计核算实行权责发生制，预算会计核算实行收付实现制，利用全区一张网预算服务平台开展会计核算并存储会计信息。

根据《中华人民共和国会计法》《中华人民共和国预算法》《财政部关于贯彻实施政府会计准则制度的通知》要求，结合贺兰山保护区工作实际，制定财务管理制度，进行会计核算，保证会计信息质量。

一、管理原则

坚持预算控制、专项专管、事前审批的原则。

严格执行集体领导与个人分工相结合的财务审批原则，对重大财务问题和大额度资金使用事项，一律按照“三重一大”议事原则执行。

二、管理机制

贺兰山管理局负责对局机关及各管理站的财务进行统一领导，规划财务科负责全局的财务预算、收支、审核、报销等管理工作，并对各管理站的财务进行稽查和审计。

三、管理范围

负责贺兰山保护区各类资金、经费的预算和决算管理，收入和支出管理，财务分析和监督管理。

（一）收入管理

（1）各项收入（包括本级财政补助收入、上级补助收入、项目经费、预算外收入及其他收入）都要全部纳入单位财务账户，统一核算，统一管理，严禁账外设账和私设小金库。其中，项目资金管理严格执行“三专一封闭”制度，做到专款专用、专户管理、封闭运行。

（2）非税收入和国有资产有偿使用收入，严格按照国家财经纪律进行收支两条线管理，应纳入预算管理的，要及时上缴国库，并严格执行国库集中支付。

（二）支出管理

各项财务支出严格执行限额审批和会签制度。在办理具体财务支出手续时，须经办人、分管科室（管理站）负责人、规划财务负责人在经费支出审批单上签字后，按下列权限审批：一次性支出在1万元以下的，由分管财务副局长审批支付；1万元以上支出（除常规性支出项目），由局领导班子研究，并由分管财务副局长会签支付；各管理站单项支出在5000元以上的（除常规性支出），报领导班子上会研究同意后方可支付，一月一报账，报账时间为当月25日至次月5日。

1. 公用经费支出

（1）会议费。召开（参加）各种会议要本着精简、高效、节约、务实的原则，控制会期、出席（参加）人数和费用支出。

①以局名义举办的各类会议（含培训、讲座、学习、考察等），应根据工作需要确定参会人数和时间，下发会议通知，并按照年度预算项目支出定额标准，制定会议经费预算，经规划财务科审核，送分管领导审签报局长审批后执行。其中，会议期间若必须安排会议用餐，一律安排工作餐，均以地方菜、家常菜为主，不安排高档菜肴，不安排酒水。

②参加局外召开的各种会议，要严格按会议通知的要求掌握参会人数，除会议指定人员外，均不得增加随带参会人员。

③会议费用报销时，应以会议通知、文件以及参会人数等作为报销有关费用的依据。

（2）差旅费。严格按照《阿左旗本级党政机关公务接待管理办法》（阿左党办发〔2014〕116号）文件执行。

①工作人员旗内下乡或旗外出差（不参加无实质内容、无明确公务任务的学习培训交流、参观考察等差旅活动和任何变相旅游），必须经分管领导批准、主要领导同意后方可实施，并严格控制人数和时间。

②工作人员旗内下乡或旗外出差伙食补助按财务规定标准报销，此外不再报销任何餐费。

③工作人员下乡出差住宿一律住标准间，标准为盟内280元/天、盟外310~350元（对于住宿价格季节性变化明显的城市，标准上浮比例，按财政部另行发布的标准执行）。

④工作人员旗外出差城市间交通费用标准为：乘坐火车硬席（硬座、硬卧），高铁动车二等座，全列软席列车二等软座；乘坐轮船二等舱；乘坐飞机经济舱，其他交通工具凭据报销。市内交通费用标准为盟外80元/（人·天），盟内旗外60元/（人·天），旗内出差40元/（人·天）。

注：工作人员旗内下乡可携带公务用车，旗外出差原则上乘坐班车、火车或飞机，特殊或紧急情况下需带公车的，不再报销市内交通费补助。工作下乡或出差原则上不予租车，特殊情况经请示主要领导同意后方可租车。

⑤工作人员外出学习、培训、参加会议等所需经费报销必须附主办单位通知文件，并经领导审批，报销内容主要由交通费（车、船、飞机等）和住宿费（培训费、会议费等作单独列支）组成。出差期间，非因工作需要发生的支出费用等，均由个人自理。

⑥工作人员出差返回单位一周内报销差费，特殊情况可适当延长，但最长不得超过10个工作日，过期责任自负。司机驾驶人员的差费（含下乡补助）、油料费、停车费、过路费等随报随销，不能以任何理由拖延。

⑦工作人员在报销差旅费时，应先填写差旅费报销单，由财务室初审签字，分管财务局长核签，会计核算中心复审核签后，财务人员方可办理付款手续。

（3）办公用品费。局综合办公室应定期将采购的办公用品和设备费用汇总后，报分管副局长和局长审核后，转规划财务科结算报销。

（4）接待费。局综合办公室应定期将正常的公务接待费用汇总后，报分管副局长和局长审核后，转规划财务科结算报销。所有接待费报销，都必须“两单一票”（审批单、菜单、正式发票）齐全，由综合办公室审核，分管局长审签后支出。

（5）车辆燃油及维修费。局综合办公室应定期将车辆燃油及修理费用汇总后，报分管副局长和局长审核后，转规划财务科结算报销。

（6）报纸杂志征订费。根据上级指令性任务安排，由综合办公室统一征订，转规划财务科报销。

2. 项目资金支出

贺兰山保护区项目资金支出必须按照《财政部、国家林业局林业生态工程建设资金管理办法》《中央财政林业补助资金管理办法》等相关规划执行。在资金使用时，应根据具体的项目实施方案和作业设计，由局领导班子讨论决定开支。在实际拨付时，须提供中标通知书、项目施工合同等真实、合法、有效票据。所有项目资金支出均由规划财务室初审，然后由分管副局长核签后拨付。

（三）资产管理

（1）大额办公用品和固定资产购置，需报“三重一大”会议研究后，严格按照政府集中采购目录所确定的采购范围，实行采购。局综合办公室统一管理各项财产，规划财务科相应建立管理账卡，其中对报损、报废、调出、变卖以及增加或减少的财产，应按权限报批核销。

（2）低值易耗品和材料购置，要做好登记入账工作，做到账实相符。各科室领用时，领用人员必须履行登记手续，年终汇总对账。

（3）为确保财产物资在储备、使用过程中安全无损，要经常地、不定期地抽查盘点，并进行必要的监督检查，做出详细记录。财产物资的清查核对要由局综合办公室牵头，会同规划财务科对财产认真组织盘点，并做好盘点后的对账工作。

①财产清查包括固定资产清查以及债权债务的清查（一年一次）。清查方式采用定期清查和不定期清查，定期清查每年6月进行；在发生意外事故、自然灾害损失的情况下进行不定期清查，通过清查使账实相符，保证资产的安全、完整。

②债权债务的清查，对所有往来款项，要加强结算、核对、清理。半年内还没有收到的，必须发函、发信或组织专人催收，防止发生坏账。

③固定资产清查每年6月进行一次，并与明细分类账、固定资产卡片账相核对。发生盘盈、盘亏，要及时处理，保证账实相符，同时，要对在职干部离任时进行资产核对。

（四）账户管理

（1）贺兰山管理局除财政允许设立基本户、零余额户、财政专项专户，工会允许在银行开设账户外，其余均不得开户，已经开户的要清理销户。

（2）工作人员在发生会议费、招待费、交通费、差旅费以及购买办公用品等公务支付活动时，原则上一律使用公务卡结算。

（3）工作人员使用公务卡消费结算的各项公务开支，务必在公务卡还款期到期10天前，按规定程序到财务室办理报账手续，逾期造成的罚息等相关费用，由个人承担。

（五）档案管理

财务人员做好财务档案登记、管理、整理，按时装订会计凭证，按规定要求盖章、审核，对所有凭证、账簿、报表、银行对账单、收据及发票加以分类归档。财务档案的装订整理要符合会计装订整理规则。同时按照《中华人民共和国会计法》建立会计档案的保管、查阅和销毁管理制度，保证会计档案妥善保管，有序存放，方便查阅，严防毁损和散失。坚持财务档案保密性和严肃性。单位保存的会计档案不得借出，如有特殊需要，经本单位负责人批准，可以提供查阅或者复制。

四、财务监督

定期对全局资金运用、财产物资使用管理情况进行分析，了解和掌握财务收支变化情况，为财务决策提供依据。

每季度公布“三公”及经费执行情况，接受干部职工监督，接受盟、旗纪检监察和审计部门的监督、检查。

第十二章　机关建设

第一节　组织建设

一、党组织机构

（一）1979 年 10 月贺兰山林场党总支成立

下设腰坝农场、哈拉乌营林区、水磨沟营林区、直属机关 4 个党支部。

党总支书记：祁生林（1979 年 10 月—1984 年 1 月）

潘竟魁（1984 年 1 月—1987 年 8 月）

副　书　记：闫玉山（1979 年 10 月—1988 年 6 月）

委　　　员：王以习（1979 年 10 月—1988 年 6 月）

贾玉良（1979 年 10 月—1988 年 6 月）

黄大仁（1979 年 10 月—1988 年 6 月）

腰坝农场党支部书记：曹长明（1979 年 10 月—1988 年 6 月）

哈拉乌营林区党支部书记：贾玉良（1979 年 10 月—1988 年 6 月）

水磨沟营林区党支部书记：潘竟合（1979 年 10 月—1988 年 6 月）

直属机关党支部书记：王以习（1979 年 10 月—1985 年）

（二）1988 年 6 月贺兰山林场党总支更名为贺兰山林场党支部

书　记：祁生林（1988 年 6 月—1992 年 3 月）

副书记：巴图布音（蒙古族，1992 年 9 月—1993 年 12 月）

委　员：巴图布音（蒙古族，1988 年 6 月—1992 年 3 月）

黄大仁（1988 年 6 月—1992 年 3 月）

（三）1994 年 1 月贺兰山林场党支部更名为贺兰山管理局党支部

书　记：马振山（回族，1994 年 1 月—2006 年 9 月）

杨生宝（2008 年 1 月—2009 年 12 月）

副书记：巴图布音（蒙古族，1994 年 1 月—1993 年 12 月）

陈章太（1997 年 6 月—2006 年 12 月）

田春和（2004 年 8 月—2007 年 9 月）

陶苏孟高（2007 年 9 月—2010 年 6 月）

委　员：张保儒（1994 年 1 月—1997 年 6 月）

马生林（1994 年 1 月—2006 年 12 月）

赵登海（1997 年 6 月—2006 年 12 月）

孙　萍（2004年8月—2010年6月）

（四）2010年6月4日改选成立贺兰山管理局党总支

副书记：陶苏孟高（蒙古族，2010年6月—2011年12月）

委　员：孙　萍（组织委员，2010年6月—2011年12月）

李　泽（宣传委员，2010年6月—2011年12月）

潘存忠（纪检委员，2010年6月—2011年12月）

（五）2011年12月14日贺兰山管理局党总支，下设6个党支部

党总支书记：陶苏孟高（蒙古族，2011年12月—2015年5月）

党总支副书记：孙　萍（2011年12月—2015年5月）

委　员：梁来柁（2012年10月—2013年5月）

汤玉荣（2013年5月—2017年5月）

1. 机关党支部

书　记：孙　萍（2011年12月—2013年5月）

副书记：杨云天（2011年12月—2013年5月）

委　员：周兴强（组织委员，2011年12月—2013年5月）

苏　云（宣传委员，2011年12月—2013年5月）

2. 森林公安局党支部

书　记：张忠永（2011年12月—2013年5月）

委　员：王永文（组织委员，2011年12月—2013年5月）

李建东（宣传委员，2011年12月—2013年5月）

3. 古拉本中心管理站党支部

书　记：王继明（2011年12月—2013年5月）

委　员：赵登治（组织委员，2011年12月—2013年5月）

付成忠（宣传委员，2011年12月—2013年5月）

4. 水磨沟中心管理站党支部

书　记：刘忠元（2011年12月—2013年5月）

委　员：赵才旭（组织委员，2011年12月—2013年5月）

5. 哈拉乌中心管理站党支部

书　记：王继平（2011年12月—2013年5月）

委　员：陈忠来（组织委员，2011年12月—2013年5月）

6. 腰坝中心管理站党支部

书　记：李　泽（2011年12月—2013年5月）

（六）2013年6月党总支下设各党支部改选

1. 机关党支部

书　记：汤玉荣（2013年6月—2015年5月）

委　员：周兴强（组织委员，2013年6月—2015年5月）

苏　云（宣传委员，2013年6月—2015年5月）

2. 森林公安局党支部

书　记：张忠永（2013年6月—2015年5月）

委　员：图门巴雅尔（组织委员，2013年6月—2015年5月）

何荣华（宣传委员，2013年6月—2015年5月）

3. 古拉本管理站党支部
书　记：何立明（2013 年 6 月—2016 年 4 月）
委　员：赵登治（组织委员，2013 年 6 月—2016 年 4 月）
　　　　李克荣（宣传委员，2013 年 6 月—2016 年 4 月）
4. 水磨沟管理站党支部
书　记：刘忠元（2013 年 6 月—2015 年 5 月）
委　员：张　鹏（组织委员，2013 年 6 月—2015 年 5 月）
　　　　李　泽（宣传委员，2013 年 6 月—2015 年 5 月）
5. 哈拉乌管理站党支部
书　记：王继平（2013 年 6 月—2016 年 4 月）
委　员：李克林（组织委员，2013 年 6 月—2016 年 4 月）
　　　　刘文西（宣传委员，2013 年 6 月—2016 年 4 月）
6. 腰坝管理站党支部
书　记：付成忠（2013 年 6 月—2013 年 10 月）
委　员：王继明（组织委员，2013 年 6 月—2016 年 4 月）
　　　　马　锐（宣传委员，2013 年 6 月—2016 年 4 月）
7. 南寺管理站党支部（2013 年 10 月成立）
书　记：付成忠（2013 年 10 月—2016 年 4 月）
委　员：李书平（组织委员，2013 年 10 月—2016 年 4 月）
（七）2015 年 5 月 6 日党总支改选
书　记：陶苏孟高（蒙古族，2015 年 5 月—2018 年 6 月）
委　员：孙　萍（组织委员，2015 年 5 月—2018 年 6 月）
　　　　汤玉荣（宣传委员，2015 年 5 月—2017 年 5 月）
　　　　李世涛（纪检委员，2015 年 5 月—2016 年 5 月）
（八）2016 年 4 月各党支部改选
南寺管理站党支部书记：额日德木图
腰坝管理站党支部书记：王继明
哈拉乌管理站党支部书记：苏云
水磨沟管理站党支部书记：梁金林
古拉本管理站党支部书记：李克荣
北寺管理站党支部书记：汤玉荣
2016 年 5 月增补娜荷芽为机关支部委员
2017 年 5 月增补额尔登为党总支委员
（九）2018 年 6 月选举成立贺兰山管理局机关党委
书　记：张宝军（2018 年 6 月—2020 年 5 月）
副书记：金廷文（2018 年 6 月—2020 年 5 月）
委　员：张忠永（2018 年 6 月—2020 年 5 月）
　　　　梁金林（2018 年 6 月—2020 年 5 月）
　　　　娜荷芽（蒙古族，2018 年 6 月—2020 年 5 月）
1. 贺兰山管理局机关党支部
书　记：张宝军（2018 年 6 月—2020 年 5 月）
委　员：李　扬（2018 年 6 月—2020 年 5 月）

娜荷芽（蒙古族，2018 年 6 月—2020 年 5 月）

2. 森林公安局党支部

书　记：张忠永（2018 年 6 月—2020 年 5 月）

委　员：魏雪功（2018 年 6 月—2020 年 5 月）

何荣华（2018 年 6 月—2020 年 5 月）

3. 古拉本工作站党支部

书　记：周　磊（2018 年 6 月—2020 年 5 月）

委　员：李书平（2018 年 6 月—2020 年 5 月）

李建东（2018 年 6 月—2020 年 5 月）

4. 北寺工作站党支部

书　记：梁金林（2018 年 6 月—2020 年 5 月）

委　员：张文军（2018 年 6 月—2020 年 5 月）

翁　勇（2018 年 6 月—2020 年 5 月）

5. 哈拉乌工作站党支部

书　记：李　东（2018 年 6 月—2020 年 5 月）

委　员：付成忠（2018 年 6 月—2020 年 5 月）

陈忠来（2018 年 6 月—2020 年 5 月）

6. 南寺工作站党支部

书　记：王继明（2018 年 6 月—2020 年 5 月）

委　员：顾苏和（2018 年 6 月—2020 年 5 月）

许多会（2018 年 6 月—2020 年 5 月）

（十）2020 年 5 月选举成立贺兰山管理局党支部

书　记：孙　萍（2020 年 5 月—2021 年 12 月）

副书记：金廷文（2020 年 5 月—2021 年 12 月）

委　员：娜荷芽（组织委员，2020 年 5 月—2021 年 12 月）

李婧妍（宣传委员，2020 年 5 月—2021 年 6 月）

阿丽玛（宣传委员，2021 年 6 月—2021 年 12 月）

王　亮（纪检委员，2020 年 5 月—2021 年 12 月）

（十一）2021 年 12 月改选贺兰山管理局党支部

书　记：任　侠（2021 年 12 月—）

副书记：张馨月（2021 年 12 月—）

委　员：阿丽玛（组织委员，2021 年 12 月—）

汪佳佳（宣传委员，2021 年 12 月—）

王景民（纪检委员，2021 年 12 月—）

（十二）发展党员情况

1994—2000 年发展党员 12 人；2001—2005 年发展党员 3 人；2006—2010 年发展党员 15 人；2011—2015 年发展党员 20 人；2016—2020 年发展党员 5 人，2021 年发展党员 3 人。

二、群团组织机构

（一）工会

1. 第九届工会委员会人员组成情况（2001 年 2 月 16 日）

主　席：王吉瑞

委　员：赵玉山、王晓荣、孙　萍、闫　辉、何立明、陈宝强、赵永文、徐建国
2. 第十届工会委员会人员组成情况（2003 年 3 月 6 日）
主　席：张继武
委　员：赵玉山、王晓荣、孙　萍、闫　辉、何立明、王继明
（1）经费审查委员会。
主任：王继明
委　员：张淑霞、任振强
（2）妇女职工委员会。
主任：闫　辉
委　员：丁慧萍、赵玉兰
3. 第十一届工会委员会人员组成情况（2006 年 1 月 16 日）
主　席：张继武
委　员：赵玉山、王晓荣、孙　萍、何立明
（1）经费审查委员会。
主任：王继明
委　员：张淑霞、任振强
（2）妇女职工委员会。
主任：闫　辉
委　员：丁慧萍、赵玉兰
4. 第十二届工会委员会人员组成情况（2009 年 1 月 23 日）
主　席：孙　萍
委　员：梁来柁、何立明、李　泽、王继明、李克林、赵玉兰
经费审查委员会。
主任：梁来柁
委　员：张淑霞、刘红梅
5. 第十三届工会委员会人员组成情况（2017 年 8 月 31 日）
主　席：多海英
委　员：付成忠、张文军、顾自栋、王　亮
（1）经费审查委员会。
主任：任振强
委　员：李克林、梁金林
（2）妇女职工委员会。
主任：多海英
委　员：袁丽丽、李云霞
（3）劳动保护监督检查委员会。
委　员：张文军、顾自栋
6. 第十四届工会委员会人员组成情况（2022 年 8 月 31 日）
主　席：代　瑞
委　员：陶　君、娜荷芽、许　娜、张雅丽、王景民
经费审查委员会：
主　任：多海英
委　员：曲红彬、顾苏和

（二）共青团

1. 1979 年 10 月成立贺兰山林场团总支

下设：哈拉乌营林区和水磨沟营林区 2 个团支部。

团总支书记：徐新民（1979 年 10 月—1988 年 10 月）

委　　员：尹志明（1979 年 10 月—1988 年 10 月）

王继明（1979 年 10 月—1988 年 10 月）

李克林（1979 年 10 月—1988 年 10 月）

（1）哈拉乌营林区团支部。

书　记：尹志明

（2）水磨沟营林区团支部。

书　记：王继明

2. 1988 年 10 月贺兰山林场团总支换届选举

委　员：武玉宝（1988 年 10 月—1998 年）

王继明（1988 年 10 月—1998 年）

李建东（1988 年 10 月—1998 年）

3. 1997 年贺兰山管理局团总支改为贺兰山管理局团支部，1998 年贺兰山管理局团支部换届选举

书　记：孙　萍（1998 年—2007 年 3 月）

委　员：贾艳梅（1998 年—2007 年 3 月）

胡成业（1998 年—2007 年 3 月）

苏　云（1998 年—2007 年 3 月）

4. 2007 年 3 月贺兰山管理局团支部换届选举

书　记：孙　萍

委　员：周兴强、张秋菊

第二节　政治思想建设

一、“三讲”教育活动

2000 年，根据中央、内蒙古自治区党委和阿拉善盟委（以下简称盟委）、阿拉善左旗旗委（以下简称旗委）统一安排部署，结合实际，制定《贺兰山管理局领导班子和领导干部“三讲”教育实施方案》，成立工作领导小组。从 3 月 14 日开始，到 5 月 18 日结束，开展为期 2 个月的“三讲”教育活动。从 9 月中旬到 10 月下旬，开展“三讲”教育“回头看”，巩固学习教育成果。“三讲”教育发扬延安整风运动的精神，采取党内批评和自我批评相结合的方式，全体党员干部职工，尤其是领导干部受到一次深刻的党性党风教育。

二、“三个代表”重要思想学习教育活动

2001 年 2 月，制定《贺兰山管理局开展“三个代表”学习教育活动实施方案》，成立工作领导小组。领导班子、干部职工、党员参加学习教育活动。

三、党员先进性教育活动

2005 年 2 月开始，历时一年半，先后开展基层组织集中整顿、党组织和党员“双找”（党组织找党员、党员找组织）活动、“共产党员模范行动”等主题活动。贺兰山管理局以此次先进性教育活动

为契机，强化党的基层组织建设、阵地建设、队伍建设和长效机制建设，建立健全党员教育培训和日常管理、考核相关制度，从制度方面加强基层党组织建设。党员领导干部在教育活动中不断转变作风，解决问题，增长才干，得到锻炼。

四、科学发展观教育活动

2009年4月至2010年2月，根据中央、内蒙古自治区党委和盟委、旗委的统一部署和要求，制定《贺兰山管理局深入学习实践科学发展观学习计划》。按照“党员干部受教育，科学发展上水平，人民群众得实惠”总体要求，开展全面落实科学发展观大讨论活动，完成9个问题整改工作，党员干部特别是领导干部，思想观念、精神面貌、工作作风得到改善。

五、创先争优教育活动

2010年5月至2012年7月，制定《贺兰山管理局创先争优教育活动实施方案》，成立工作领导小组。开展“创先争优”（在党的基层组织和党员中开展创建先进基层党组织、争当优秀共产党员）教育活动，全体党员参加活动，公开承诺、践诺，探索开展党组织“双述双评”（既向上级党委述职又向群众述职、既接受组织评价又接受群众评价）和党员“双评双议”（党员群众测评和党组织考评、党员群众商议和党组织审议）工作，建立健全创先争优活动长效机制。

六、党的群众路线教育实践活动

2013—2014年，按照中央、内蒙古自治区党委和盟委、旗委部署要求，结合实际，制定《贺兰山管理局党的群众路线教育活动实施方案》，成立工作领导小组，组织开展“为民、务实、清廉”群众路线教育实践活动。贺兰山管理局党总支及所属6个党支部30名党员参加，以领导班子和领导干部为重点。教育活动以落实中央八项规定精神和《党政机关厉行节约反对浪费》规定，推行“四大行动”（大学习、大调研、大接访、大落实）、“六大工程”（嘎查扶贫帮困工程、解决临时就业工程、创建平安保护区工程、基层基础设施建设工程、保护区人才强化工程、干部队伍素质提升工程）、“三化五育”（群众工作常态化、规范化、全员化，培育学习型、服务型、创新型、清廉型、和谐型党组织），“千百工程”（千名党员帮千人、百家支部结百对），突出作风建设，贯彻整风精神，坚决反对“四风”，解决人民群众反映强烈突出问题，提高做好新形势下群众工作的能力。

七、“三严三实”专题教育活动

2015年，按照中央、内蒙古自治区党委和盟委、旗委部署要求，结合实际，制定《贺兰山管理局“三严三实”专题教育活动方案》。采取集体学习、专题辅导学习、个人分散自学及座谈讨论交流相结合等多种方式开展学习教育。其中，中心组集体学习12次、集中学习36次，组织业务知识及技能培训班3批，开展专题研讨3次，领导班子成员撰写学习心得体会10篇、调研报告10篇。

八、“两学一做”常态化长效化学习教育活动

2016年，按照中央、内蒙古自治区党委和盟委、旗委部署要求，制定《贺兰山管理局“两学一做”常态化长效化学习教育活动实施方案》，并成立工作领导小组。组织开展“两学一做”常态化长效化学习教育活动，开展“将改革进行到底”专题学习研讨，撰写研讨心得29份。个人查摆问题31条，建立党员公开承诺台账29份。

九、“三带三创”学习型党组织建设

结合党的群众路线教育实践活动，围绕“‘两学一做’学习教育常态化制度化建设”主题，开展

“三带三创”学习型党组织建设。开展专题交流研讨3次，撰写心得体会90余篇，撰写《学习黄大年同志先进事迹》观后感34篇，形成调研报告1篇。

十、“不忘初心、牢记使命”主题教育

2019年5月至2020年，根据中央、内蒙古自治区党委和盟委、旗委部署要求，结合实际，制定《贺兰山管理局“不忘初心、牢记使命”主题教育实施方案》，组织开展“守初心、担使命、找差距、抓落实”为总要求的“不忘初心、牢记使命”主题教育。2019年制定《贺兰山管理局“不忘初心、牢记使命”主题教育实施方案》，9月18日召开动员部署会，组织开展集中学习18次，集中研讨2次，党课宣讲8次，实地参观学习3次，制订个人学习计划65份，人均完成学习笔记2万字以上。召开“不忘初心、牢记使命”专题民主生活会，共查摆班子问题21条，查摆问题全部整改。2020年深化巩固“不忘初心、牢记使命”主题教育成果。总结经验做法，健全学习教育、调查研究、检视问题、整改落实长效机制，开展集中学习70次、主题党日活动32次、领导干部讲党课14次、普通党员讲党课2次、举办专题培训5次。通过学习研讨、基层调研、座谈交流、征求意见形式，查摆班子和领导干部问题69条，完成整改问题69条，切实解决一批事关基层管护站、管护员切身利益问题。

十一、党史学习教育

2021年，根据中央、内蒙古自治区党委和盟委、旗委部署要求，制定《贺兰山管理局党史学习教育实施方案》。召开动员部署会，开展“学习百年党史，汲取奋进力量”知识竞赛暨演讲比赛、“心中的歌唱给党”合唱比赛、“传承红色基因，守护绿水青山”群众性文化活动专场晚会等建党百年系列庆祝活动。每名党员发放学习指定用书152本，开展理论学习中心组学习12次，党支部集中学习57次，举办专题读书班2期，观看红色电影、视频29场次，举办革命传统教育和铸牢中华民族共同体意识教育2场次，警示教育2场次，专题理论测试10次，讲党课7次，专题宣讲活动3次，党史故事分享会10场次，专题流研讨9次，撰写研讨交流材料300篇。开展党史学习教育专题组织生活会，共查摆个人问题211条，提出相互批评意见453条，查摆问题已全部整改完毕。梳理“三问”清单7条、重点民生项目清单6项、为民办实事清单4项、旗处级以上领导重点民生项目清单3项，41名党员建立“承诺践诺”清单，清单完成率100%。“走进贺兰山”微信公众号推送工作动态信息50余篇，专题学习内容70余期。慰问2名生活困难党员、3名优秀工作者和2名社区困难群众。

十二、文体活动

2008年，在阿左旗纪委举办的“迎奥运、颂清风”文艺汇演中表演舞蹈获三等奖。参加百日消夏活动，安全生产活动咨询日活动。6月14日与阿拉善盟城建局举办“保护贺兰山、喜迎奥运会”为主题的联谊宣传活动。8月6日同阿左旗团委联合举办全旗首届“我爱贺兰山”中学生征文比赛。

2009年，与阿左旗人事劳动局联合开展主题为“迎祖国六十华诞、游贺兰环保之行、建和谐美丽家园”内容的活动。

2010年6月27日，阿左旗旗直机关工委、环保局、贺兰山管理局联合主办“热爱阿拉善，保护贺兰山”党员志愿者迎“七一”绿色环保活动，广大党员牢记使命和义务，提高党性修养，锻炼身体，磨炼意志，增强爱党爱国意识，倡导绿色环保低碳生活，积极创建先进基层组织，争当优秀共产党员，充分展示新时代共产党员的新风貌。

2011年5月11日，为庆祝建党90周年，与阿拉善盟林业局、阿拉善盟司法局、阿拉善盟森防站、联合主办“回顾历史、缅怀先烈，红歌唱响、巍巍贺兰”主题活动，使广大党员牢记历史，缅

怀革命先烈，提高党性修养，增强爱党爱国意识，创建先进基层组织，争当优秀共产党员，充分展示新时代共产党员的新风貌。

2012 年，贺兰山管理局党总支开展“庆祝建党 91 周年暨喜迎十八大”主题党日活动。使广大党员牢记使命和义务，提高党性修养，增强爱党爱国意识，倡导绿色环保低碳生活，积极创建先进基层组织，争当优秀共产党员，充分展示新时代共产党员的新风貌。与阿拉善盟党校联合开展“缅怀先烈，庆祝七一”主题活动。12 月 25 日，举行贺兰山管理局迎新年文艺汇演。

2014 年 4 月，参加阿左旗总工会举办的“工人伟大、劳动光荣”全旗职工书法、美术、摄影大赛，1 名职工作品获得优秀奖。7 月，开展“践行群众路线超越自我”攀登贺兰山主峰比赛活动。

2015 年 1 月，举办“美丽贺兰山”职工摄影比赛，收到参赛作品 200 幅，评选出 12 件获奖作品。4 月，按照阿左旗总工会“劳动打造亮丽风景线”主题演讲活动要求，组织开展“劳动打造亮丽风景线”主题演讲活动。5 月，参加阿左旗总工会举办的阿左旗首届“工会杯”职工乒乓球比赛。9 月，组织离退休老干部参加阿左旗老干局重阳节联谊活动。

2016 年 7 月 28 日，举办“保护生态手牵手、生态文明心连心”消夏专场演出。

2017 年，与贺兰山社区开展“庆七一、创文明，迎接内蒙古自治区 70 周年”主题志愿服务活动，对柳树沟辖区进行环境综合治理。组织离退休老干部观看阿左旗“九九重阳节、浓浓敬老情”专场晚会。

2018 年 3 月，组织全体职工参加“书香三八”读书活动。4 月，联合阿左旗图书馆，在哈拉乌管理站建设“阿左旗图书馆贺兰山管理局哈拉乌工作站图书流通点”。9 月，组织参加 2018 年阿拉善旅游文化节及户外徒步大会“助力冬奥，阿拉善在行动”活动。

2019 年 2 月，开展“劳动成就梦想　奋斗创造幸福”主题演讲比赛。3 月，组织参加“书香三八”读书活动，1 名职工在阅读活动比赛中获得第四名。为迎接建党 98 周年、庆祝新中国成立 70 周年，组织开展“森林卫士尖兵”岗位练兵大比武、“林声石音”诗歌散文征文大赛、“超越自我攀登贺兰山最高峰”登山比赛、第三届“美丽贺兰山”职工摄影大赛系列文化活动。

2020 年 3 月，组织全体职工参加“书香三八”读书活动，1 名职工获得全旗阅读活动比赛第一名。9 月，组织参加“2020 抗疫・迎冬奥”，健身休闲马拉松夜跑活动。10 月，组织参加阿左旗总工会书法及摄影比赛，共推选 13 幅摄影作品、2 幅书法作品。

2021 年，为庆祝中国共产党成立 100 周年，组织开展“学习百年党史　汲取奋进力量”党史学习教育知识竞赛、演讲比赛，“传承红色基因　守护绿水青山”群众性文化活动专场晚会系列主题活动，参加“心中的歌唱给党”全旗红歌比赛。

2022 年，开展“五百里迤逦贺兰，三十载奋楫笃行”内蒙古贺兰山国家级自然保护区成立三十周年系列活动。活动内容：第五届“美丽贺兰山”微视频摄影大赛、第二届“林声石音”征文大赛、“守护绿水青山，展示守山风采”岗位“大练兵”活动、“守护绿水青山，展示守山风采”攀登主峰活动、“守护绿水青山，展示守山风采”职工趣味运动会、“林场职工讲林场”主题宣讲活动、贺兰山国家级自然保护区成立 30 周年主题文艺演出。

十三、关爱职工

组织开展春节慰问离退休职工、老党员及老干部；开展看望慰问生病、病逝干部职工；开展春、秋季森林防火期及春节慰问基层一线护林员活动；2017—2021 年，为职工购买重大疾病保险和意外伤害保险。

第三节　作风建设

2000年，贺兰山管理局开展党风廉政建设集中整顿，重点自查公款吃喝，请客送礼情况；预算外资金管理情况；小汽车使用情况；庆典活动情况；移动电话管理使用情况；公费旅游情况；建筑工程招投标情况。学习《中国共产党纪律处分条例》《中国共产党党员领导干部廉洁从政若干准则》《警示教育读本》并认真对照检查，对检查出的问题认真整改。组织党员参加旗直机关党委、党校党员培训班。

2001年，开展廉政勤政集中教育活动，以抓领导干部廉政勤政为切入点，以转变机关干部工作作风为落脚点，以促进全局经济发展为根本目的，全面贯彻落实党风廉政建设责任制，增强领导干部反腐倡廉，拒腐防变的能力，广大党员干部树立全心全意为人民服务的思想，提高工作质量和办事效率。组织参加建党80周年知识竞赛。

2004年，学习贯彻《中国共产党党内监督条例（试行）》《中国共产党纪律处分条例》的具体规定。组织观看全国党内法规知识竞赛决赛实况。

2005年，组织全体党员、干部职工开展先进性教育活动。

2006年，组织开展"学党章、用党章"知识竞答活动。参加全旗"八荣八耻"歌咏比赛。

2007年，结合"干部素质教育年""党员模范行动年"活动，制定《贺兰山管理局"干部素质教育年"活动方案》。开展先进典型和案例警示教育。落实《建立健全教育、制度、监督并重的惩治和预防腐败体系实施纲要》，开展廉政文化进社区、进家庭、进学校、进企业、进农村牧区、进机关活动，营造以廉为荣、以贪为耻的良好氛围。内抓管理、外树形象，形成整体合力，确保党风廉政建设取得新成效。

2008年，结合"机关效能建设年""支部建设年"活动开展，成立"机关效能建设"活动领导小组，组织开展机关大学习、大讨论活动。召开座谈会，每位党员干部开展自查，针对单位和个人存在的突出问题，制定整改措施，加以整改。

2009年，按照"立足教育、着眼防范、突出主题、务求实效"要求，有重点、全方位、多层次地开展党风廉政建设宣传教育活动，营造风清气正的良好氛围。完善教育、制度、监督并重的惩治和预防腐败体系的各项制度。对规章制度进行清理，结合实际修订完善《防扑火设备管理办法》《中心管理站站长及护林员岗位职责和考核办法》，修订和完善"首问责任制"等13项机关效能建设制度。组织全局副科以上领导参加阿左旗廉政诗歌朗诵、廉政歌曲演唱、廉政宣誓和倡廉签名活动。

2010年，按盟委、旗委统一安排部署，结合"创先争优"活动，开展党风廉政建设主体宣传教育活动。制作"管护站工作监督栏""管理局收费公示栏"。成立政务公开领导小组，每半年对政务公开制度的实施情况进行检查。

2011年，做好廉政风险工作，制定《贺兰山管理局关于开展廉政风险防范管理工作实施方案》，确定廉政风险防范管理工作流程，在全局范围内开展廉政风险点查找活动，共查找风险点1076个，制定防范措施1113个。共涉及6个科室、5个中心管理站，92个岗位。其中，制度机制风险103个、防范措施113个、个人的岗位职责风险350个、防范措施355个、个人思想道德风险287个、防范措施296个、业务流程风险209个、防范措施219个、外部环境风险127个、防范措施130个。

2012年，制定《贺兰山管理局2008—2012年惩治和预防腐败体系工作方案》，修改完善廉政建设等相关制度27个。开展警示教育活动；开展廉政文化进机关活动，完成廉政文化"八个一"建设工作；开展"读廉书、思廉政、促廉洁"为内容的"读书思廉"教育活动。

2013 年，围绕加强党的执政能力建设，深入开展廉政文化进机关活动，开展纠风工作。按照“谁主管、谁负责”的原则，制定纠风责任制，进一步完善和规范政务公开形式，规范项目资金使用程序，增强项目资金关键环节监管管理，办结阿拉善民心网转办群众诉求 2 件。

2014 年，贯彻落实盟委、旗委关于党风廉政建设和反腐败工作的总体部署，结合党的群众路线教育实践活动，开展为群众办实事工作。将廉政文化进机关同学习型党组织、服务型机关有机结合，要求每名党员读一本好书。

2015 年，结合“三严三实”专题教育，开展“党纪条规教育年”活动。采取集中学习、个人自学、警示教育、现场观摩等方式，深入推进党风廉政建设工作。

2016 年，根据阿左旗旗委、政府《关于印发阿拉善左旗纪律作风建设专项整治活动实施方案的通知》（阿左党办发〔2016〕71 号）要求，结合“学党章党规、学系列讲话，做合格党员”学习教育活动，开展纪律作风建设专项整治活动。纠正党员干部职工工作不实、纪律松散、效能低下、行政行为不规范、权力运行不透明和服务水平不高等庸散懒问题。建立问题台账，逐一查找剖析，对发现的问题制定整改措施，建立长效监督机制。全年共开展专题交流讨论 5 次，专项督查 6 次，印发通报 6 期，给予单位、个人通报批评 16 个。

2017 年，根据《阿拉善左旗集中整治“雁过拔毛”式腐败问题工作方案》（阿左党办发〔2017〕19 号），深入辖区工矿企业及牧户居住地进行广泛宣传，发放宣传资料 200 余份。组织专人对 2013—2016 年共 14 个重点建设项目资金管理使用及 292 起林业行政处罚案件进行全面自查。发现存在财务报销、项目资金支付缓慢问题 2 个，完成整改。

2018 年，开展集中整治“雁过拔毛”式腐败问题。制定《贺兰山管理局 2018 年“雁过拔毛”式腐败问题专项整治实施方案》。集中整治工作按照纵向到基层工作站、管护站，横向到各科室的要求，通过整合工作资源，对 2013—2018 年林业涉民工程管理、1597.72 万元补偿资金申报分配及 292 起林政执法案件积极开展自查工作。不存在滥用职权、参与工程管理违规经营、变相取酬、请吃、收受红包贿赂、违规使用资金、乱收乱罚违规违纪问题。

2019 年，开展形式主义、官僚主义及“四官”“新四官”和民生领域专项整治，制定整治工作方案和台账，明确整改时限，开展自查自纠和集中整治活动。适时开展廉政谈话 60 人次，建立干部职工廉政档案登记表，组织开展 1 次纪律作风教育活动，1 次廉政警示教育大会，参观廉政警示教育基地 1 次，观看警示教育片 1 次。

2019—2020 年，开展扫黑除恶专项斗争工作。进行专题学习 6 次，党组书记专题宣讲 1 次。结合保护区环境隐患排查整治，开展重大风险隐患排查和新一轮涉乱问题线索结转排查，共排查梳理贺兰山保护区生态环保领域乱象问题线索 10 个，建立整治台账，制定整改措施和整改时限，全部办结。

2020 年，开展形式主义、官僚主义和“四官”问题等专项整治，开展“清风干部”评定，共评定 79 名“清风干部”。开展警示教育 3 次、纪律作风整顿教育 2 次、参观廉政教育基地 2 次、党员领导干部讲廉政党课 7 次、开展廉政谈话 144 人次、集体廉政谈话 3 次。

2021 年，根据旗委统一部署，开展“4+2”专项整治“回头看”工作和党员教育管理监督、机关党建“灯下黑”专项整治工作。加强对分管领域监督管理，全年召开警示教育会 6 次、观看警示教育片 2 次、参观廉政教育基地 2 次、开展党风廉政谈心谈话 4 次，100 余人次，未发现苗头性、倾向性问题。

第四节　制度建设

贺兰山国家级自然保护区自 1992 年成立以来，以森林防火、资源管理、科研监测、信息宣传为重点，不断建立健全各项工作制度，形成了包括党的建设、财务管理、岗位职责、人员管理、应急预案在内的80多项制度、办法，构建职责明晰、管理规范的责任体系。

1996年2月，制定《贺兰山管理局腰坝农田种植有关事宜的规定》《贺兰山管理局经济实体经营管理暂行规定》。

2002年12月，结合天然林保护工程实施，制定《贺兰山管理局改革实施细则》。

2008年3月，制定《贺兰山管理局学习制度》，规定局机关每周二上午为固定集中学习和自主学习，这一规定一直沿用执行。

2012年，制定《贺兰山管理局中心站、派出所标准化月考核细则》，修订《临时管护员管理办法》及“临时管护员合同书”。

2013年1月，修订《贺兰山管理局中心管理站站长、副站长工作制度》《贺兰山管理局管护站站长工作制度》《贺兰山管理局管护员工作制度》《贺兰山管理局临时管护员管理办法》《贺兰山管理局机关工作人员工作制度》五项制度，内容涵盖森林防火、安全生产、森林资源管理、科研监测及信息宣传。

2014年2月，对《贺兰山管理局工作人员请休假制度》进行细化。

2016年，对《贺兰山管理局机关工作制度》《贺兰山管理局中心管理站站长、副站长工作制度》《贺兰山管理局管护站站长、管护员工作制度》《贺兰山管理局临时管护员管理办法》《贺兰山管理局工作人员请休假制度》五项制度进行重新修订。

2018年，完善《贺兰山自然保护区资源监督管理制度》《贺兰山自然保护区资源巡护管理制度》《天然林保护工程工作制度》管理制度。

2019—2021年，完善《内蒙古贺兰山国家级自然保护区处置一般森林火灾应急预案》《内蒙古贺兰山国家级自然保护区野生动物疫源疫病一般性应急预案》《内蒙古贺兰山国家级自然保护区鼠疫防控一般性应急预案》《内蒙古贺兰山国家级自然保护区林业有害生物防控预案》应急预案。

第五节　档案管理

加强档案管理，将档案按短期、长期、永久进行分类整理。

1959—2010年，共43年127卷2761份长期、永久性档案移交档案史志局保存。其中，永久档案46卷335份、长期档案81卷2426份。

1969—1979年，阿左旗归属宁夏回族自治区，贺兰山前后山合并，期间资料档案由宁夏贺兰山管理局保存。

贺兰山管理局保存1959—2021年共54年各类现行档案17757份，包括部分历史资料及印章。档案内容涉及各类文书、党的建设、信访、普法、人事、财务方面；保存1989—2021年共31年文书档案14915份，其中短期档案11942份、长期档案1502份、永久档案1471份；保存1959—2021年共54年财务档案1595份，其中总账116本、明细账257本、出纳账63本、工资表11年、凭证1089盒、决算报表39套、统计及行业报表20套；保存2011—2021年党建、精神文明、社会综治、信访、普法、宣传等各类档案1216份（表12-1至表12-3）。

表 12-1　1959—2010 年移交档案局保管档案数量汇总

序号	年份	数量/份	
		长期档案	永久档案
1	1959	—	1
2	1961	—	1
3	1962	3	1
4	1963	1	—
5	1964	3	—
6	1969	—	1
7	1970	—	1
8	1971	—	1
9	1974	1	—
10	1976	1	—
11	1978	1	—
12	1979	14	4
13	1980	36	4
14	1981	74	3
15	1982	20	—
16	1983	29	5
17	1984	40	3
18	1985	26	1
19	1986	37	1
20	1987	30	—
21	1988	39	1
22	1989	30	1
23	1990	30	3
24	1991	42	—
25	1992	39	—
26	1993	11	12
27	1994	67	4
28	1995	51	4
29	1996	32	2
30	1997	35	6
31	1998	59	5
32	1999	24	17
33	2000	71	5
34	2001	64	25

（续表）

序号	年份	数量/份	
		长期档案	永久档案
35	2002	66	31
36	2003	102	5
37	2004	24	—
38	2005	81	—
39	2006	126	—
40	2007	134	87
41	2008	232	—
42	2009	559	14
43	2010	192	86
合计	—	2426	335

表 12-2　1989—2021 年现存文书档案汇总

序号	年份	数量/份		
		短期（10 年）	长期（30 年）	永久
1	1989	14	—	—
2	1992	35	—	—
3	1993	16	—	—
4	1994	19	—	—
5	1995	12	—	—
6	1996	60	—	—
7	1997	119	—	—
8	1998	79	—	—
9	1999	172	—	—
10	2000	326	—	—
11	2001	188	—	—
12	2002	243	—	—
13	2003	236	—	—
14	2004	125	—	—
15	2005	140	—	—
16	2006	134	—	—
17	2007	331	—	—
18	2008	103	—	—
19	2009	100	—	—
20	2010	269	—	—

（续表）

序号	年份	数量/份		
		短期（10 年）	长期（30 年）	永久
21	2011	256	100	95
22	2012	322	168	225
23	2013	554	142	74
24	2014	530	193	114
25	2015	813	60	103
26	2016	660	172	97
27	2017	838	180	141
28	2018	1188	246	145
29	2019	1259	100	130
30	2020	1295	16	198
31	2021	1506	125	149
合计	—	11942	1502	1471

表 12-3　1959—2021 年账簿清册统计

年度	总账	明细账（收入、支出、应收、应付等）	出纳账	工资表/盒	凭证/盒	决算报表	统计及行业报表	备注
1959	—	—	—	—	1	—	—	—
1960	—	—	—	—	4	—	—	—
1961	—	—	—	—	3	—	—	—
1962	—	—	—	—	3	—	—	—
1963	—	—	—	—	5	—	—	—
1964	—	—	—	—	2	—	—	—
1965	—	—	—	—	4	—	—	—
1966	—	—	—	—	1	—	—	—
1967	—	—	—	—	1	—	—	—
1968	—	—	—	—	1	—	—	—
1969	—	—	—	—	1	—	—	—
1970	—	—	—	—	2	—	—	—
1980	—	—	—	—	3	—	—	—
1981	1	1	—	—	25	—	—	—
1982	1	3	—	—	36	—	—	—
1983	1	2	—	—	29	—	—	—
1984	1	5	—	—	37	—	—	—

（续表）

年度	总账	明细账（收入、支出、应收、应付等）	出纳账	工资表/盒	凭证/盒	决算报表	统计及行业报表	备注
1985	1	6	—	—	20	—	—	—
1986	1	6	—	—	20	—	—	—
1987		8	—	—	28	—	—	—
1988	1	8	—	—	25	—	—	—
1989	1	5	2	—	18	6	—	—
1990	1	5	2	—	29	1	—	—
1991	1	5	2	—	24	1	—	—
1992	1	8	2	—	22	1	—	—
1993	1	5	2	—	19	1	—	—
1994	1	8	2	—	24	1	—	—
1995	1	8	2	—	16	1	—	—
1996	1	8	2	—	17	1	—	—
1997	1	8	2	—	23	1	—	—
1998	1	8	2	—	27	1	—	—
1999	2	9	2	—	23	—	—	—
2000	2	10	2	—	29	1	—	—
2001	2	5	2	—	36	1	—	—
2002	4	8	2	—	41	1	—	—
2003	3	10	2	—	51	1	—	—
2004	3	13	2	—	48	1	—	—
2005	2	11	2	—	14	1	—	—
2006	2	9	2	—	24	1	—	—
2007	3	6	2	—	16	1	—	—
2008	4	9	2	—	18	1	—	—
2009	4	11	2	—	16	1	—	—
2010	3	10	2	—	17	1	—	—
2011	2	9	2	1	23	1	—	—
2012	3	10	2	1	20	1	—	—
2013	4	15	2	1	20	3	—	—
2014	5	1	1	1	18	1	—	—
2015	6	—	—	1	29	1	5	—
2016	7	—	2	1	30	1	2	—
2017	7	—	2	1	34	1	2	—

（续表）

年度	总账	明细账（收入、支出、应收、应付等）	出纳账	工资表/盒	凭证/盒	决算报表	统计及行业报表	备注
2018	8	—	2	1	28	1	5	—
2019	7	—	2	1	33	1	2	—
2020	7	—	2	1	34	1	2	—
2021	9	4	2	1	48	1	2	—
总计	116	257	63	11	1089	39	20	—

第六节　脱贫攻坚

2002 年，根据阿左旗旗委及阿左旗林业党总支党员扶贫帮困活动实施方案的安排和要求，采取“党员帮”“党员服务区”“党员责任区”多种形式，以“五个一”（即方针政策讲一讲、致富经验传一传、邻里纠纷劝一劝、科学技术带一带、封建迷信管一管）为主要内容活动。帮扶对象包括贺兰山管理局贫困户、特困户、搬迁牧民、特困学生、残疾人、社区特困户和贫困党员。按照“三定三包”（定责任、定目标、定时限，包扶困难、包办实事、包帮发展）要求，开展扶贫帮困。

2004 年，包扶巴彦木仁苏木套海嘎查，协助嘎查村民从事肉牛养殖。向嘎查捐款 0. 3 万元，协调项目出资 2 万元，资助贫困学生 19 人，捐款 0. 57 万元。

2005 年，出资 6 万元，争取外部资金 2 万元，新建巴彦木仁苏木套海嘎查办公室 80 平方米，对嘎查旧办公室进行维修；为 2 名贫困学生提供 2000 元学费和生活费。制定嘎查党建工作实施细则、村民代表会议制度、党员岗位设置、村务公开制度制度上墙。

2007 年，按照《中共阿左旗委组织部、阿左旗民政局关于全旗副科级以上干部对困难户开展“一帮一”援助活动的通知》要求，为巴彦木仁套海嘎查葵花加工厂帮扶资金 1 万元。给予扶贫对象苗俊 300 元现金资助。

2008 年，为巴彦木仁苏木套海嘎查及贫困户投资捐款 1. 3 万元。

2009 年，开展“科学发展、城乡共建一帮一”活动。对巴彦木仁苏木套海嘎查 50 平方米旧办公室进行维修；为嘎查及贫困户捐款 0. 6 万元。

2010 年，对巴彦木仁苏木套海嘎查会议室进行维修；出资 0. 5 万元，帮助套海嘎查发展葵花加工产业项目。

2011 年，出资 2 万元为巴彦木仁苏木套海嘎查购买办公桌、文件柜、电脑、会议桌、椅；出资 1 万元对嘎查办公室门前路面进行硬化。

2012 年，对巴润别立镇巴音朝格图嘎查新农村建设、脱贫致富、支部建设以及扶贫帮困方面进行调研，出资 0. 3 万元慰问部分困难党员、困难家庭。

2013 年，出资 3. 24 万元，为巴润别立镇巴音朝格图嘎查办公院落安装栅栏。

2014 年，出资 3 万元，为巴润别立镇巴音朝格图嘎查办公场所安装空调 3 套。

2015 年，出资 5 万元，为巴润别立镇巴音朝格图嘎查建一眼机井，包含玻璃钢蓄水窖、集装箱水井房，柴油发电机、水泵等设施设备，解决嘎查人畜饮水问题。

2017 年，出资 2 万元，为巴润别立镇巴音朝格图嘎查购买 35 套桌椅，改善组织活动场所；慰问巴音朝格图嘎查和伊和布拉格嘎查贫困户，送价值 1. 82 万元慰问品。

2018—2019 年，帮扶巴润别立镇巴音朝格图嘎查扶贫资金 2 万元。

2020年，开展2020年度扶贫对象动态调整和数据信息采集核查核准工作，整理贫困户档案，确保档案资料、国办系统信息与贫困户实际情况三个一致；联合嘎查两委会为贫困户陶乌兰格日勒解决安全饮水问题；联系结对嘎查、巴润别立镇、旗就业局解决陈呼格吉勒图公益性岗位问题；助力消费贫困户养殖羊1只；组织干部职工购买退伍老兵滞销红薯1000千克，价值1800元。

2021年，开展“干部基层办实事、部门包联惠民生、村企结对促振兴”工作。协助帮扶嘎查开展基层党组织建设工作，巴音朝格图嘎查被评为最强党支部；为嘎查牧民维修牲畜饮水井3口，落实帮扶资金1万元；协助嘎查110人购买防贫保险；开展防致贫返贫动态监测工作，识别严重困难户1户，制定相应帮扶计划。

2022年，贺兰山管理局驻巴音朝格图嘎查村第一书记与嘎查两委，召开巴音朝格图嘎查2022年防止返贫监测帮扶集中排查工作部署会，开展入户排查工作，入户157户437人，其中脱贫户5户11人、严重困难户1户1人、一般农牧户151户425人。

人　物

一、人物简介

全国森林防火先进个人——段志鸿

段志鸿，男，汉族，1965年11月生，中共党员，现任贺兰山管理局党组书记、局长。

段志鸿以强烈的事业心和责任感，认真践行“绿水青山就是金山银山”绿色发展理念，将森林防火作为第一要务抓紧抓好，将责任扛在肩上，严格落实防火目标责任，加大防火宣传教育力度，加强防火基础设施和防扑火队伍建设，加强野外火源管控，建立健全防火制度，有力落实各项防火措施，取得了贺兰山保护区连续73年无较大森林火灾的好成绩，确保了贺兰山天然绿色生态屏障安全稳定。

段志鸿自担任贺兰山管理局局长以来，每年春季森林防火期前组织召开贺兰山保护区安全生产暨森林防火工作安排部署会议，明确防火工作目标，提高思想认识，狠抓防火责任落实，纵向与4个工作站、28个管护站、一线管护员层层签订森林防火责任状；横向与保护区内企事业单位签订防火责任状，实行月考核制度，加大督查考核力度。并结合实际情况，修订完善《贺兰山自然保护区处置一般森林火灾应急预案》《贺兰山管理局火情处置程序》等，确保森林防火责任到位、措施到位、组织到位、管理到位，积极有效落实各项防火措施。

段志鸿高度重视森林防火工作，树立防火就是防人的理念，结合实际，组织制定了《贺兰山保护区防火宣传实施方案》。在防火期，联合移动公司、邮政平台等发布防火短信80余万条，积极通过国家、自治区、盟级各类媒体大力进行防火宣传报道200余篇（期），并在重要地段、重点区域设置防火宣传牌30余块、悬挂横幅200余条、发放宣传单2万余份等广泛开展宣传，有效提高了社会各界生态保护和防火意识。通过开展宣传教育，极大地提高了贺兰山知名度、影响力和社会各界保护贺兰山重要性认识，为保护区防火工作提供了思想宣传保证。

贺兰山地形复杂、山高坡陡，防灭火难度极大，段志鸿经常深入实地查看了解防火工作存在的困难和问题，提出了认为加强能力建设，提高防灭火实战水平是当务之急。一是强化防火信息化建设。鉴于贺兰山森林防火的特殊性，一直以来，森林防火依靠基层管护人员严防死守，防火难度极大，很难及时发现火情，一旦发生火灾，难以及时组织扑救。因此，他积极争取防火项目资金，投资1500余万元，在已安装18套高清视频监控系统的基础上，建设安装了26套管护站安防监控和27处视频会议系统及1处视频指挥中心，铺设（架设）信号传输光缆150公里，购置无人机36台，有效扩大了防火监控范围，逐步使贺兰山保护区森林防火由人防向技防转变。二是加强防扑火队伍建设。结合实际，组建了阿拉善盟首支森林草原专业消防队，采取“请进来、走出去”等多种形式组织人员在阿拉善盟森警大队和山东淄博原山林场进行了集中式实战技能培训。春季森林防火戒严期，森林专业消防队实行集中食宿、集中管理、集中巡护，发现火情，快速出击，为森林防火“打早、打小、扑了”提供了保障。同时，积极督促辖区企业组建半专业化消防扑火队，健全防火制度，开展防火工作。三是加强防火知识及实战技能培训。每年春秋季防火期举办综合业务培训班，对业务骨干及全体管护人员进行了森林防火、日常安全消防、林区野外急救等知识和防扑火机具的使用及维修培训，2017年以来，累计举办12期森林防火业务技能培训班、5次大型野外防火实战演练和计划烧除，极大提高了森林防火实战能力水平。四是加大巡护巡查力度。建立了管理局-工作站-管护站三位一体防火责任体系，划定责任区，责任落实到人头地块，实行防火电话日查日报制度和GPS结合谷歌地球巡护航迹管理，实行24小时值班值守制度，防火戒严期全员上岗值班值守，蹲山头、守坟头，严防死守，有效落实各项防火措施，严格火源管控，消除火灾隐患。五是夯实防火基础。通过机构改革，加大基层防火管护力量，80%人员下沉到基层护林防火一线，确保森林防火巡护不留死角、不留隐患和巡护巡查全覆盖。六是完善防火基础设施建设。建设7处通信基站，更新防火对讲机120部，建设维护防火道路150公里，建设防火隔离带30公里；为一线管护人员更新配发巡护摩托车55辆，配置配齐各类扑火设施设备。七是做好联防互查。与盟、旗58家防火协防单位开展协防，组织保护区内的单位、企业成立义务扑火队负责辖区防火；各工作站、管护站与宁夏贺兰山保护区对口站点每年开展联防互查2次，与宁夏贺兰山管理局每两年定期召开蒙宁贺兰山护林防火联防会议，全力以赴做好贺兰山森林防火工作。

贺兰山是阿拉善人民的母亲山，守护贺兰山安全是管理局的最大责任，阿拉善四季干旱少雨，贺兰山一年365天，每天都处于高火险等级，极易发生火灾，段志鸿为了贺兰山防火绞尽脑汁、奔走不已。自他担任局长以来，他的足迹踏遍了贺兰山的每条沟、每条岭，有时他在站点蹲点，有时他跟护林员同行，发现隐患及时处置。尤其是夏季，入山人员剧增，防火难度加大，段志鸿总是亲临现场，一方面作防火宣传，一方面亲自检查。他常说："防火无小事，一定要慎之又慎"，他的亲力亲为，极大地影响了保护区干部职工，大家凝心聚力、克服困难，确保了贺兰山安宁、安全，多次受到内蒙古自治区的表彰。2019年，段志鸿受到国家林业和草原局的表彰，被授予"2016—2018年度全国森林防火先进个人"。

个人三等功获得者——马振山

马振山，男，回族，1950年生，中共党员，1993年任贺兰山管理局党支部书记兼局长。

马振山同志任职伊始，就认为护林防火是保护区管理工作中的重中之重，他带领技术人员编制完成《内蒙古贺兰山国家级自然保护区总体规划》《自然保护区法律汇编》等，组织建立健全规章制度，加强干部职工队伍的自身建设，加大保护管理力度，贺兰山取得连续57年无森林火灾的成绩。

为增强保护区自身造血功能，他组织开展多种经营，利用保护区森林旅游资源优势建立了南寺和北寺旅游区，对各经营实体进行了整顿，关停了一些亏损的经营实体，对一些闲置的厂房、空地实行了租赁，对煤矿、地毯加工厂、片石厂、农场加强了承包管理工作。实行多种经营实体，除安置了70多名职工外，每年还向管理局上缴利润20多万元，从根本上缓解了管理局人员多，包袱重的压力。通过他和其他同志的共同努力，贺兰山自然保护区基本建设一期、二期工程顺利完成并通过验收。

从1999年起组织实施贺兰山退牧还林移民搬迁工程，迁出农牧户1043户4300人，在沿山划定2.08万公顷的禁牧区，并拉设115公里围栏，保护区实行全面禁牧。从2000年开始相继组织实施了天然林保护一期工程和森林生态效益补偿工程，保护区实施围栏封育。

全国森林资源管理先进工作者——赵登海

赵登海，男，蒙古族，1957年5月生，1981年1月加入中国共产党，大学双本学历。1982年大学毕业，一直在阿左旗林业系统工作。1992年从巴彦树贵治沙站调任贺兰山林场工作，同时参与筹建保护区。林场时期是场长，过渡为国家级自然保护区后任副局长、高级工程师，2017 年 5 月退休。

赵登海从基层治沙站（场）从事治沙造林到贺兰山资源开发利用，再到贺兰山资源保护。他作为一名经营管理者，特别是由贺兰山经营性林场向自然保护区转型，经历了抚育间伐生产到保护性经营观念转变的过程和考验。

赵登海把保护好贺兰山作为自己的神圣职责。贺兰山地理位置特殊，自然资源丰富，但生态环境局部恶化。20 世纪 80 年代由于阿拉善生态环境日趋恶化，持续干旱，降雨减少，加之贺兰山保护设施缺乏，林牧矛盾不断加剧，保护区植被遭到不同程度破坏，个别地段出现严重的水土流失现象。贺兰山生态环境治理已经到了非抓不可的地步，退牧还林迫在眉睫。为了保护好贺兰山生态系统及野生动植物资源、拯救珍贵濒危物种，维护生态平衡，他尽力呼吁、积极参与退牧还林的全过程，耐心细致地给沿山牧民群众做思想工作，让他们知道退牧还林是贺兰山生态环境改变的实际行动，将成为一项功在当代、利在千秋的造福工程。经过退牧还林工程的实施，搬迁安置移民 1043 户，4300 人，转移处理牲畜 23 万头（只），架设网围栏 115 公里。在各方共同努力下，1999 年启动的贺兰山退牧还林项目于 2003 年圆满完成。一举从根本上解决了贺兰山长期以来的林牧矛盾，保护区基础设施建设也初具规模。

保护好贺兰山，责任重如泰山。护林防火在贺兰山是重中之重的工作。当结束抚育间伐工作后，工作重心转向护林防火及森林资源、生物多样性保护。重视护林防火宣传工作，让全社会认识到护林防火人人有责。坚持前后山联防联控制度，相互学习、加强交流。在本地区建立起了党政机关单位对护林站进行协查的机制。做到入山不抽烟、不带火，防火工作依靠大家来做。在每年春秋季节严防死守，严控闲杂人员入山。这些有效措施和制度的延续，使得贺兰山几十年无重大森林火灾发生。赵登海作为领导班子成员，为贺兰山森林资源的保护始终坚持付出，在 2005 年 8 月被国家林业局授予“全国森林资源管理先进工作者”荣誉称号。

赵登海积极发挥科技工作者的作用，初心不改。他在贺兰山日常工作中开展了多项科研活动，先后获得阿拉善盟科技进步奖一等奖 1 次、二等奖 1 次、三等奖 3 次，先后发表论文 20 余篇。在 2009 年初由中国民族摄影出版社出版发行了《走进贺兰山》专题画册。

赵登海在贺兰山的工作中也发挥着科技人员的作用。1993 年创建了阿左旗境内最早的贺兰山北寺旅游小区后，1995 年又积极参与了南寺旅游区的建设工作，为贺兰山国家森林公园建设打下了基础。为处理好保护和利用的关系，使自然环境的消耗降至最低，写出了《贺兰山还是开展生态旅游好》的论文，引导旅游工作向生态旅游方向发展。在贺兰山资源保护利用问题上，针对贺兰山紫蘑滥采现象，提出“限时、适度、合理轮采”的管理模式。那些年贺兰山紫蘑的开发利用成为阿左旗一个新的旅游土特产品和经济增长点，他主持的“贺兰山紫蘑开发利用研究”课题获阿拉善盟科技进步奖三等奖。赵登海充分发挥本土科研人员的作用，由他主持的“贺兰山西坡濒危植物保护与研究”获阿拉善盟科技进步奖一等奖。1998 年他参与了阿左旗林业系统的“天然林保护工程”规划设计工作，“天然林保护工程”在阿左旗及贺兰山顺利实施，参与完成保护区一期到三期的基本建设项目。

积极开展保护区的宣传、本底调查和科研活动，支持国内一些大专院校和科研部门在贺兰山开展科学研究，他不断探索，为摸清贺兰山本底做了大量工作。不断提升保护区的建设水平和知名度，贺兰山自然保护区被国家列为示范保护区，同时加入了世界“人与生物圈”保护区网络。经过多年历届班子的努力工作，目前贺兰山森林资源和动植物资源及生物多样性得到有效的保护，贺兰山生态系统逐步恢复，不断向良性方向发展，贺兰山自然保护区已正式成为国家级示范保护区。

优秀人民警察——潘存忠

潘存忠，男，汉族，1962年1月生，中共党员，1978年8月参加工作。2008年3月任阿左旗贺兰山国家级自然保护区森林公安局局长。

潘存忠自1979年11月调入贺兰山林区派出所，从一名基层民警逐渐成长为局长，一干就是三十多个年头。贺兰山保护区实施退牧还林以来，生态环境明显改善，野生动物数量明显增多，非法盗猎案件时有发生。为了打击破坏森林资源和盗猎野生动物违法犯罪行为，他带领民警深入辖区巡护和摸排走访，对重要地段实行监控。每逢重大案件，他必定亲临一线指挥，为及时成功抓捕盗猎嫌疑人，大多数行动在冬季夜间的山里面展开。他先后参与和领导查破涉林行政案件628起，刑事案件54起，惩处违法人员824人次，收缴枪支21支，爆炸物16千克，挽回经济损失近千万元。在他努力下，执法环境持续好转，违法犯罪案件逐年下降。

贺兰山蕴藏丰富的矿产资源，工矿企业、流动和打工人员众多，给贺兰山的森林防火工作带来很大难度。为了杜绝火灾隐患，打击非法破坏森林资源，潘存忠带领民警深入矿区摸排，核实面积、产量，查验证照，登记造册，建立台账，培训人员，对火源管理不规范的矿点进行清理整改，对超范围占用林地和毁坏植被的行为进行依法打击。在他和同志们的共同努力下，林区的安全防范和执法工作取得了显著成效。

潘存忠既是一个局长，又是一名森林公安民警，37年如一日地战斗在贺兰山国家级自然保护区的森林公安基层，他是以山为家、以林为业的森林卫士，用青春年华和满腔热血，更是用实际行动和工作业绩诠释模范。他在自己的工作岗位上留下了无数闪光足迹，出色的工作业绩。先后荣立个人三等功2次、个人二等功1次；荣获全国森林公安系统优秀人民警察、自治区森林公安系统旗县级优秀森林公安局局长等个人荣誉7次；在他的领导下，单位先后荣立集体二等功1次、三等功2次，集体嘉奖1次；荣获“全国优秀基层单位”“一级森林公安派出所”“全区林业公安系统优秀派出所”“自治区优秀公安基层单位”等集体荣誉14次。

全国森林防火先进个人——赵玉山

赵玉山，汉族，1963年2月生，1984年9月参加工作，1997年加入中国共产党，大学本科，林业正高级工程师。2001—2003年度被国家林业局授予全国森林防火先进个人。他37年如一日，以自己的执着和热情坚守在林业生态保护和建设的第一线，以积极务实的工作作风，守护着、建设着阿拉善这道绿色屏障，为实现生态文明建设做出了积极的贡献。

他正值青春年华之时，也是刚到贺兰山工作的第二年，为了熟悉贺兰山的山情林情人情，在单位领导的带领下，背着干粮，从南到北徒步走遍了贺兰山的四十八条大沟，翻山越岭，吃着干粮喝着山里的溪水，晚上住在山上牧民的窝棚里，跋山涉水整整走了一星期，对贺兰山林区基本情况有了认识和了解，为今后他所从事的护林防火工作打下了坚实的基础。经过几年的工作积累，他对贺兰山的地形地貌、森林资源状况了然于胸，林区的沟壑水系、通车道路、畜群点位置一清二楚。没有豪言壮语，只有自己默默地实际行动，干一行爱一行，一心扑在工作上。总是冲在前面、想在前，充分起到了模范带头作用，以自己的执着和热情，务实的工作作风，用心血守护着绿水青山。用实际行动践行着一位务林人勤恳务实的工作精神，多次被评为先进工作者和优秀共产党员，发挥出了林业基层工作者的中流砥柱作用。

他在护林防火和管护工作中，认真贯彻“预防为主，积极消灭”的方针，狠抓防火宣传教育、火源管控、严看死守、监督检查。他经常和护林员一起上山巡护，跑遍每一条沟壑，翻越一座山梁，查看林区林草植物生长情况，野生动物的活动轨迹。对每一个林班、每一个小班林分因子了如指掌，熟记于心，被单位的同事称为贺兰山的“活地图”。根据贺兰山的特殊地理位置和生态区位，他提出了必须严看死守，防火期全天候监控管理，在公路沿线，林区重要出入口和主要地段设置防火标语，广泛宣传森林防火。在清明等防火的关键节点，蹲山头、守坟头，严查入山车辆。为贺兰山取得时至今日未发生森林火灾火情的好成绩，尽了自己的微薄之力。确保森林资源万无一失。

林业工作虽然平凡，但不平淡，他始终牢记自己的初心，坚定的信念，既然选择了林业，就要毫不动摇地干下去，不能因为林业的辛劳和艰苦而后悔，也不能因为林业的平凡而失落。在做好防火和管护工作的同时，勤于钻研业务知识，不断提高自己的专业技术水平和业务能力，并用以指导林业生产。通过科学研究和工作积累，先后在国家和省级学术刊物上发表《封山育林对贺兰山生态环境的作用》《贺兰山森林火警规律及对策探讨》等论文 13 篇。1998 年是贺兰山保护区关键之年，他参与编制《贺兰山退牧还林实施方案》，组织实施贺兰山退牧还林工程，23 万头牲畜全部下山，从此林草植被得到休养生息。贺兰山从 20 世纪 80 年代有林地面积 36 万亩、森林覆被率 31. 6%，山涧明流 13 条，增加到 2012 年有林地面积 58. 2 万亩、森林覆被率 57. 3%、山涧明流 21 条，生态环境持续改善。他作为林业人始终铭记自己的使命，认真履行自己的职责，真正做到守林有责、护林尽责。为森林防火和林政管理贡献力量，确保森林资源安全，诠释林业人的真、善、美，守护好西北地区这颗绿色明珠——贺兰山。

他忠于职守，时刻不忘自己的初心和本质。能根据上级领导交办的工作，创新工作思路，创造性地开展工作。同样一个任务，落在他手里，他总能想法提高工作效率，比别人较早地完成。作风优良，为人正直，遵纪守法，关心职工，团结同志，无论是在工作、生活还是学习中，都能以身作则，为同事作出了表率。能做到办事不推诿，遇难不回避，做到不贪不占，不损害集体利益，清正廉洁。

森林旅游管理与建设先进工作者——付成忠

付成忠，男，汉族，1975 年 7 月生，中共党员，大学本科学历。曾担任内蒙古贺兰山国家级自然保护区管理站党支部书记、站长。

20 岁时的付成忠参军复员后，被安排到内蒙古贺兰山国家级自然保护区工作，他便开始了常年坚守在贺兰山森林资源保护第一线的职业生涯。在 20 世纪 90 年代生活条件非常简陋的情况下，他在所有自然灾害面前从不退缩，在防火戒严期时更是连续 3 个多月不下山，坚守在护林防火一线，他走寻山路 5. 8 万多公里，辖区内的每座山梁和沟壑都有他的脚印，只为保护母亲山平安。他总是坚持“严管和厚爱”相结合，用正直、真诚的态度去帮助有困难的干部职工，形成了温馨和谐的工作局面，同时凭借自己从军的经历开始推行半军事化管理，严格执行防火电话日查日报制度和 GPS 结合谷歌地球巡护航迹管理，从事贺兰山森林防火工作 28 年，通过举办森林防火业务技能培训班及大型野外防火演练，逐步提高护林防火队伍实战能力，共同创造了贺兰山连续 70 年无森林火灾的好成绩。

在常年四季的查山巡护工作中，进山时防火机具携带不便的问题一直困扰着付成忠，每次巡护回到宿舍，付成忠就苦苦思索，不时用笔在纸上画着，拿着尺子反复测量各种防火机具的尺寸，他想为防火机具量身设计一款方便携带的装置，彻底解决巡护时携带防火机具难的问题。经过的反复设计、试验和改进，首先解决了设计上的难题，后续又解决了材料上的问题，最终选定并制作出了适合摩托车和防火车上安装的防火机具箱。经过几个月的潜心钻研，先后为油锯、手提式灭火机具、斯蒂尔风机、背负式灭火水枪、铁锹、防火储备油桶、二号工具等多款防火机具制定并安装了摩托车和巡护车携带机具箱。投入使用后，不仅解决了工具无法携带的关键问题，更是大大提高了森林防火工作效率。

付成忠，经过岁月的磨砺，变化的是日益精湛的技术，不变的是敢于钻研、勇于创新的工匠精神。如今，他的设计创造不仅在内蒙古贺兰山管理局各管理站、管护站一线森林防火巡护工作中得到了全面推广，而且在宁夏贺兰山管理局基层站点也开始推广使用。这款专为携带防火机具的设计创作，彻底解决了基层护林人员巡护工作上的实际困难，快捷实现森林防火“打早、打小、打了”，在森林防火工作中得到了广泛应用。

28 年的基层工作中，付成忠以一名军人的标准严格要求自己，以林为业，以站为家，兢兢业业，默默无闻，秉承军队的光荣传统，在贺兰山生态保护与建设的岗位上发热发光，以出色的成绩回报新时代。28 年，付成忠获先进荣誉 20 多项，2012 年度被内蒙古自治区林业厅授予森林旅游管理与建设先进工作者称号。

全国优秀护林员——李克林

李克林，男，汉族，中共党员，1964 年 1 月生，1981 年参加工作，现任贺兰山管理局北寺管理站水磨沟管护站站长、森林管护高级技师。他服从组织安排、热爱生态保护事业，不折不扣地执行各级党委、政府和保护区的方针政策，长期坚守在贺兰山森林防火与动植物资源保护的第一线，兢兢业业，默默无闻，为贺兰山生态保护与建设事业作出积极贡献。

20 世纪 80 年代初，年仅十几岁的李克林分到林站，他接过父辈的班，这一干，就是几十年。“看管不好林子，就愧当了护林员。”干了一辈子的父辈再三对他叮嘱，就这样永远地被他铭记在心了。

参加工作以来，李克林先后在原水磨沟营林区、古拉本管理站、哈拉乌管理站从事管护工作。30 多年来，荆棘小路，峭壁山崖，一大早出去，晚上饥肠辘辘回来。他踏遍贺兰山每一个角落，走遍贺兰山每一条沟道，风雨不改，认真完成既定的巡护任务，对辖区内工矿企业、旅游景区、动植物资源详细检查记录，做到巡护全方位、全覆盖、无隐患。说起山里的情况，他都了如指掌。单位的同事都亲切地称他为“活地图”。多年来，他舍弃对家庭应有的付出，扎根贺兰山，奉献贺兰山，带领全站管护员勤奋工作，恪尽己任，护林防火，打击涉林违法犯罪行为，协助破获“1998 年小松山盗猎团伙案”“1999 年持枪盗猎案”“2006 年持枪盗猎案”等案件。

除了是业务能手，李克林也是组织管理的好手。2011 年，贺兰山管理局实行标准化模式管理，在李克林的带领下，哈拉乌管理站积极响应，按照月考核每项的要求，逐项对照执行。在防火责任的落实、队形队列的训练、机具的维修保养、林政执法培训、案卷制作归档、GPS 的使用、菜篮子工程的实施、个人内务等各个方面都严格要求自己，成绩在各中心管理站名列前茅，所在中心管理站被贺兰山管理局评为“2010 年先进集体”“2011 年先进集体”荣誉称号。

荣誉的背后，凝结的是李克林的心血，在多年的基层工作中，李克林同志始终以身作则，甘于奉献，诚实敬业。他并不满足于已有的成绩，不断探索新思路、新方法，创造性地开展工作。他能够正确地认识自身的工作性质和人生价值，正确处理苦与乐、得与失、个人利益与集体利益、工作与家庭的关系，从工作大局出发，团结同志，发挥了一个老林业工人应有的模范带头作用。寒来暑往，日复一日，在平凡的工作岗位上，李克林就是这样默默耕耘着，干着平凡而朴实的工作。

他先后 3 次参加贺兰山森林资源一类调查和资源清查外业工作，多次参加贺兰山森林病虫害防治工作，亲自参与扑救贺兰山森林火警 20 余起。由于李克林突出的工作能力和杰出的工作业绩，1999 年、2000 年、2001 年、2002 年、2005 年、2006 年、2008 年、2010 年、2011 年均被贺兰山管理局评为“先进工作者”，2005 年被国家林业局和中国农林水利工会全国委员会授予“全国优秀护林员”称号。

二、荣 誉

（一）个人荣誉名录（按姓氏笔画排序）（人物-表-1 至人物-表-3）

人物-表-1 获得国家、自治区级荣誉人员名录

序号	姓名	性别	民族	荣誉称号或奖项名称	获奖时间	授奖单位
1	马 锐	男	回族	个人三等功	2004 年	内蒙古自治区森林公安局
2	马振山	男	回族	个人二等功	2004 年	国家林业局、森林公安局
3	王永文	男	汉族	个人三等功	2003 年	内蒙古自治区森林公安局
4	王 波	男	汉族	个人嘉奖	2017 年	内蒙古自治区森林公安局
				个人三等功	2019 年	内蒙古自治区森林公安局
5	王晓延	男	汉族	个人三等功	2008 年	内蒙古自治区森林公安局
6	王晓勤	男	汉族	“6·5”世界环境日主题短视频大赛一等奖	2022 年	内蒙古自治区生态环境厅、内蒙古自治区森林消防总队、内蒙古摄影家协会
7	王继平	男	汉族	个人三等功	2007 年	内蒙古自治区森林公安局
8	付成忠	男	汉族	森林旅游管理与建设先进工作者	2012 年	内蒙古自治区林业厅
9	代 瑞	女	汉族	2016 年“五台山杯”全国国有林场思想政治工作演讲比赛优秀奖	2016 年	国家林业局
				2017 年“良凤江杯”全国国有林场思想政治工作主题演讲大赛三等奖	2017 年	国家林业局
10	吕德明	男	汉族	林业科技推广工作 25 年荣誉奖章		中华人民共和国林业部
				劲松奖奖章		中国林学会
11	刘 东	男	汉族	内蒙古自治区先进工作者	2020 年	中共内蒙古自治区委员会、内蒙古自治区人民政府
12	刘光辉	男	汉族	个人三等功	2002 年	内蒙古自治区森林公安局
13	刘忠元	男	汉族	个人嘉奖	2001 年	内蒙古自治区森林公安局
				个人三等功	2005 年	内蒙古自治区森林公安局
14	许多会	男	汉族	个人嘉奖	2018 年	内蒙古自治区森林公安局
15	许秀霞	女	汉族	个人嘉奖	2015 年	内蒙古自治区森林公安局
16	李克林	男	汉族	全国优秀护林员	2005 年	国家林业局、中国农林水利工会全国委员会
17	李建东	男	汉族	个人嘉奖	2009 年	内蒙古自治区森林公安局
				个人嘉奖	2011 年	内蒙古自治区森林公安局
				个人三等功	2013 年	内蒙古自治区森林公安局

（续表）

序号	姓名	性别	民族	荣誉称号或奖项名称	获奖时间	授奖单位
18	何立明	男	汉族	个人嘉奖	1997 年	内蒙古自治区森林公安局
				个人三等功	2000 年	内蒙古自治区森林公安局
				全区森林草原防火先进个人	2004 年	内蒙古自治区森林草原防火办
				个人三等功	2007 年	内蒙古自治区森林公安局
				个人二等功	2012 年	内蒙古自治区森林公安局
19	张　鹏	男	汉族	个人三等功	2009 年	内蒙古自治区森林公安局
20	张忠永	男	汉族	个人嘉奖	2007 年	内蒙古自治区森林公安局
				个人三等功	2012 年	内蒙古自治区森林公安局
21	陈秀梅	女	汉族	个人三等功	2013 年	内蒙古自治区森林公安局
				个人三等功	2016 年	内蒙古自治区森林公安局
				个人二等功	2016 年	国家林业局森林公安局
22	周　磊	男	蒙古族	个人三等功	2016 年	内蒙古自治区森林公安局
				个人三等功	2018 年	内蒙古自治区森林公安局
				优秀派出所所长	2019 年	内蒙古自治区森林公安局
23	赵才旭	男	汉族	个人嘉奖	2015 年	内蒙古自治区森林公安局
				个人三等功	2017 年	内蒙古自治区森林公安局
24	赵　军	男	汉族	个人三等功	2010 年	内蒙古自治区森林公安局
25	赵玉山	男	汉族	全国森林防火先进个人	2004 年	国家林业局、森林公安局
26	赵登海	男	蒙古族	全国森林资源管理先进工作者	2005 年	国家林业局
27	赵贵荣	男	汉族	个人三等功	2018 年	内蒙古自治区森林公安局
28	段志鸿	男	汉族	2016—2018 年度全国森林防火工作先进个人	2019 年	国家林业局
29	袁丽丽	女	汉族	内蒙古自治区生物多样性保护主题短视频大赛一等奖	2021 年	内蒙古自治区生态环境厅，内蒙古自治区林业和草原局
				2021 年度内蒙古自治区科普讲解大赛三等奖	2021 年	内蒙古自治区科学技术厅、中共内蒙古自治区委员会宣传部、内蒙古自治区科学技术协会、内蒙古自治区文化和旅游厅、中国共产主义青年团内蒙古自治区委员会、内蒙古自治区广播电视局
				“6·5”世界环境日主题短视频大赛一等奖	2022 年	内蒙古自治区生态环境厅、内蒙古自治区森林消防总队、内蒙古摄影家协会
30	曹　波	男	满族	个人嘉奖	2008 年	内蒙古自治区森林公安局

（续表）

序号	姓名	性别	民族	荣誉称号或奖项名称	获奖时间	授奖单位
31	潘存忠	男	汉族	内蒙古自治区授予个人三等功	1995 年	内蒙古自治区森林公安局
				内蒙古自治区授予个人三等功	2000 年	内蒙古自治区森林公安局
				全国森林公安系统优秀人民警察	2003 年	国家林业局森林公安局
				内蒙古自治区授予个人二等功	2009 年	内蒙古自治区森林公安局
				旗县级优秀森林公安局局长	2012 年	内蒙古自治区森林公安局
				个人一等功	2016 年	国家林业局森林公安局
32	魏学功	男	汉族	个人三等功	2010 年	内蒙古自治区森林公安局
				个人嘉奖	2016 年	内蒙古自治区森林公安局
33	魏雪峰	男	汉族	个人三等功	2007 年	内蒙古自治区森林公安局

人物-表-2　获得盟级、旗级荣誉人员名录

序号	姓名	性别	民族	荣誉称号或奖项名称	获奖时间	授奖单位
1	王永文	男	汉族	全旗公安系统先进个人	2009 年	阿左旗公安局
2	王兆辉	男	汉族	森林草原防火工作先进个人	2011 年	中共阿左旗委员会、阿左旗人民政府
3	王　波	男	汉族	优秀领导干部	2019 年	中共阿左旗委员会、阿左旗人民政府
				优秀领导干部	2020 年	
4	王继平	男	汉族	个人三等功	2014—2016 年	中共阿左旗委员会、阿左旗人民政府
5	代　瑞	女	汉族	2021 年度阿左旗优秀领导干部	2022 年	中共阿左旗委员会、阿左旗人民政府
6	任振强	男	汉族	2009 年度全旗林业工作先进个人	2010 年	中共阿左旗委员会、阿左旗人民政府
				2014 年度阿左旗优秀领导干部	2015 年	阿左旗委员会、阿左旗人民政府
				2017 年度阿左旗优秀领导干部	2018 年	阿左旗委员会、阿左旗人民政府
				2021 年度阿左旗优秀领导干部	2022 年	阿左旗委员会、阿左旗人民政府
7	刘　东	男	汉族	全盟“十大清风干部”标兵	2020 年	中共阿拉善盟纪律检查委员会、内蒙古阿拉善盟监察委员会
8	刘忠元	男	汉族	先进工作者	2002 年	阿左旗公安局
				个人嘉奖	2012 年	阿拉善盟公安局

（续表）

序号	姓名	性别	民族	荣誉称号或奖项名称	获奖时间	授奖单位
9	刘学文	男	汉族	“最美家庭”荣誉称号	2021 年	阿左旗妇女联合会
				“五好家庭”荣誉称号	2022 年	阿拉善盟妇女联合会
10	孙　萍	女	汉族	“四五”普法先进个人	2006 年	中共阿左旗委员会、阿左旗人民政府
				优秀党务工作者	2008 年	阿左旗直属机关工委
				优秀妇联干部	2009 年	阿拉善盟妇女联合会
				优秀党务工作者	2010 年	阿左旗直属机关工委
				森林草原防火先进个人	2012 年	中共阿左旗委员会、阿左旗人民政府
				2019 年度阿左旗优秀领导干部	2020 年	中共阿左旗委员会
11	孙召林	男	汉族	林业工作先进个人	2008 年	阿左旗人民政府
12	许多会	男	汉族	个人三等功	2012—2014 年	阿左旗委员会、阿左旗人民政府
13	许　铎	女	汉族	优秀网评员	2021 年	中共阿左旗委员会宣传部
14	许　娜	女	汉族	网评工作先进个人	2022 年	中共阿左旗委员会统战部
15	李克林	男	汉族	2011 年度林业生态保护与建设先进个人	2011 年	中共阿左旗委员会、阿左旗人民政府
				五一劳动奖章	2012 年	阿拉善盟总工会
16	李克荣	男	汉族	阿左旗劳动模范（先进工作者）	2015 年	中共阿左旗委员会、阿左旗人民政府
17	李云霞	女	汉族	优秀保密干部	2021 年	中共阿左旗委员会保密机要局
18	杨玉萍	女	汉族	优秀信息员	2019 年	中共阿左旗委员会统战部
19	何立明	男	汉族	全旗优秀共产党员	2000 年	阿左旗委员会组织部
20	张忠永	男	汉族	全旗优秀团员	1999 年	阿左旗团委
21	张宝军	男	汉族	全旗生态保护建设先进个人	2009 年	中共阿左旗委员会、阿左旗人民政府
				2018 年度全旗污染防治攻坚工作先进工作者	2019 年	中共阿左旗委员会
				2018 年度阿左旗优秀领导干部	2019 年	阿左旗人民政府、阿左旗旗委
22	金廷文	男	汉族	2009 年度阿左旗生态建设先进个人	2009 年	中共阿左旗委员会、阿左旗人民政府
				旗直机关优秀党务工作者	2020 年	中共阿左旗直属机关工委
23	周　磊	男	蒙古族	个人三等功	2013—2015 年	中共阿左旗委员会、阿左旗人民政府
				个人三等功	2020 年	阿拉善盟公安局

（续表）

序号	姓名	性别	民族	荣誉称号或奖项名称	获奖时间	授奖单位
24	赵军	男	汉族	“严打斗争”先进个人	1996年	阿左旗公安局
25	袁丽丽	女	汉族	2011—2015年全旗普法依法治理先进个人	2016年	阿左旗依法治旗领导小组
				全旗生态环境综合整治工作先进个人	2017年	中共阿左旗委员会、阿左旗人民政府
				全盟优秀网评员	2020年	中共阿拉善盟委员会网络安全和信息化委员会办公室
				“保护生物多样性　共建美丽阿拉善”视频作品大赛二等奖	2021年	阿拉善盟生态环境局
26	顾苏和	男	蒙古族	2021年度阿左旗优秀领导干部	2022年	中共阿左旗委员会
27	曹　波	男	满族	个人三等功	2011—2013年	中共阿左旗委员会、阿左旗人民政府
28	翁　勇	男	满族	个人三等功	2012—2014年	中共阿左旗委员会、阿左旗人民政府
29	潘存忠	男	汉族	先进工作者	2000年	阿左旗公安局
				先进个人	2007年	阿拉善盟盟委行署
				先进工作者	2007年	阿左旗公安局党委
				优秀领导干部	2010年	阿左旗旗委组织部
30	魏雪峰	男	汉族	优秀共产党员	2005年	阿左旗旗委组织部
				优秀共产党员	2006年	阿左旗旗委组织部
				优秀共产党员	2007年	阿左旗旗委组织部
				先进工作者	2008年	阿左旗公安局
				先进工作者	2009年	阿左旗公安局
31	魏学功	男	汉族	个人三等功	2014—2016年	中共阿左旗委员会、阿左旗人民政府
32	魏　琦	女	满族	阿左旗庆祝建党100周年“学党史　知党情　跟党走”知识竞赛三等奖	2021年	中共阿左旗委员会组织部、宣传部、旗直机关工委、党群综合服务中心

人物-表-3　获得管理局荣誉人员名录

序号	姓名	性别	民族	荣誉称号或奖项名称	获奖时间	授奖单位
1	王　亮	男	汉族	2015年度先进个人	2016年	贺兰山管理局
				2020年先进工作者	2021年	贺兰山管理局
2	王卫民	男	汉族	先进工作者	2004年	贺兰山管理局
				优秀工作者	2011年	贺兰山管理局

（续表）

序号	姓名	性别	民族	荣誉称号或奖项名称	获奖时间	授奖单位
3	王永文	男	汉族	先进个人	2005 年	贺兰山管理局
				先进个人	2007 年	贺兰山管理局
4	王兆钢	男	汉族	优秀工作者	2005 年	贺兰山管理局
				先进个人	2005 年	贺兰山管理局
				优秀工作者	2017 年	贺兰山管理局
				先进工作者	2018 年	贺兰山管理局
				先进工作者	2012 年	贺兰山管理局
				优秀管护站站长	2012 年	贺兰山管理局
5	王兆辉	男	汉族	优秀管护员	2012 年	贺兰山管理局
				优秀工作者	2012 年	贺兰山管理局
				优秀管护站站长	2013 年	贺兰山管理局
				优秀工作者	2014 年	贺兰山管理局
				先进个人	2015 年	贺兰山管理局
				先进工作者	2017 年	贺兰山管理局
6	王晓延	男	汉族	先进个人	2004 年	贺兰山管理局
				先进个人	2005 年	贺兰山管理局
7	王晓勤	男	汉族	先进工作者	2007 年	贺兰山管理局
				先进工作者	2011 年	贺兰山管理局
				先进工作者	2012 年	贺兰山管理局
				先进个人	2016 年	贺兰山管理局
				优秀作者	2017 年	贺兰山管理局
8	王继平	男	汉族	先进工作者	2004 年	贺兰山管理局
				优秀共产党员	2008 年	贺兰山管理局
9	王继忠	男	汉族	先进工作者	2003 年	贺兰山管理局
				先进工作者	2007 年	贺兰山管理局
				先进工作者	2021 年	贺兰山管理局
10	王景民	男	蒙古族	先进个人	2018 年	贺兰山管理局
				先进个人	2019 年	贺兰山管理局
				先进个人	2020 年	贺兰山管理局
11	付成忠	男	汉族	先进工作者	2004 年	贺兰山管理局
				先进工作者	2005 年	贺兰山管理局
				先进工作者	2006 年	贺兰山管理局
				先进工作者	2007 年	贺兰山管理局

（续表）

序号	姓名	性别	民族	荣誉称号或奖项名称	获奖时间	授奖单位
11	付成忠	男	汉族	先进工作者	2008 年	贺兰山管理局
				优秀共产党员	2009 年	内蒙古贺兰山管理局党支部
				优秀共产党员	2011 年	内蒙古贺兰山管理局总支委员会
				创新管理奖	2011 年	贺兰山管理局
				优秀中心管理站站长	2012 年	贺兰山管理局
				优秀共产党员	2014 年	内蒙古贺兰山管理局总支委员会
				先进个人	2015 年	贺兰山管理局
				优秀共产党	2019 年	贺兰山管理局
12	白　瑞	男	汉族	优秀储备生	2011 年	贺兰山管理局
				先进工作者	2020 年	贺兰山管理局
13	朱志峰	男	汉族	先进工作者	2021 年	贺兰山管理局
14	朱志涛	男	汉族	2013 年优秀管护站站长	2014 年	贺兰山管理局
15	任学兵	男	汉族	先进工作者	2017 年	贺兰山管理局
				先进工作者	2019 年	贺兰山管理局
				先进工作者	2020 年	贺兰山管理局
16	多海英	女	汉族	2017 年先进工作者	2018 年	贺兰山管理局
				2019 年度先进工作者	2020 年	贺兰山管理局
				2020 年优秀共产党员	2020 年	贺兰山管理局
				2020 年先进工作者	2021 年	贺兰山管理局
17	刘兆玉	男	汉族	先进工作者	2004 年	贺兰山管理局
				先进个人	2005 年	贺兰山管理局
				优秀管护员	2012 年	贺兰山管理局
				优秀工作者	2012 年	贺兰山管理局
				优秀管护站站长	2013 年	贺兰山管理局
				先进个人	2015 年	贺兰山管理局
				优秀工作者	2016 年	贺兰山管理局
18	刘忠元	男	汉族	先进个人	2004 年	贺兰山管理局
19	刘学文	男	汉族	优秀管护员	2010 年	贺兰山管理局
				优秀管护站站长	2011 年	贺兰山管理局
				先进个人	2015 年	贺兰山管理局
				优秀个人	2018 年	贺兰山管理局
20	齐修光	男	汉族	先进工作者	2000 年	贺兰山管理局

（续表）

序号	姓名	性别	民族	荣誉称号或奖项名称	获奖时间	授奖单位
21	安林宏	男	汉族	优秀管护员	1997 年	贺兰山管理局
				先进工作者	1998 年	贺兰山管理局
				先进管护员	2000 年	贺兰山管理局
				先进管护员	2001 年	贺兰山管理局
				优秀管护员	2007 年	贺兰山管理局
				先进管护员	2008 年	贺兰山管理局
				优秀管护员	2010 年	贺兰山管理局
				优秀工作者	2014 年	贺兰山管理局
22	安宝红	男	汉族	2004 年度先进工作者	2005 年	贺兰山管理局
23	许多会	男	汉族	先进个人	2008 年	贺兰山管理局
				先进个人	2009 年	贺兰山管理局
24	孙　萍	女	汉	优秀共产党员	2007 年	贺兰山管理局党支部
				优秀党务工作者	2011 年	阿左旗林业局党委
				优秀共产党员	2011 年	贺兰山管理局党总支
				优秀共产党员	2011 年	贺兰山管理局党总支
				先进工作者	2011 年	贺兰山管理局
				优秀共产党员	2014 年	贺兰山管理局党总支
25	孙召林	男	汉族	先进工作者	2008 年	贺兰山管理局
				优秀管护员	2010 年	贺兰山管理局
				先进工作者	2021 年	贺兰山管理局
26	许　铎	女	汉族	先进工作者	2022 年	贺兰山管理局
27	李　文	男	汉族	先进工作者	2005 年	贺兰山管理局
28	李　东	男	汉族	优秀管护站站长	2013 年	贺兰山管理局
				优秀工作者	2016 年	贺兰山管理局
				优秀党务工作者	2018 年	贺兰山管理局
29	李书平	男	汉族	优秀管护员	2011 年	贺兰山管理局
				优秀中心管理站副站长	2011 年	贺兰山管理局
				优秀党务工作者	2018 年	内蒙古贺兰山管理局机关委员会
				先进工作者	2018 年	贺兰山管理局
				先进工作者	2020 年	贺兰山管理局
				优秀共产党员	2020 年	内蒙古贺兰山管理局支部委员会
				先进工作者	2021 年	贺兰山管理局

（续表）

序号	姓名	性别	民族	荣誉称号或奖项名称	获奖时间	授奖单位
30	李克林	男	汉族	先进工作者	2003 年	贺兰山管理局
				“11·14”持枪盗猎率侦破中表现突出奖	2006 年	贺兰山管理局
				先进工作者	2008 年	贺兰山管理局
				事迹突出者	2010 年	贺兰山管理局
				优秀中心管理站站长	2011 年	贺兰山管理局
				优秀工作者	2012 年	贺兰山管理局
				优秀工作者	2014 年	贺兰山管理局
				2012—2014 年度优秀共产党员	2014 年	贺兰山管理局
				优秀共产党员	2018 年	贺兰山管理局
				先进工作者	2021 年	贺兰山管理局
31	李克荣	男	汉族	先进工作者	2003 年	贺兰山管理局
				先进工作者	2008 年	贺兰山管理局
				创新管理奖	2011 年	贺兰山管理局
				优秀中心管理站站长	2012 年	贺兰山管理局
				优秀共产党员	2014 年	中共内蒙古贺兰山管理局总支委员会
				优秀党务工作者	2017 年	中共内蒙古贺兰山管理局总支委员会
32	李国胜	男	汉族	优秀工作者	2011 年	贺兰山管理局
				先进工作者	2022 年	贺兰山管理局
33	李建东	男	汉族	先进工作者	2000 年	贺兰山管理局
				先进工作者	2002 年	贺兰山管理局
34	李云霞	女	汉族	优秀工作者	2016 年	贺兰山管理局
				先进工作者	2019 年	贺兰山管理局
				先进工作者	2021 年	贺兰山管理局
35	杨玉萍	女	汉族	先进工作者	2014 年	贺兰山管理局
36	何立明	男	汉族	事迹突出奖	2006 年	贺兰山管理局
				事迹突出奖	2008 年	贺兰山管理局
				优秀共产党员	2008 年	贺兰山管理局
				先进工作者	2009 年	贺兰山管理局
				优秀共产党员	2010 年	贺兰山管理局
				先进工作者	2010 年	贺兰山管理局
37	张　浩	男	汉族	优秀管护员	2018 年	贺兰山管理局

（续表）

序号	姓名	性别	民族	荣誉称号或奖项名称	获奖时间	授奖单位
38	张　鹏	男	汉族	先进个人	2005 年	贺兰山管理局
				优秀党员	2009 年	贺兰山管理局
39	张文军	男	汉族	先进工作者	2003 年	贺兰山管理局
				先进工作者	2004 年	贺兰山管理局
				先进工作者	2012 年	贺兰山管理局
				中心管理站优秀副站长	2013 年	贺兰山管理局
				党员先锋标兵	2017 年	贺兰山管理局
40	张莹文	男	汉族	先进个人	2016 年	贺兰山管理局
				优秀个人	2019 年	贺兰山管理局
				先进工作者	2022 年	贺兰山管理局
41	陈忠来	男	蒙古族	优秀共产党员	2007 年	贺兰山管理局
				先进工作者	2007 年	贺兰山管理局
42	金廷文	男	汉族	先进工作者	2014 年	贺兰山管理局
				先进工作者	2018 年	贺兰山管理局
				优秀党务工作者	2018 年	贺兰山管理局
				先进工作者	2019 年	贺兰山管理局
				优秀党务工作者	2019 年	贺兰山管理局
				先进工作者	2020 年	贺兰山管理局
				优秀党务工作者	2020 年	贺兰山管理局
43	郑玉军	男	汉族	先进工作者	2005 年	贺兰山管理局
				先进工作者	2012 年	贺兰山管理局
				先进工作者	2015 年	贺兰山管理局
				先进工作者	2016 年	贺兰山管理局
				先进工作者	2018 年	贺兰山管理局
				先进工作者	2019 年	贺兰山管理局
				先进工作者	2021 年	贺兰山管理局
44	孟克巴依尔	男	蒙古族	先进工作者	2020 年	贺兰山管理局
45	赵才旭	男	汉族	先进个人	2001 年	贺兰山管理局
46	段永祥	男	蒙古族	优秀管护站站长	2011 年	贺兰山管理局
				优秀工作者	2014 年	贺兰山管理局
				优秀工作者	2016 年	贺兰山管理局
				先进工作者	2017 年	贺兰山管理局
				优秀个人	2018 年	贺兰山管理局
				先进工作者	2019 年	贺兰山管理局

（续表）

序号	姓名	性别	民族	荣誉称号或奖项名称	获奖时间	授奖单位
47	娜荷芽	女	蒙古族	优秀工作者	2018 年	贺兰山管理局
				优秀党务工作者	2019 年	贺兰山管理局
48	袁丽丽	女	汉族	先进个人	2014 年	贺兰山管理局
				先进个人	2016 年	贺兰山管理局
				先进个人	2017 年	贺兰山管理局
				先进个人	2019 年	贺兰山管理局
				先进个人	2021 年	贺兰山管理局
49	夏云革	男	蒙古族	先进工作者	1999 年	贺兰山管理局
				优秀工作者	2011 年	贺兰山管理局
				优秀工作者	2014 年	贺兰山管理局
				先进个人	2015 年	贺兰山管理局
				优秀工作者	2016 年	贺兰山管理局
				先进工作者	2021 年	贺兰山管理局
50	夏永平	男	蒙古族	2018 年度先进工作者	2019 年	贺兰山管理局
51	顾占军	男	回族	优秀工作者	2011 年	贺兰山管理局
				优秀个人	2018 年	贺兰山管理局
				先进工作者	2019 年	贺兰山管理局
				先进工作者	2021 年	贺兰山管理局
52	顾苏和	男	蒙古族	优秀党务工作者	2018 年	中共内蒙古贺兰山国家级自然保护区机关委员会
53	徐建设	男	汉族	先进工作者	2005 年	贺兰山管理局
				先进工作者	2007 年	贺兰山管理局
				先进工作者	2009 年	贺兰山管理局
				先进工作者	2011 年	贺兰山管理局
				优秀工作者	2011 年	贺兰山管理局
				优秀工作者	2012 年	贺兰山管理局
				优秀工作者	2014 年	贺兰山管理局
				先进个人	2016 年	贺兰山管理局
				先进工作者	2020 年	贺兰山管理局
				先进工作者	2021 年	贺兰山管理局
54	曹　波	男	满族	先进工作者	2002 年	贺兰山管理局
				先进工作者	2004 年	贺兰山管理局
				先进工作者	2008 年	贺兰山管理局

（续表）

序号	姓名	性别	民族	荣誉称号或奖项名称	获奖时间	授奖单位
55	梁金林	男	汉族	先进工作者	2015 年	贺兰山管理局
				先进工作者	2016 年	贺兰山管理局
				先进工作者	2017 年	贺兰山管理局
				先进工作者	2018 年	贺兰山管理局
				先进工作者	2018 年	贺兰山管理局
				先进工作者	2021 年	贺兰山管理局
				先进工作者	2022 年	贺兰山管理局
56	谢宗胜	男	汉族	优秀护林员	2016 年	贺兰山管理局
57	潘多聪	男	汉族	事迹突出者	2011 年	贺兰山管理局
				优秀工作者	2011 年	贺兰山管理局
				优秀管护员	2011 年	贺兰山管理局
				优秀管护站站长	2012 年	贺兰山管理局
				优秀工作者	2012 年	贺兰山管理局
				优秀管护站站长	2014 年	贺兰山管理局
				先进个人	2016 年	贺兰山管理局
				先进工作者	2018 年	贺兰山管理局
58	额日德木图	男	蒙古族	优秀管护站站长	2011 年	贺兰山管理局
				先进工作者	2020 年	贺兰山管理局
59	魏雪峰	男	汉族	先进工作者	2007 年	贺兰山管理局
				先进工作者	2008 年	贺兰山管理局
60	魏　琦	女	汉族	先进工作者	2022 年	贺兰山管理局

（二）集体荣誉名录（按时间先后顺序排列）（人物－表－4、人物－表－5）

人物－表－4　荣获国家、自治区级集体荣誉

序号	授予单位	荣誉名称	授予时间
1	《森林与人类》杂志	加入中国人与生物圈保护区网络	1995 年
2	内蒙古自治区人民政府	防扑火一等功	1996 年
3	内蒙古自治区森林公安局	全区林业公安机关基层基础建设一级达标单位	1998 年
4	内蒙古自治区林业厅	一九九七年度野生动植物保护工作成绩显著	1998 年
5	内蒙古自治区林业厅	一九九八年度爱林杯奖	1999 年
6	内蒙古自治区林业厅	一九九九年度林业生产建设爱林杯奖	2000 年
7	内蒙古自治区森林公安局	全区林业公安系统优秀派出所	2000 年

（续表）

序号	授予单位	荣誉名称	授予时间
8	内蒙古自治区森林公安局	内蒙古自治区授予集体三等功	2000 年
9	内蒙古自治区林业厅	阿拉善盟贺兰山天然林保护特别奖	2001 年
10	国家林业局	1998—2000 年度全国森林防火工作先进单位	2002 年
11	国家林业局	全国自然保护区先进集体	2002 年
12	内蒙古自治区森林公安局	全区森林公安机关“三项教育”活动组织工作先进集体	2002 年
13	国家林业局森林公安局	国家林业局森林公安局授予“集体二等功”	2002 年
14	内蒙古自治区人民政府	全区造林绿化先进集体	2002 年
15	内蒙古自治区公安厅	内蒙古自治区优秀公安基层单位	2003 年
16	国家林业局森林公安局	国家森林公安局一级派出所	2003 年
17	公安部	全国优秀公安基层单位（公安部）	2003 年
18	《森林与人类》杂志	加入世界人与生物圈保护区网络	2004 年
19	内蒙古自治区防火指挥部	全区森林草原防扑火先进集体	2004 年
20	内蒙古自治区档案局	机关档案工作目标管理自治区一级先进单位	2005 年
21	内蒙古自治区林业厅	贺兰山国家级自然保护区二〇〇五年度林业建设野生动植物保护奖	2006 年
22	国家林业局	全国自然保护区示范单位	2006 年
23	内蒙古自治区禁毒委员会	内蒙古自治区禁毒委员会通报表扬	2007 年
24	中共内蒙古自治区委员会 内蒙古自治区人民政府	全区森林草原防扑火先进集体	2009 年
25	内蒙古自治区科学技术协会	2011—2015 年度内蒙古自治区科普教育基地	2012 年
26	内蒙古自治区林业厅	森林旅游管理先进单位	2012 年
27	《森林与人类》杂志	内蒙古贺兰山国家森林公园入选第五届“中国森林氧吧”	2019 年
28	中国林学会 中国林业政研会 国家林业和草原局林场种苗司	全国第一处“林业英雄林”在内蒙古贺兰山林落成	2019 年
29	中国林场协会	全国十佳林场（2019—2023 年）	2020 年
30	国家林业和草原局国有林场和种苗司 中国农林水利气象工会 中国林学会 中国林业职工思想政治工作研究会	全国林业英雄林教育基地	2020 年
31	国家林业局	黄河流域国家级自然保护区管理成效评估优秀等次	2022 年

人物–表–5　荣获盟级、旗级集体荣誉

序号	授予单位	荣誉名称	授予时间
1	阿左旗人民政府	护林防火先进单位	1992 年
2	阿左旗人民政府	全旗护林防火先进集体	2000 年
3	阿拉善盟林业治沙局	贺兰山自然保护区护林防火先进单位	2002 年
4	阿拉善盟行政公署	全盟旅游工作先进单位	2003 年
5	阿左旗人民政府	全旗公安工作先进集体	2004 年
6	阿拉善盟林业治沙局	自然保护区管理先进单位	2005 年
7	阿左旗人民政府	全旗公安工作先进集体	2006 年
8	阿拉善盟政法委	全盟十佳政法单位	2006 年
9	阿拉善盟林业治沙局	2005 年度护林防火先进单位	2006 年
10	阿拉善盟林业治沙局	全盟林业系统“加强林业建设　共建美好家园”文艺专场演出二等奖	2007 年
11	阿拉善盟林业治沙局	全盟林业系统“发展现代林业、建设生态文明”知识竞赛三等奖	2009 年
12	阿左旗人民政府	2005 年度森林资源保护奖	2006 年
13	中共阿左旗委员会 阿左旗人民政府	内蒙古自治区第六届少数民族传统体育运动会先进集体	2006 年
14	阿左旗总工会	2000—2005 年工会工作先进集体	2006 年
15	阿左旗林业局	二〇〇六年度护林防火奖	2007 年
16	中共阿左旗直属机关委员会	2007 年度机关党建目标考核先进党支部	2008 年
17	阿左旗林业局	2007 年度先进集体奖	2008 年
18	阿左旗林业局	2007 年度护林防火先进奖	2008 年
19	贺兰山社区居委会	贺兰山社区“迎奥运　促和谐”辖区单位排球赛第一名	2008 年
20	中共阿左旗纪委 中共阿左旗委组织部 中共阿左旗委宣传部 阿左旗监察局	阿左旗“迎奥运、颂清风”廉政文艺汇演三等奖	2008 年
21	中共阿左旗纪委 阿左旗监察局	“阿左旗贯彻落实惩防体系《工作规划》暨科学发展观主题实践活动”知识竞赛三等奖	2008 年
22	阿左旗人民政府	阿左旗 2008 年度森林防火工作先进单位	2009 年
23	中共阿左旗委员会 阿左旗人民政府	2009 年度全旗科学发展、城乡共建“一帮一”活动先进集体	2010 年
24	中共阿左旗委员会 阿左旗人民政府	2010 年度林业生态保护与建设工作先进集体	2011 年
25	贺兰山社区党总支 贺兰山社区居委会	情系社区　共建文明	2011 年
26	中共阿左旗林业局委员会	先进基层党组织	2011 年
27	中共阿左旗委员会 阿左旗人民政府	2011 年度全旗森林草原防火工作先进集体	2012 年

（续表）

序号	授予单位	荣誉名称	授予时间
28	中共阿左旗直属机关工作委员会	2013 年度旗直机关先进基层党组织	2014 年
29	中共阿左旗直属机关工作委员会	2014 年度旗直机关先进基层党组织	2015 年
30	中共阿左旗纪律检查委员会 中共阿左旗委组织部 中共阿左旗委宣传部 中共阿左旗直属机关工委	阿左旗“知党、爱党、兴党”学习党纪条规知识竞赛优秀奖	2015 年
31	阿左旗总工会	“扬帆劳动美　共圆中国梦”阿左旗 2016 年庆祝“五一”国际劳动节职工文艺汇演曲艺类一等奖	2016 年
32	中共阿左旗直属机关工作委员会	2016 年度旗直机关先进基层党组织	2017 年
33	中共阿左旗委员会宣传部	学习型党组织示范基地	2017 年
34	阿左旗人民政府 阿左旗教体局 阿左旗总工会 阿左旗体育总会	阿左旗第七届职工运动会暨第三届“工运杯”职工足球联赛 体育道德风尚奖	2017 年
35	阿左旗人民政府法制办公室 阿左旗司法局	2017 年全旗行政执法单位法律知识竞赛团体优秀奖	2017 年
36	中共阿左旗委员会 阿左旗人民政府	2017 年全旗生态环境综合整治工作先进集体	2018 年
37	中共阿左旗委员会 阿左旗人民政府	2018 年度污染防治攻坚工作先进集体	2019 年
38	阿拉善盟林业和草原局	阿拉善盟林业和草原系统“不忘初心、牢记使命”主题教育暨庆祝新中国成立 70 周年主题演讲比赛活动优秀组织奖	2019 年
39	中共阿左旗委员会统战部	2019 年度统战信息工作三等奖	2020 年
40	中共阿左旗委员会组织部 中共阿左旗委员会宣传部 中共阿左旗直属机关工作委员会 阿左旗党群综合服务中心	阿左旗庆祝建党 100 周年“学党史　知党情跟党走”知识竞赛三等奖	2021 年
41	中共阿左旗委员会组织部 中共阿左旗委员会宣传部 中共阿左旗直属机关工作委员会 阿左旗党群综合服务中心	阿左旗“重温红色经典　演绎时代之音”红色经典电影配音比赛三等奖	2021 年
42	阿拉善盟生态环境局 阿拉善盟林业和草原局 阿拉善日报社 阿拉善广播电视台 阿拉善盟文学艺术界联合会 阿拉善盟摄影家协会	“保护生物多样性　共建美丽阿拉善”阿拉善生物多样性征集大赛视频类作品二等奖	2021 年
43	内蒙古自治区科学技术厅	2020 年度自治区优秀科普微视频作品	2021 年
44	内蒙古自治区生态环境厅 内蒙古自治区林业和草原局	内蒙古自治区生物多样性保护主题短视频评选获奖作品一等奖	2021 年
45	中共巴彦浩特镇委员会 巴彦浩特镇人民政府	社会治安综合治理先进单位	年份不详

（续表）

序号	授予单位	荣誉名称	授予时间
46	中共阿左旗委员会 阿左旗人民政府	文明单位	年份不详
47	中共阿左旗委员会 阿左旗人民政府	阿左旗第十一次民族团结进步模范集体	年份不详

（三）专业技能人员名录（按取得时间先后顺序排列）（人物-表-6到人物-表-8）

人物-表-6　高级及以上职称人员名录

序号	姓名	性别	民族	出生年月	学历	政治面貌	职称	资格证取得时间
1	赵登海	男	汉族	1957.05	本科	党员	林业正高级工程师	2008.12
2	贾金山	男	汉族	1963.11	本科	党员	林业正高级工程师	2017.12
3	孙　萍	女	汉族	1969.03	本科	党员	林业正高级工程师	2020.12
4	赵永文	男	汉族	1963.08	本科	党员	林业正高级工程师	2020.12
5	段志鸿	男	汉族	1965.11	本科	党员	林业正高级工程师	2021.12
6	聂金婵	女	汉族	1964.08	本科	群众	林业副高级工程师	2008.12
7	苏　云	男	汉族	1972.08	大专	党员	林业副高级工程师	2012.12
8	赵玉兰	女	汉族	1968.08	本科	群众	林业副高级工程师	2015.12
9	杨玉萍	女	汉族	1970.03	本科	群众	林业副高级工程师	2017.12
10	任振强	男	汉族	1968.01	本科	群众	林业副高级工程师	2020.12
11	金廷文	男	汉族	1968.11	本科	党员	林业副高级工程师	2020.12
12	胡成业	男	汉族	1972.01	本科	群众	林业副高级工程师	2020.12
13	郝淑香	女	汉族	1972.01	本科	党员	林业副高级工程师	2020.12
14	孔芳毅	女	汉族	1973.05	大专	群众	林业副高级工程师	2021.12
15	王晓勤	男	汉族	1972.05	本科	党员	林业副高级工程师	2021.12

人物-表-7　中级职称专业技术人员名录

序号	姓名	性别	民族	出生年月	学历	政治面貌	职称	资格证取得时间
1	祁生林	男	汉族	1932.10	中专	中共党员	林业工程师	
2	阿尔腾卦	女	达斡尔族	1938.11	中专	中共党员	林业工程师	1987.12
3	邹国昌	男	汉族	1941.08	中专	中共党员	林业工程师	
4	张国宁	男	汉族	1944.07	本科	群众	林业工程师	1987.12
5	蔡方骥	男	汉族	1947.09	中专	中共党员	林业工程师	1987.12

（续表）

序号	姓名	性别	民族	出生年月	学历	政治面貌	职称	资格证取得时间
6	梁 义	男	汉族	1954.03	初中	群众	林业工程师	
7	杨淑珍	女	汉族	1958.06	中专	群众	林业工程师	
8	梁金林	男	汉族	1966.11	大专	中共党员	林业工程师	1996.05
9	张继武	男	蒙古族	1962.02	中专	群众	林业工程师	1997.08
10	闫 晖	女	汉族	1963.07	中专	群众	林业工程师	2004.12
11	袁丽丽	女	汉族	1980.10	本科	党员	林业工程师	2013.12
12	王 亮	男	汉族	1986.04	本科	党员	林业工程师	2016.12
13	娜荷芽	女	蒙古族	1984.01	在职研究生	党员	畜牧师	2016.12
14	陶 君	女	蒙古族	1989.01	硕士研究生	党员	园林工程师	2017.12
15	多海英	女	汉族	1977.03	本科	党员	林业工程师	2019.12
16	照日格图	男	蒙古族	1978.11	本科	党员	中教一级	2020.04
17	敖日格乐	男	蒙古族	1989.11	本科	群众	林业工程师	2021.12
18	代 瑞	女	汉族	1983.06	在职研究生	党员	林业工程师	2021.12
19	刘 东	男	汉族	1984.04	在职研究生	党员	林业工程师	2021.12
20	徐 皓	女	蒙古族	1983.01	在职研究生	党员	林业工程师	2021.12
21	张馨月	女	藏族	1986.09	本科	党员	林业工程师	2021.12
22	张雅丽	女	汉族	1988.11	大专	群众	林业工程师	2021.12

人物–表–8 技师及以上技能人员名录

序号	姓名	性别	民族	出生年月	最高学历	政治面貌	职业资格技术名称	资格证取得时间
1	朱志涛	男	汉族	1962.12	大专	群众	高级技师	2003.12
2	顾自栋	男	汉族	1965.09	初中	群众	高级技师	2006.12
3	李克林	男	汉族	1964.01	初中	党员	高级技师	2006.12
4	刘光荣	男	汉族	1967.01	大专	群众	高级技师	2006.12
5	王兆锭	男	汉族	1962.09	高中	群众	高级技师	2006.12
6	徐建国	男	汉族	1964.01	高中	群众	高级技师	2006.12
7	徐建设	男	汉族	1962.12	高中	群众	高级技师	2006.12
8	闫 勇	男	汉族	1966.03	高中	群众	高级技师	2006.12
9	朱建林	男	汉族	1962.10	初中	群众	高级技师	2006.12
10	李峰	男	汉族	1962.07	初中	群众	高级技师	2006.12
11	曹燕丽	女	满族	1965.09	大学	群众	高级技师	2006.12
12	翁晓萍	女	汉族	1964.01	大专	群众	高级技师	2006.12
13	王继明	男	汉族	1963.11	大学	党员	高级技师	2007.11

（续表）

序号	姓名	性别	民族	出生年月	最高学历	政治面貌	职业资格技术名称	资格证取得时间
14	安林宏	男	汉族	1966. 06	大专	群众	高级技师	2007. 11
15	魏玉彪	男	汉族	1962. 01	高中	群众	高中技师	2007. 11
16	马金莲	女	回族	1975. 02	大学	群众	高级技师	2009. 01
17	朝格达来	男	蒙古族	1969. 04	初中	群众	高级技师	2009. 11
18	段永祥	男	蒙古族	1969. 01	大专	群众	高级技师	2009. 11
19	黄　丽	女	汉族	1973. 01	大专	群众	高级技师	2009. 11
20	李　东	男	汉族	1969. 12	大专	党员	高级技师	2009. 11
21	李国胜	男	汉族	1973. 01	大专	群众	高级技师	2009. 11
22	李书平	男	汉族	1967. 06	大专	党员	高级技师	2009. 11
23	林子涛	男	汉族	1972. 03	初中	群众	高级技师	2009. 11
24	齐修光	男	汉族	1968. 12	高中	群众	高级技师	2009. 11
25	孙召林	男	汉族	1964. 11	初中	群众	高级技师	2009. 11
26	王卫民	男	汉族	1965. 08	初中	群众	高级技师	2009. 11
27	王兆辉	男	汉族	1967. 01	初中	群众	高级技师	2009. 11
28	闫　峰	男	汉族	1973. 03	高中	群众	高级技师	2009. 11
29	张文军	男	汉族	1972. 01	大专	党员	高级技师	2009. 11
30	郑玉军	男	汉族	1969. 06	初中	群众	高级技师	2009. 11
31	朱志峰	男	汉族	1972. 05	大专	群众	高级技师	2009. 11
32	陈宝强	男	汉族	1963. 01	初中	群众	高级技师	2009. 12
33	代良宏	男	汉族	1971. 01	初中	群众	高级技师	2009. 12
34	丁建军	男	回族	1973. 12	初中	群众	高级技师	2009. 12
35	顾占军	男	回族	1964. 11	大专	群众	高级技师	2009. 12
36	李军光	男	汉族	1974. 06	大专	群众	高级技师	2009. 12
37	刘学文	男	汉族	1964. 05	初中	群众	高级技师	2009. 12
38	潘多聪	男	汉族	1964. 11	高中	群众	高级技师	2009. 12
39	任学兵	男	汉族	1972. 02	初中	群众	高级技师	2009. 12
40	王继忠	男	汉族	1971. 11	大专	群众	高级技师	2009. 12
41	夏永平	男	蒙古族	1974. 08	初中	群众	高级技师	2009. 12
42	夏云革	男	蒙古族	1968. 12	初中	群众	高级技师	2009. 12
43	张　贤	男	汉族	1970. 07	初中	群众	高级技师	2009. 12
44	李克荣	男	汉族	1968. 08	大专	党员	高级技师	2009. 11
45	刘兆玉	男	汉族	1968. 07	初中	群众	高级技师	2009. 11
46	潘存文	男	汉族	1966. 07	初中	群众	高级技师	2009. 11
47	张淑霞	女	汉族	1962. 04	大专	群众	高级技师	2009. 11
48	宋秀丽	女	汉族	1965. 08	初中	群众	高级技师	2009. 11

（续表）

序号	姓名	性别	民族	出生年月	最高学历	政治面貌	职业资格 技术名称	资格证取得 时间
49	丁惠萍	女	回族	1966.03	大专	群众	高级技师	2009.11
50	王晓红	女	满族	1968.01	大学	群众	高级技师	2009.11
51	刘红梅	女	汉族	1971.01	大专	群众	高级技师	2009.11
52	萨日娜	女	蒙古族	1979.09	大学	群众	高级技师	2010.01
53	张莹文	男	汉族	1975.01	高中	党员	高级技师	2010.03
54	张文平	男	汉族	1967.03	初中	群众	高级技师	2011.01
55	孟克巴依尔	男	蒙古族	1971.01	高中	群众	高级技师	2011.03
56	杜金梅	女	汉族	1972.05	高中	群众	高级技师	2012.08
57	贾艳梅	女	汉族	1973.06	大专	群众	高级技师	2013.01
58	李国华	男	汉族	1977.01	大专	群众	高级技师	2016.09
59	梁秋彦	男	汉族	1976.03	中专	群众	高级技师	2016.09
60	额日德木图	男	蒙古族	1963.01	大专	党员	高级技师	2016.11
61	王永胜	男	汉族	1977.07	初中	群众	高级技师	2016.11
62	付成忠	男	汉族	1971.01	大学	党员	高级技师	2017.12
63	王兆钢	男	汉族	1965.09	初中	群众	技师	2019.12

附　录

一、贺兰山管理局管理站工作制度

（一）工作任务和要求

1. 管理站站长主持管理站全面工作，履行一岗双责。

2. 管理站站长负责组织召开管护员工作会议，每月不少于1次，集中组织学习相关政策及法律、法规、制度，贯彻落实管理局工作部署和各项规章制度。

3. 管理站站长、副站长必须坚守工作岗位，每月带班不得低于15天，工作人员每月值班至少20天，值班期间24小时在岗。除特殊情况经管理局批准外，不得同时轮休、请假。除防火戒严期和管理局明确要求外，管理站每月安排管护员轮休，并按规定统筹合理安排在编在岗管护员年休假（防火期和特殊时期不安排年休假）。

4. 每月5日前将上月各管护站GPS巡护记录及值班情况统计表上报防火办备案，每月25日前将下月值班计划表签字后上报防火办备案。

5. 负责本辖区护林防火、资源监管、禁牧工作、野生动植物保护等工作，每月对各管护站进行抽查不少于4次，查阅管护站护林防火日志，检查巡护记录，并审核签字。

6. 负责本辖区围栏维护、保持防火通道畅通，管理和维护基础设施与防扑火机具，保证防火储备油充足。

7. 负责执行森林防火日报制度，每天上午向管理局防火办上报护林防火工作情况。

8. 发生火情立即按照防扑火处置程序迅速组织管护员进行科学扑救，在扑救火灾过程中要确保扑救人员的人身财产安全。

9. 密切联系相邻苏木（镇）、防火责任单位以及宁夏贺兰山保护区对口管理站，主动通报防火工作信息，搞好联防协作，详细记录防火责任单位协防工作情况。

10. 组织召开本辖区内森林防火会议，防扑火培训、森林防火宣传、制订防火预案、签订责任状。

11. 因工作需要，可以向管理局报请调整管理站、管护站管护人员岗位，经管理局批准后执行。

12. 勤政廉洁，遵纪守法，实行每月财务、政务、考勤公开。

13. 完成管理局交办的其他工作。

（二）处罚措施

1. 管理站有下列情况之一者，对站长及工作人员给予个别谈话。

（1）不组织集中学习的。

（2）不按时上报巡护记录的。

（3）不按时完成森林防火日报的。

（4）不按时上报各管护站下月值班计划表和上个月值班情况统计表的。

（5）防火通道不畅通、基础设施破损不及时报告并维护的。

2. 管理站有下列情况之一者，扣发工作人员当月奖励性绩效工资的 20%、临时管护员当月工资 200 元，全局通报。

（1）未完成规定检查和抽查任务的。

（2）无特殊情况月带班不足 15 天的。

（3）无特殊情况值班不足 20 天的。

（4）对管护站未进行月考核的。

（5）防扑火机具缺失、损坏未及时补充维修的。

（6）围栏长时间破损不报告、不维修的。

（7）完不成管理局交办的其他工作的。

3. 管理站有下列情况之一者，扣发工作人员当月奖励性绩效工资的 30%，临时管护员当月工资 400 元，全局通报。

（1）未经请示擅自挪用防火储备油的。

（2）不及时上缴罚没款的。

（3）相互不团结、赌博、打架斗殴的。

（4）因人为原因导致公共财物遗失损坏的（照价赔偿）。

（5）上班期间饮酒的。

（6）林区内吸烟的。

（7）非防火期上班期间未经请示报备等擅离工作岗位的。

4. 未经管理局批准私放人员入山的一经发现，工作人员扣发全年奖励性绩效工资的 20%、临时管护员当月工资 2000 元，并诫勉谈话，全局通报。

5. 管理站有下列情况之一的，扣发在编工作人员全年奖励性绩效工资的 50%；临时护林员予以解聘；负责人建议给予免职。

（1）防火期上班期间未经请示报备等擅离工作岗位的。

（2）发现火情不及时按照防扑火处置程序上报或不及时按照防扑火预案执行的。

（3）辖区内发生违法案件不查或隐瞒案情的。

（4）擅自挪用罚没款的。

（5）不服从管理局规定，有意推诿致使政令不畅，导致工作不能正常开展的。

（6）在保护区境内放养私有牲畜或伙同他人放养共有牲畜的。

6. 盗采资源或伙同他人盗采资源的，依法追究相关责任，同时存在 1、2、3、4、5 其中几项情况的一并累计执行。

7. 工作人员违反相关法律、法规、条例等按照要求给予相关处罚并追究责任，其他情况下在编在岗年度内累计违反 2 次及以上工作制度的参照《事业单位工作人员处分暂行规定》和其他规章制度给予相应处分，临时管护员年度内累计违反 2 次工作制度予以解聘。

8. 本制度自印发之日起执行。

二、内蒙古贺兰山国家级自然保护区管理局管护站工作制度

（一）工作任务和要求

1. 管护站每月召开管护员工作会议，组织学习相关政策及法律、法规、制度，贯彻落实管理局、管理站工作部署和各项管理制度。

2. 根据工作岗位性质，每人每月值班至少 20 天，值班期间 24 小时在岗，除特殊情况外，各管护站必须保证同时有 2 个人值班。森林防火戒严期和其他特殊时期，执行全员上岗。

3. 服从岗位安排，遵守工作制度。按照所属管理站安排签订管护责任状，熟悉自己管护区域的“三情”（人情、社情、山情），主动深入到辖区、周边宣传资源保护、森林防火、野生动植物保护等相关法律法规。

4. 管辖范围划界分片落实到管护员负责辖区内资源保护及防灭火工作，站长带头参加并组织完成管理局、管理站布置的各项工作任务，每月 5 日前将上月巡护记录和值班统计表上报管理站，25 日前将下一个月值班计划表上报管理站。

5. 禁止非工作人员进入保护区，严格执行禁牧政策，依法查处偷牧等行为。在巡护检查和执法过程中，举止文明、言谈礼貌，如遇搂发菜、抓蝎子等规模性违法人群，先报管理站和森林公安派出所，查山巡护时确保管护员人身安全。

6. 按要求完成查山巡护任务，围栏巡护每天 1 次，浅山和深山巡护按照管理局规定的要求执行，并将查山巡护路线 GPS 数据报管理站备案，并做好巡护日志。

7. 管理好公共财产。组织维护辖区围栏、防火通道、基础设施和防扑火机具，保证防火储备油料充足，如遇管护站不能完成的相关工作须及时上报管理站。

8. 严格执行森林防火日报制度，每天按时上报护林防火工作动态。辖区发现火情，立即报告管理站，在确保管护员人身安全的前提下开展扑救。

9. 团结协作，合理安排轮休，工作时间统一着装，及时整理内务，保持室内外卫生整洁。

10. 主动与防火协防单位联系，搞好联防协作。

11. 完成管理站交办的其他工作。

（二）处罚措施

由管理站每月定期或不定期检查，对月度检查结果进行通报。

1. 有下列情况之一者，对站长及工作人员给予个别谈话。

（1）不认真、按时填写巡护记录的。

（2）不按时完成森林防火日报的。

（3）不按时上报管护站值班工作安排的。

（4）防火通道不畅通、基础设施破损或防扑火机具不能使用不及时报告的。

（5）管护站室内外卫生脏、乱、差的。

2. 有下列情况之一者，扣发工作人员当月奖励性绩效工资的 20%、临时管护员当月工资 200 元，并在月考核中进行通报。

（1）防扑火机具缺失或损坏未及时补充维修的。

（2）无特殊情况值班不足 20 天的。

（3）围栏长时间破损不修不报的。

（4）未完成规定巡护任务的。

（5）防火储备油料不充足的。

（6）未完成管理站交办的其他工作的。

3. 有下列情况之一者，扣发工作人员当月奖励性绩效工资的 30%、临时管护员当月工资 400 元，全局通报。

（1）相互不团结、赌博、打架斗殴的。

（2）因人为原因导致公共财物遗失损坏的（照价赔偿）。

（3）上班期间饮酒的。

（4）林内抽烟的。

（5）未按要求完成交接班的。

（6）非防火期上班期间未经请示报备等擅离工作岗位的。

4. 未经管理局批准私放人员入山的一经发现，扣发在编工作人员全年奖励性绩效工资的 20%、临时管护员当月工资 2000 元，并诫勉谈话，全局通报。

5. 管护站有下列情况之一的，扣发在编工作人员全年奖励性绩效工资的 50%；负责人给予免职；临时护林员予以解聘。

（1）防火期擅离工作岗位的。

（2）辖区内有违法案件不查不报或者隐瞒案情的。

（3）发现火情不及时按照防扑火处置程序上报或不及时按照防扑火预案执行的。

（4）擅自占用罚没物品的。

（5）不服从管理局、管理站规定的，有意推诿，导致工作不能正常开展的。

（6）在保护区内放养私有牲畜或伙同他人放养共有牲畜的。

6. 盗采资源或伙同他人盗采资源的，依法追究相关责任，同时存在 1、2、3、4、5 其中几项情况的一并累计执行。

7. 工作人员违反相关法律、法规、条例等按照要求给予相关处罚并追究责任，其他情况下在编在岗年度内累计违反 2 次及以上工作制度的参照《事业单位工作人员处分暂行规定》和其他规章制度给予相应处分，临时管护员年度内累计违反 2 次工作制度予以解聘。

8. 本制度自印发之日起执行。

三、贺兰山管理局管护员考核办法（试行）

为加强管护员队伍管理与建设，明确工作职责，规范管护员行为，提高管护效果，根据内蒙古贺兰山国家级自然保护区实际情况，结合《贺兰山管理局天保、公益林管护员管理办法》《贺兰山管理局基层管护站工作制度》制定本办法。

（一）考核对象

考核对象为管理局全体管护人员。

（二）考核方式及程序

考核由管理局党政办公室负责组织，实行百分制，按照月考核与年度总考评相结合方式进行。

1. 月考核。由各工作站根据本考核办法制定各站《管护员评分细则》，负责于每月 10 日前对上月管护员工作情况进行考核，考核结果经管护员本人及工作站考核组签字确认，由工作站公示并按季度统一上报管理局备案。

2. 年度考核。由管理局结合月考核进行考评，考核时间为每年的 12 月底。综合成绩计算方法为：综合成绩 = 月考核成绩平均值 ×80%+ 民主测评 ×20%。

（三）考核内容及评分标准

1. 考勤制度：15 分。

（1）每月在岗 20 天以上计 10 分。少于 20 天的，每少一天扣 3 分。

（2）规定履行请销假手续，记 5 分；遇特殊情况需离岗，必须事先向工作站负责人请假，经批准后方可离岗，并安排好替代人员，否则扣 5 分。

2. 资源管护工作：30 分。

（1）熟知本管护责任区内四址界限、“三情” 等基本情况，记 3 分；否则扣 3 分。

（2）有效制止辖区内放牧行为，防止毁坏林木，记 3 分；否则扣 3 分。

（3）有效制止辖区内非法盗猎行为，记 3 分；否则扣 2 分。

（4）有效制止破坏工程区护林防火、封山育林工程、自然保护区的永久性宣传牌、碑、界桩及围栏等标志标识及其他重大管护质量问题的，计 6 分；否则扣 6 分。

（5）有效制止对林下资源（如野生菌类、森林野生药材等）的非法和掠夺性采摘及破坏行为的，记 6 分；否则扣 6 分。

（6）有效制止辖区内发生的毁林、采矿、采砂、取土、采集标本、占用林地、搂发菜、抓蝎子等案件记 6 分；否则扣 6 分

（7）有效制止非法进入保护区人员，及时劝返的记 3 分；否则扣 3 分。

3. 森林防火工作：35 分。

（1）做好经常性防火巡护并记录，记 10 分；否则扣 10 分。

（2）认真调查和掌握辖区内容易引发森林火灾的隐患做好登记及时消除的，记 5 分；否则扣 5 分。

（3）对进入辖区内人员及时进行登记检查，并制止入山人员携带火种，认真填写入山记录的，记 3 分；否则扣 3 分。

（4）及时制止辖区内的野外用火行为，对不服从管理的要及时上报，记 5 分；否则扣 5 分。

（5）发现森林火情及时上报并组织扑救处理的，记 5 分；否则扣 5 分。

（6）能熟练操作防扑火机具，及时维护保养并保证正常使用，防火个人装备保存完好，记 8 分；否则扣 8 分。

4. 野生动物疫源疫病监测：5 分。

做好野生动物疫源疫病监测，发现疫情及时报告记 5 分；否则扣 5 分。

5. 有害生物防治：5 分。

发现病虫害情况应及时汇报，并积极参与且采取防治措施，防治效果较好，计 5 分；否则扣 5 分。

6. 学习情况：5 分。

积极参加管理局和工作站组织的业务学习及培训，记录完整、清楚记 5 分；无故不参加 1 次扣 2 分。

7. 民主测评：5 分。

采用护林员互评确定，主要对团结他人、相互配合、工作方式和在共同护林工作中的积极性等方面进行评价

8. 其他工作：5 分。

服从管理人员调配，协助他人完成上级交办的工作任务，计 5 分；否则扣 5 分。

（四）考核结果评定

年度考核分为优秀、合格、基本合格、不合格 4 个等次；当年受到党纪、政纪处分的不评定等次。

1. 年度奖励。年度考核优秀管护员比例按 15%确定并予以表彰奖励。

2. 处罚规定。

（1）在职管护员：年度考核为基本合格者，全局通报批评；连续 2 年年度考核为基本合格者、当年考核为不合格者扣发全年奖励性绩效工资的 50%。

（2）临时管护员：年度考核为基本合格的，全局通报批评；连续 2 年年度考核为基本合格、当年考核为不合格者予以解聘。

（五）附则

1. 本办法自发布之日起实行。
2. 本考核办法权归管理局党政办公室负责解释。

四、贺兰山管理局临时管护员管理办法

根据贺兰山资源管护工作需要，经阿拉善左旗人民政府批准聘用临时管护员从事管护工作，为加强临时管护员队伍管理，特制定本管理办法。

（一）聘用工作流程

1. 各管理站根据森林资源管理工作的实际需要，以书面材料形式上报管理局所需聘用临时管护员人数及相关要求。

2. 经局党组会议审批录用后，签订聘用合同，落实具体工作岗位，被聘用临时管护员持相关文件到各管理站报到上岗。

3. 聘用临时管护员要求。

新聘管护员原则上年龄在 18 周岁以上，40 周岁以下，男性，大专及以上学历，身体健康，适合野外查山巡护工作（需提供近期体检证明，无传染性疾病），若有特殊岗位需求或其他相关情况，经局党组会会议研究后可适当放宽要求。

续聘管护员年龄在 50 周岁以内，爱岗敬业，身体健康，适合野外查山巡护工作（需提供当年体检证明，无传染性疾病）。

其他特殊情况聘用管护员，经局党组会会议研究后方可聘用

（二）临时管护员工作任务和要求

1. 遵纪守法，服从管理，协助站长做好自然保护区资源管理、森林防火、科研宣教、野生动植物保护等工作。

2. 熟悉巡护区域内的“三情”（山情、社情、人情），做到“三勤”（腿勤、手勤、眼勤），认真学习自然保护区相关法律法规、方针政策及专业知识，发现火灾火情及其他可疑事件及时向管护站站长或管理站站长汇报。

3. 吃苦耐劳，团结同事，讲究卫生，爱护公物，保质保量完成管理站、管护站交办的各项工作任务。

（三）临时管护员休假、请假和辞职

1. 因森林资源管护工作的特殊性，对临时管护员的工作时间作如下规定。

（1）值班期间 24 小时在岗。

（2）防火戒严期全员在岗。

（3）国家法定节庆日（如清明节、“五一”、国庆节等）临时管护员必须按值班表安排在岗。

（4）除防火戒严期外，每月可休息 2 次，每次 5 天，其他时间原则上不准请假。

2. 临时管护员因事因病必须请假的，须严格按规定履行请销假手续，经批准后方可离岗。请假 1 日及以内由管护站站长批准，须向管理站报备；请假 1 日以上 2 日及以内由管护站站长同意，管理

站站长批准；请假2日以上由管护站站长、管理站站长同意，分管局长批准，否则视为旷工。

3. 请假期间工资待遇。

（1）因特殊原因确需请事假的，自请假第4日起扣发请假日工资。

（2）因病请假超过3日的需提供医院证明；确需住院治疗的，病假2个月以内工资照发；超过2个月不满6个月的，自第三个月起发放工资的80%；病假超过6个月的，停发工资（工伤除外）。

（3）因身体健康原因不能正常工作的，下一年度不再聘用。

4. 临时管护员因特殊原因辞职的，须提前7个工作日提出书面申请，由管理站批准并报请管理局备案并予以解聘后，方可离开工作岗位。

（四）临时管护员工作报酬

新聘临时管护员试用期一个月，期满经审核合格后工资从第二个月开始发放，并补发试用期工资。

（五）对年满50周岁到龄人员给予工资奖励，不再聘用

工龄满一年以上五年以下的，奖励一个月工资；工龄满五年（含五年）以上十年以下的，奖励两个月工资；工龄满十年（含十年）以上的，奖励三个月工资。

（六）临时管护员考核、奖励和处罚

1. 对遵守规章制度、工作积极，合同期满无违约行为的，合同到期后继续聘用。

2. 临时管护员工作突出、有特殊贡献的给予表彰。

3. 临时管护员不按要求完成查山巡护任务，发现一次扣发当月工资200元。

4. 临时管护员外出没有报备的，一次未报备按旷工一天计算，年度内未报备两次或累计旷工满两天及以上予以解聘。

5. 临时管护员有下列情形之一的，管理局有权随时解聘。

（1）严重失职、徇私舞弊，对管理局利益造成重大损害的。

（2）在工作期间赌博、打架斗殴、酗酒滋事、酒驾醉驾的。

（3）不能胜任本职工作的。

（4）不服从领导工作安排的。

（5）违反法律法规及相关制度造成严重后果的，依法追究相关责任。

6. 临时管护员年度考核为基本称职的，留岗考察三个月，经管护站、管理站、管理局审核同意后继续聘用；连续两年考核为基本称职的予以解聘。

7. 临时管护员年度考核不称职的，予以解聘。

8. 本制度自印发之日起执行。

五、贺兰山保护区资源监督管理制度

为加强内蒙古贺兰山国家级自然保护区的保护管理，保护生物多样性，维护生态平衡，促进自然保护区的可持续发展，根据《中华人民共和国森林法》《中华人民共和国自然保护区条例》《内蒙古自治区森林草原防火条例》等有关法律、法规，结合贺兰山自然保护区实际，制定本制度。

第一条　内蒙古贺兰山国家级自然保护区管理局，局属各科室、各管护站，以及保护区全体工作人员，对辖区自然资源和自然生态环境监督管理，必须遵照本制度执行。在自然保护区内的单位、居民和经批准进入自然保护区的人员，必须遵守自然保护区监督管理制度。

第二条 自然保护区行政上隶属旗人民政府领导。自然保护区管理机构是自然保护区的管理主体、负责统一管理自然保护区内的自然资源和自然生态环境。

第三条 各管护站按照管理局划定的管辖范围，做好与自然资源和自然生态环境的日常监督管理工作。对本辖区自然资源。生态环境监管负有直接责任。

（一）认真贯彻和落实国家和自治区关于自然资源和自然生态环境管护的法律法规和方针政策，严格执行管理局各项规章制度，按照属地管理的原则，积极在管理站辖区开展自然资源和自然生态环境管护工作。

（二）对自然资源和自然生态环境管护工作目标完成情况严格按照《贺兰山管理局管护站站长、管护员工作制度》执行。

（三）进一步建立和完善管护站资源林政管理工作机制，落实与辖区各苏木（镇）和森林公安等有关部门沟通机制，对破坏自然资源和自然生态环境的行为，要及时发现、及时制止、及时报告。

（四）做好自然资源和自然生态环境保护的宣传教育工作。

（五）严格落实管理局的森林资源和自然生态环境管护行政负责制，做到组织到位、管护到位、责任到位、检查到位。根据实际工作，明确管护责任区，将自然资源和自然生态环境管护责任落实到人。

（六）加强党风廉政教育工作和工作作风建设，杜绝在监管过程中出现吃拿卡要、贪污受贿，失职渎职等违法违纪问题，发现问题要及时处理或报请管理局进行处理。

（七）加强对辖区建设项目使用林地日常管理工作，做好日常巡查工作，杜绝未批先占、少批多占等林地的非法流失问题。发现问题及时报告。

（八）安排好本辖区野生动植物保护工作，积极组织开展查山巡护。

（九）积极做好管理局交办的其他工作。

第四条 日常巡护和执法工作是保护区各管护站对责任区自然资源和自然生态环境监管的重要手段。各管护站要认真做好责任区日常巡护工作，各管护员每月对浅山巡查不少于6次，深山巡查不少于3次，并严格按照《深山巡护路线》执行。

第五条 管护站要对保护区内工矿企业和林地进行日常管理，确保工矿企业占用林地及建设项目设施等不出现违规现象，发现问题及时上报。

第六条 每年3月15日—6月15日为自然保护区春季森林防火期，9月15日—11月15日为自然保护区秋季森林防火期。防火戒严期从阿拉善盟防火指挥部发布之日起执行。森林防火期内，禁止在自然保护区内野外用火、实施实弹射击、爆破等危险作业。因特殊情况需要在自然保护区内野外用火、实施实弹射击、爆破等危险作业的，必须报经自然保护区所在地盟、旗森林防火指挥部批准，并严格做好火灾预防工作。

第七条 在自然资源和自然生态环境的监管工作中，有下列成绩的单位和个人，应当给予奖励。

（一）认真贯彻执行国家、自治区相关保护区自然资源和自然生态环境的法律法规，自然资源和自然生态环境的监管成绩显著，辖区、责任区内未发生破坏自然资源和自然生态环境责任事故的。

（二）积极组织开展自然资源和自然生态环境保护宣传工作，完善森林防火预案，有计划、有落实、有总结，巡护执法措施得力，在查处破坏自然资源和自然生态环境案件中成绩显著的。

（三）发现辖区、责任区破坏自然资源和自然生态环境案件能及时报告并有效制止，使自然资源和自然生态环境减少或避免损失的。

（四）在自然资源和自然生态环境监管中敢于担当、勇于创新，确有突出贡献的。

（五）举报或擒获违法人员及查处破坏自然资源和自然生态环境案件有功的。

第八条 对各管护站实行月考核制度，在自然资源和自然生态环境的监督管理工作中表现突出的人员要进行表彰奖励。

第九条 在自然资源和自然生态环境监管工作中，对违反有关法律、法规规定的单位和个人，应当根据其错误性质，情节轻重，危害大小，区别情况作出处理。未能正确履行工作职责，不作为、乱作为，有下列过错情形之一的，应当进行处理。

（一）对没有认真贯彻和落实国家和自治区关于自然资源和自然生态环境管护的法律法规和方针政策，未能严格执行管理局各项规章制度，自然资源和自然生态环境管护工作组织开展不力，造成辖区发生自然资源和自然生态环境较大监管责任问题的，对责任人及管护员（临时管护员）给予相应处理及经济处罚；依据《贺兰山管理局管护站站长、管护员工作制度》及《贺兰山管理局临时管护员管理办法》规定执行。

（二）组织不到位、管护不到位、检查不到位、责任未落实的。没有划分辖区管护责任区，自然资源和自然生态环境管护责任未落实到人，对相关责任人进行诫勉谈话或通报批评；造成严重后果的，根据情节严重程度由贺管局研究处理。

（三）对自然资源和自然生态环境管护机制不健全，未督促管护责任区分片包干和巡护检查等工作，没有及时消除隐患的，对相关责任人进行诫勉谈话或通报批评；造成严重后果的，根据情节严重程度由贺管局研究处理。

（四）在监管过程中出现吃拿卡要的，经调查核实后，对临时管护员予以辞退，事业编制工作人员经贺管局研究处理；涉嫌贪污受贿、失职渎职等犯罪问题的，依法移送司法机关处理。

（五）对保护区内建设项目使用林地过程中由于不作为、乱作为造成未批先占、少批先占等问题的，依照本条第（一）款有关规定处理。

（六）野生动植物保护、查山巡护、森林防火、禁牧封育、森林病虫害监测等其他工作存在问题的，按照管理局有关工作的规定进行惩处，也可依照本条第（一）款有关规定处理。

（七）在森林资源和自然生态环境监管工作中有令不行、有禁不止、推诿扯皮、办事拖拉的，对相关责任人进行诫勉谈话或通报批评，造成严重后果的，根据情节经贺管局研究处理。

第十条 本制度自下发之日起施行。

六、贺兰山保护区资源巡护管理制度

为了加强和规范内蒙古贺兰山国家级自然保护区资源管理和森林防火巡护检查工作，更好地履行保护管理职责，提高野外巡护管理工作的质量和水平，有效保护辖区内野生动植物资源和生态环境的安全，预防和消除森林火灾隐患，根据国家对自然保护区资源保护与管理的相关法律、法规及规定，结合实际，特制定本制度。

第一条 保护区管护人员从事自然资源保护、森林防火巡护检查工作及相关活动适用于本制度。

第二条 保护区巡护检查工作的主要任务。

（一）严密监测森林防火重点区域，严防森林火灾发生。在森林防火期，依法进行护林防火的宣传、预防和检查工作，确保自然资源的安全。

（二）遵守巡护制度，明确监管范围，认真履行职责，严格按照指定的巡护路线做好巡查。通过对固定巡护线路和临时巡护线路的检查，按照人为活动对自然资源的干扰和破坏程度，收集各种相关数据。

（三）对动植物资源进行监测，了解野生动植物种群数量和分布，做好相关记录。

（四）加强巡查管护，做好辖区内自然资源管理，强化安全防范，及时发现、制止、报告破坏自然资源的行为，协助上级部门查处破坏自然资源的案件。

（五）做好辖区资源保护及森林防火宣传工作，增强周边群众参与资源保护的意识。

（六）认真执行定期报告和巡护记录制度。

（七）认真查看保护区界桩、标志、宣传牌和各种科研设施。

（八）完成领导交办的其他任务。

第三条　建立并坚持各级领导参与、检查巡护工作制度。

局领导随时检查、监督各管理站巡护实施情况。管理局相关科室依据各自岗位责任分工，负责对保护区巡护工作进行监督、检查、指导。防火办、资源林政科、科研科采取多种方式对各管理站巡护计划执行、巡护报告填制、巡护工作、自然资源保护情况进行监督、检查，并根据检查结果提出整改意见。

第四条　管护员和临时管护员的职责。

管护站工作人员要加强对本辖区的主要沟道、山头和森林防火重点监测对象的动态巡护检查。每月累计深山巡护检查达到3次以上，浅山巡护检查达6次以上，日常对围栏、碑、牌等基础设施巡护检查。管护员每次巡护检查要携带GPS标定航点和航线，并将巡护检查情况认真填写到《巡护日志》。配备视频监控系统的管护站，每日对监控情况作详细记录，认真填写《视频监控日志》。

第五条　管理局每月组织相关人员对各管护站进行巡护工作进行检查，并将检查情况统计汇总后，作为年度对管理站巡护检查目标考核的依据。

第六条　各管护站每月底，将辖区巡护检查情况进行汇总统计，上报管理局相关科室。

第七条　巡护检查上报内容包括：

（一）本辖区巡护检查工作的开展情况。

（二）巡护检查的情况统计记录。

（三）发现的具体问题及调查处理情况。

第八条　管护人员在执行巡护检查任务时，要对巡护线路周围可视范围内的自然资源和生态环境现状，以及异常的变化等信息资料进行全面收集，严格按照规定的巡护检查项目、内容和要求进行巡护检查，并适时做好检查记录，在每次完成责任区巡护检查任务后，要及时整理和填写好责任区的巡护检查记录。

第九条　管护人员要按照各自的职责，及时地调查处理所发现的问题，并将处理结果依次向上一级管护组织报告，不得推诿拖延、隐瞒不报。凡属重大事项，需要向上一级报告或请求协助的，应当及时汇报情况，并积极调查处理。当发生开垦、砍伐、盗猎、火灾等重特大事件时，由管理局协调组织人员进行抓捕、清理和扑救。

第十条　管护人员要必须按时、按要求完成规定的巡护检查工作任务，因特殊原因无法完成时，应上报所属负责人同意后顺延完成，否则按有关规定处理。

第十一条　管护人员必须要按规定的线路进行巡护检查，除特殊情况外，不得擅自变更巡护线路，在巡护检查中，要仔细观察和记录巡护中发现的情况，认真填写巡护检查记录。

第十二条　管护人员必须如实填写各种记录数据，严禁弄虚作假，捏造数据记录；要遵守工作纪律，服从组织分配，不得脱岗、擅离职守，严格履行请销假手续。

第十三条　管护站要负责对所属管护人员各项巡护工作任务的完成情况进行检查，认真开展管护人员业务技能训练。凡管理局要求填报的林业行政案件、野生动物调查等报表，均实行零报告制度，管理站要按相关规定及时填报，不得瞒报、漏报。

第十四条　各管护员要自觉开展相关业务知识和政治理论学习，不断提升自身综合素质。

第十五条　对管护人员每月按工作要求完成情况进行考核，工作表现突出者，年终由管理局根据考评结果给予表彰奖励。

第十六条　本制度由内蒙古贺兰山国家级自然保护区管理局负责解释、修改完善。

第十七条　本制度自下发之日起施行。

七、贺兰山管理局管理站考核实施细则

管理站：　　　　考核时间：　　　　考核人员：

分类	考核项目	考核内容	评分标准	得分	监控科室
一、综合管理（45分）	党的建设（15分）	1. 健全学习考勤制度，每月组织党员、干部职工集中学习政治理论及业务知识1次； 2. 加强党员、干部职工教育管理监督，按时参加党支部组织的各类学习、培训活动； 3. 不定期开展学习督查检查，督查检查学习笔记、学习强国等平台参与情况； 4. 每季度开展1次党员谈心谈话，及时掌握了解党员职工思想、工作动态，抓好党员经常性教育； 5. 规范落实“三会一课”、主题党日、党员政治生日、组织生活会暨民主评议党员等制度； 6. 协助党支部做好发展党员、党费收缴等工作； 7. 认真完成党支部安排的其他各项工作任务； 8. 按期上报季度工作总结	1. 检查学习内容、学习笔记、会议记录。学习制度不健全扣2分；没有组织学习不得分，每少一次扣1分；会议记录不规范扣1分；无学习笔记扣2分，每少参加1次扣1分； 2. 党员每季度学习强国积分需达1000分，低于1000分扣2分； 3. 谈心谈话至少1次，少一次扣1分； 4. 每2个月至少开展1次“主题党日活动”，每年不少于6次，少1次扣1分。 5. 每季度末上报工作总结，每少一次扣1分		办公室
	财务管理（5分）	1. 是否及时按月报账，并按月登记入账； 2. 是否及时上报经费支出统计季报及水、电、燃油、煤气等公共能耗的票据扫描电子件； 3. 是否及时上报公车油耗统计表（含金额、公里数、平均油耗等）； 4. 是否及时登记耗材、物资、固定资产等品牌、数量、型号、类别等，并及时更新台账管理及实物管理	1. 未及时按月报账且登记入账的扣1分； 2. 未及时上报的扣1分； 3. 未及时上报公车油耗统计表的扣1分； 4. 未及时登记、变更、上报需报废固定资产的扣2分 （如丢失则照价赔偿）		
	管护站管理（6分）	1. 对所辖管护站每月检查考核一次，组织评选优秀管护站并颁发流动红旗； 2. 做好所辖管护站检查监督，做到监督管理到位，每月不少于4次； 3. 保持室内、院落内外及周边环境干净、整洁	1. 未检查未考核不得分；少一次扣2分； 2. 管理松散、管理不到位不得分；每少检查一次扣2分； 3. 不干净、不整洁发现一次扣2分		
	信息报送（6分）	1. 按时报送信息、稿件，每月至少2篇； 2. 保证信息质量，信息内容具有特色、亮点，确保信息的时效性。 3. 结合工作每月至少报送1条短视频	每少报1篇扣1分；信息质量不高、时效性不强，每1篇扣0.5分；未采纳的得2分；每少一条短视频扣1分		

（续表）

分类	考核项目	考核内容	评分标准	得分	监控科室
一、综合管理（45分）	安全生产（5分）	杜绝车辆、电源、煤气、炉灰等安全隐患，严禁酒后驾车	发生安全生产事故，一票否决		防火办
	公务用车管理（4分）	1. 严禁公车私用、按规定履行车辆使用报备手续；无特殊情况不得离开辖区；如不能按时返回，需将车辆停放于机关院内； 2. 按时做好车辆审核、续保	违反一项扣2分		办公室
	社会治理（2分）	按时完成综治、信访维稳、普法目标及扫黑除恶工作任务	少完成一项扣0.5分		
	上级交办其他工作（2分）	认真、及时完成上级交办的其他工作事项	未按要求完成任务一次扣2分		
二、林政资源管理（20分）	天保、公益林资源监管（16分）	1. 制定森林资源监督管理年度计划、工作安排，上报年度（季度）工作总结及专项行动工作小结（4分）； 2. 加强森林资源、生态环境监督管理，监督检查辖区各管护站工作开展情况（2分）； 3. 加强野生动植物及制品管理（2分）； 4. 加强森林公园及游客监督管理（2分）； 5. 加强外来人员及车辆管理，未经允许不得进入保护区（2分）； 6. 发现围栏破损及时汇报并维护（2分）； 7. 辖区内发现牲畜及时组织清理（2分）	1. 未制定计划、报告、总结，每缺少一项的扣1分； 2. 每少开展1次监督检查的扣1分； 3. 辖区发生破坏野生动植物及违反野生动物制品管理的违法行为扣1分，发现但未及时上报的扣1分； 4. 未按照相关法律法规监督旅游企业开展森林公园旅游资源管理及建设和游客监督管理的扣2分； 5. 私自允许外来人员及车辆入山的扣2分； 6. 围栏破损未上报、未及时维修的扣2分，发现围栏破损但未及时维修的扣1分； 7. 辖区内有牲畜且未及时清理的，每发生1次扣2分		林政资源科
	天保、公益林行政执法（4分）	积极开展林业行政违法行为的查处、移交等工作（4分）	未及时发现违法行为的扣2分；发现违法行为但未查处的扣4分		

（续表）

分类	考核项目	考核内容	评分标准	得分	监控科室
三、野生动植物保护（10分）	野生动物疫源疫病防控（4分）	1. 制定野生动物疫源疫病防控工作年度计划、工作安排，上报年度（季度）工作总结； 2. 严格执行落实《内蒙古贺兰山国家级野生动物疫源疫病监测站处置陆生野生动物疫源疫病防控应急预案》《内蒙古贺兰山国家级自然保护区管理局鼠疫防控一般性应急预案》； 3. 各站对自己辖区内每天巡护发现各类死亡动物做记录（初步死亡原因、现场图片、具体位置及经纬度），及时上报并做好处理工作； 4. 严格执行野生动物疫源疫病、鼠疫监测、防控制度常规监测日报告制度，记录上报数据真实有效	野生动物疫源疫病、鼠疫的常规监测日报告制度，数据不实，1 次扣 1 分；工作计划、年终（季度）总结不全一项扣 0.5 分，扣完为止		野保科
	林业有害生物监测（4分）	1. 林业有害生物监测工作年初有计划有安排，季度、半年、年终有总结； 2. 严格执行落实《中华人民共和国野生植物保护条例》《内蒙古贺兰山林业有害生物监则防控应急预案》； 3. 各站对辖区内林业有害生物要做到底子清、情况明，常规巡护监测记录内容包括：害虫发生的具体坐标、范围面积、受害程度、图片资料（需要林分危害照 1 张、受害部位照 1 张、危害症状照 1 张、害虫种类照数张——不同虫态都需要拍照）等； 4. 做好 5—9 月期间林业有害生物监测巡护记录及报表填写上报工作，发现发生异常情况必须及时上报。各管理站每周一中午下班前上报《内蒙古贺兰山国家级自然保护区管理局管理站林业有害生物监测防控汇总表》给管理局	每年 5—9 月是森林病虫害的发生期，常规监测记录、报告，每月不得少于 4 次，少 1 次扣 0.5 分，工作计划、年终（季度）总结不全一项扣 0.5 分，扣完为止		
	野生动植物资源的监测、救助、保护宣传工作（2分）	1. 制定野生动植物资源的监测、救助、保护宣传工作年度计划、工作安排，上报年度（季度）工作总结； 2. 严格执行落实《中华人民共和国野生动物保护法》《野生动物收容救护管理办法》《陆生野生动物收容救护管理规定》相关规定； 3. 各站巡护时对自己辖区内发现受伤、病弱、饥饿、迷途的野生动物要做好救助记录（种类或名称、具体位置及经纬度、现场图片），及时上报，同时做好管理区野生动植物监测保护宣传工作	未详细记录并上报受伤、病弱、饥饿等野生动物，发现 1 次扣 1 分，工作计划、年终（季度）总结不全一项扣 0.5 分，扣完为止		

（续表）

分类	考核项目	考核内容	评分标准	得分	监控科室
四、森林防火（25分）	防火日报（1分）	严格执行防火日报制度	漏报1次扣1分		防火办
	防扑火机具及装备（5分）	1. 熟练操作防灭火机具并实地抽查发动防灭火机具能否正常使用（1分）； 2. 防灭火机具台账健全（1分）； 3. 防火储备油足额储备（1分）； 4. 防火个人装备保存完好，定期检查保养（1分）； 5. 防扑火机具储备库存储环境安全，整齐有序（1分）	一项不合格扣1分		
	防火通道（2分）	辖区防火通道畅通	防火通道不畅通能自行修通的未及时修通1处扣1分，其他情况未及时上报1处扣1分		
	火情处置（3分）	发生火情按火情处置程序处置	火情汇报不及时，处置不当不得分		
	防火协防、联防（2分）	每半年与宁夏贺兰山管理局对口管护站联防会哨不少于1次、联系防火成员单位不少于1次	有信息有记录，该项6月、12月考核计分，少1次扣1分		
	一般森林防灭火应急预案（2分）	及时修订、完善应急预案（2分）	没有修订完善不得分		
	值班带班情况（10分）	1. 制定安全生产暨森林防火工作计划（年度）、查看工作安排部署会议记录（每月）、上报季度（年度）工作总结及专项行动工作总结（5分）	每缺一项扣1分		
		2. 站长、副站长带班情况（3分）： ①防火戒严期须全员上岗，原则上不准请假； ②站长、副站长带班率达到100%； ③每月带班天数15天以上	查看值班记录，每少1天扣1分		
		3. 按规定执行请销假制度（1分）	违反制度规定1次扣0.5分		
		4. 按时上报本站及辖区各管护站本月值班情况及下月人员值班安排计划（1分）	未及时上报不得分		
合　计	加分项：信息、短视频被国家、自治区、盟、旗（局）采用一篇分别加4分、3分、2分、1分				

修志始末

《内蒙古贺兰山国家级自然保护区志》（以下简称《内蒙古贺兰山保护区志》）编纂工作由内蒙古贺兰山国家级自然保护区管理局承担，于 2022 年 1 月启动。2 月，为确保编纂任务顺利完成，贺兰山管理局党组书记、局长段志鸿主持召开党组会议，研究成立《内蒙古贺兰山保护区志》编纂委员会和编纂办公室，编委会主任和办公室主任分别由局主要领导和分管领导担任。具体编纂工作主要由局编纂办公室负责，其他科室、管理站配合开展。确定志书体例，拟定《内蒙古贺兰山保护区志》纲目。对编纂工作进行安排部署，资料搜集工作全面展开。

为加快修志工作进度，4 月 24 日，管理局召开《内蒙古贺兰山保护区志》编纂工作推进会暨业务培训班，各科室、管理站主要负责人和全体编辑人员参加会议。《内蒙古贺兰山保护区志》编纂办公室主任代瑞对编纂工作进行再动员、再部署，并对志书体例进行讨论、修改完善。阿左旗档案史志馆副馆长格日图应邀出席会议，档案史志馆王丹阳对编纂人员作专题培训。

8 月，《内蒙古贺兰山保护区志》进入组稿阶段。12 月，第一稿（征求意见稿）编纂完成，并印发反馈至阿拉善盟林业和草原局、阿左旗档案史志馆、贺兰山管理局有关人员征求意见，修改、补充完善。

经过 18 个月上下配合、反复修改，三易其稿。2023 年 7 月，根据阿左旗档案史志馆及评审委员会评委反馈的意见，编纂办公室对《内蒙古贺兰山保护区志》进行再修改工作，编委会办公室进行最后审核校对。2023 年 8 月，《内蒙古贺兰山保护区志》正式交付印刷。

首轮《内蒙古贺兰山保护区志》编纂出版，是在阿左旗档案史志馆直接指导下，管理局党组和《内蒙古贺兰山保护区志》编纂委员会主持下，全局齐心协力、分工协作、责任到人、编纂人员合力完成的，在编纂过程中得到业内同仁的大力支持。全书各章的作者分别是：

序：段志鸿；

凡例：代瑞；

概述：代瑞；

大事记：陶君、袁丽丽；

第一章　保护区机构：孙萍；

第二章　自然概况：金廷文；

第三章　自然资源：代瑞、任振强、马金莲、金廷文、郝淑香；

第四章　林业调查与规划设计：任振强、苏云；

第五章　森林资源保护与管理：刘东、孙萍、郝淑香；

第六章　森林草原防火：孙萍、刘东；

第七章　林业改革与发展：金廷文；

第八章　自然保护区建设：苏云；

第九章　森林旅游资源：金廷文；

第十章　科研宣教：袁丽丽；

第十一章　林业计划　财务　统计：多海英；

第十二章　机关建设：张馨月；

人物：代瑞；

修志始末：代瑞、金廷文。

总纂统稿：代瑞、孙萍、金廷文。

审定校对：代瑞、孙萍、金廷文。

供稿人员：王亮、王晓勤 、王继忠、孔芳毅、白瑞 、吕阔承、邬金爱、刘玲、许飞、许娜、许铎、李云霞、李军光、杨玉萍、时光、张莹文、张雅丽、阿丽玛、孟静、赵永文、娜荷芽、敖日格勒、夏天、徐建国、徐皓、梁金林、韩枢、路洋、魏琦。

《内蒙古贺兰山保护区志》编纂完工，倾注了《内蒙古贺兰山保护区志》编纂委员会和全体参编人员辛勤劳作与无私奉献。他们放弃节假日和休息时间，加班加点、尽职尽责、不计报酬、辛勤工作，高质量高标准圆满完成志书编纂任务。在此，《内蒙古贺兰山保护区志》编纂委员会向参加指导的阿左旗档案史志馆和各位编纂工作人员致以诚挚的敬意和感谢！

由于编纂时间和编者的水平所限，书中疏漏和不足之处在所难免，恳请业内同仁予以斧正，我们将在下轮修志中予以修订。

《内蒙古贺兰山国家级自然保护区志》

编纂委员会

2023 年 8 月

走进贺兰山

扫码看视频